刘兵 编著

Node.js 从入门到实战

Web应用开发、项目实战一本通

视频·彩色版

中国水利水电出版社
www.waterpub.com.cn

内容提要

《Node.js从入门到实战——Web应用开发、项目实战一本通（视频·彩色版）》基于作者二十多年的教学实践和软件开发经验编写，从Web服务器端初学者容易上手的角度，用通俗易懂的语言、丰富实用的案例，循序渐进地讲解了Node.js应用开发的基础知识。全书共11章，主要内容涵盖Node.js开发环境的建立、Nodc.js程序设计的基础ECMAScript、模块化机制、Nodc.js的主要核心模块（包括fs模块、http模块、URL模块以及其他核心模块）、Express框架下Web服务器端的应用开发操作（包括路由、中间件、跨域处理和模板引擎操作）、非关系型数据库MongoDB的基本操作、利用Mongoose工具对MongoDB数据库进行的基本控制操作（包括数据的增、删、改、查、模块化、数据校验等）、Koa框架下进行Web应用开发使用的常用中间件、Node.js基于网络应用的程序开发（包括网络聊天、文件的上传与下载、邮件发送等）、基于Socket.IO的在线聊天室项目实战、基于Koa框架的数据库信息管理系统。

本书根据学习Node.js所需知识的主脉络搭建内容，采用“案例驱动+视频讲解+代码调试”相配套的方式，向读者提供Node.js从入门到实战的解决方案。读者可以扫描书中的二维码来观看每个实例视频和相关知识点的讲解视频，实现手把手教读者从入门到快速学会基于Node.js的Web服务器端项目开发的目的。

本书配有135集同步讲解视频、114个实例源码分析、11个综合实验、3个综合实战案例，并提供丰富的教学资源，包括PPT课件、程序源码、课后习题答案、实验程序源码、在线交流服务QQ群和不定期网络直播等。

本书既适合想学习Node.js应用开发的读者自学，又适合作为高等学校、高职高专、职业技术学院和民办高校计算机相关专业的教材，还可以作为相关培训机构进行Web服务器端应用开发课程的教材。

图书在版编目（CIP）数据

Node.js 从入门到实战：Web 应用开发、项目实战一本通：视频·彩色版 / 刘兵编著. -- 2 版 —北京：中国水利水电出版社，2024.1

ISBN 978-7-5226-1992-7

Ⅰ. ① N… Ⅱ. ①刘… Ⅲ. ① JAVA 语言—程序设计 Ⅳ. ① TP312.8

中国国家版本馆 CIP 数据核字 (2023) 第 248387 号

书　　名	Node.js 从入门到实战——Web 应用开发、项目实战一本通（视频·彩色版） Node.js CONG RUMEN DAO SHIZHAN——Web YINGYONG KAIFA, XIANGMU SHIZHAN YIBENTONG
作　　者	刘兵　编著
出版发行	中国水利水电出版社 （北京市海淀区玉渊潭南路 1 号 D 座 100038） 网址：http://www.waterpub.com.cn E-mail：zhiboshangshu@163.com 电话：（010）62572966-2205/2266/2201（营销中心）
经　　售	北京科水图书销售有限公司 电话：（010）68545874、63202643 全国各地新华书店和相关出版物销售网点
排　　版	北京智博尚书文化传媒有限公司
印　　刷	河北文福旺印刷有限公司
规　　格	185mm×260mm　16 开本　21.25 印张　585 千字
版　　次	2024 年 1 月第 1 版　2024 年 1 月第 1 次印刷
印　　数	0001—3000 册
定　　价	88.00 元

前　言

编写背景

JavaScript最初是用在客户端浏览器控制网页行为的标准语言，在服务器端需要使用其他语言进行程序控制，这些服务器端语言有ASP.NET、PHP、JSP、Python、Perl、Ruby等。Node.js的出现使JavaScript语言也能够在服务器端运行，让不懂服务器端开发语言的前端程序员也可以非常容易地创建Web服务器端的程序和API接口。

本书针对有HTML、CSS和JavaScript基础且想进行服务器端程序设计的读者而编写，先提升读者的JavaScript语言基础以达到能读懂本书后续章节的能力，然后用大量翔实的示例讲解Node.js的各种技术。作者结合自己二十多年的教学与软件开发经验，本着“让读者容易上手，做到轻松学习，实现手把手教你从基础入门到快速学会Node.js程序开发”的总体思路编写本书，希望能帮助读者全面系统地学习Node.js的主要技术，快速提升Web服务器端的应用开发能力。

内容结构

本书共11章，分为4篇，分别是前置篇、基础篇、进阶篇和实战篇，具体结构及内容简述如下：

前置篇　设置开发环境　掌握前置技能

包括第1~2章。主要介绍Node.js应用开发前的技能储备知识，包括创建最基本的Web服务器程序、Node.js程序的运行方法、Node.js命令运行的主要参数等，以及学好Node.js之前必须要掌握的一些ECMAScript基础知识，包括变量和对象的解构赋值、箭头函数、数组的新方法、字符串的扩展、正则表达式和Promise对象等。

基础篇　学习Node.js应用开发　掌握前置技能

包括第3~7章。主要介绍Node.js应用开发必需的基础知识，包括模块化机制、Node.js的主要核心模块（包括fs模块、http模块、URL模块以及其他核心模块）、Express框架下Web服务器端的应用开发操作（包括路由、中间件、模板引擎和跨域处理操作）、非关系型数据库MongoDB的基本操作、利用Mongoose工具对MongoDB数据库进行的基本控制操作（包括数据的增、删、改、查、模块化、数据校验等）。

进阶篇　学习Node.js应用开发　掌握实际项目应用基础

包括第8~9章。主要介绍Koa框架和网络应用程序开发基础知识，Koa框架下程序设计基础知识包括路由中间件、获取GET方法和POST方法传送的数据、Koa中间件的分类、EJS模板、对Cookie和Session变量的设置与获取、Koa框架下对数据库的操纵控制等；网络应用程序开发基础知识包括基于TCP、UDP和Socket.IO的网络通信基础、文件上传与下载的应用、邮件发送等。

实战篇　实操综合案例　提升开发技能

包括第10~11章。通过“在线聊天室”和“系统管理”两个综合案例的讲解，读者可以了解基于Node.js的Web服务器端应用程序开发的流程，掌握MongoDB数据库中数据存储和综合查找数据的方法，理解使用数据存储控制的中间件进行封装和向客户端广播数据的技术，提升Node.js应用开发的综合技能。

主要特色

1. Node.js应用开发技术全面，知识点分布合理连贯，方便初学者系统学习

本书基于作者二十多年的教学经验和软件开发实践的总结，从初学者容易上手的角度用114个实用案例，循序渐进地讲解了Node.js应用开发的基础知识（包括Node.js开发环境的建立、Node.js程序设计的基础ECMAScript、模块化机制、Node.js的主要核心模块、Express框架下Web服务器端的应用开发、非关系型数据库MongoDB的基本操作、利用Mongoose工具对MongoDB数据库进行的基本操作、Koa框架进行Web应用开发过程中常用的中间件、Node.js基于网络应用的程序开发等），方便读者全面系统地学习Node.js应用开发的核心技术，快速解决Web服务器端应用程序设计中的实际问题，以适应工作岗位的需求。

2. 采用“案例驱动+视频讲解+代码调试”相配套的方式，提高学习效率

书中114个实用案例都是从Node.js应用开发中的基本结构开始，通过不断加深实例难度完成最终的实际任务，让读者在学习过程中有一种“一切尽在掌握中”的成就感，激发读者的学习兴趣。全书重点放在如何解决实际问题上，以此提高读者的学习效率。书中所有案例都配有视频讲解和代码，真正实现手把手教读者从基础入门到快速学会Node.js应用开发技术。

3. 考虑读者的认知规律，化解知识难点，实例程序简短，实现轻松阅读

本书根据Node.js应用开发所需知识和技术的主脉络搭建内容，不拘泥于语言和语法的细节，注重讲述开发过程中必须掌握的一些核心知识，内容由浅入深、循序渐进，结构科学，并充分考虑读者的认知规律，注重化解知识难点，实例程序简短、实用，易于读者轻松阅读。

4. 强调动手实践，每章配有大量习题和综合实验，便于读者练习与自测

每章最后都配有大量难易不同的习题（选择题、程序设计题等）和综合实验，并提供参考答案和实验程序源码，以方便读者自测相关知识点的学习效果。读者可以通过自己动手完成综合实验来提升运用所学知识和技术的能力。

5. 提供丰富优质的教学资源和实时的在线服务，方便读者自学与教师教学

（1）提供135集610分钟同步视频讲解，提供所有案例程序的源代码和教学PPT课件等，方便读者自学与教师教学。

（2）创建学习交流服务群（QQ群号:212082460），方便作者与读者互动并不断增加其他服务（答疑和不定期的直播辅导等），还会分享教学设计、教学大纲、应用案例和学习文档等各种资源。

本书资源获取方式

（1）读者可以使用手机扫描下面的二维码，直接获取本书资源下载链接。

总码

PPT

书中实例与课后答案

（2）将该链接复制到计算机浏览器的地址栏中，按Enter键进入网盘资源界面（一定要复制到计算机浏览器地址栏，通过计算机下载，手机不能下载，也不能在线解压，没有解压密码）。

本书在线交流方式

（1）学习过程中，为方便读者之间的交流，本书特创建QQ群：212082460（若群满，会创建新群，请注意加群时的提示并根据提示加入对应的群），供广大Node.js应用开发爱好者与作者在线交流学习。

（2）如果您在阅读中发现问题或对图书内容有什么意见或建议，也欢迎来信指教，来信请发邮件到lb@whpu.edu.cn，作者看到后将尽快给您回复。

本书读者对象

- 具有一定HTML、CSS和JavaScript基础的程序开发者。
- 想在不同框架下实现Node.js服务器端应用程序开发的读者。
- 热衷于追求新技术、探索新工具的读者。
- 高等学校、高职高专、职业技术学院和民办高校相关专业的学生。
- 相关培训机构开展Node.js应用开发课程的培训人员。

本书阅读提示

（1）对于没有任何Node.js应用开发经验或者JavaScript知识掌握不是很牢固的读者，在阅读本书时一定要按照章节顺序阅读，尤其在开始阶段应反复研读第1章和第2章的内容，这对于后续章节的学习非常重要；同时重点关注书中讲解的理论知识，然后观看每个知识点相对应的实例视频讲解，在掌握其主要功能后进行多次代码练习，特别是要学会程序开发的调试。课后的习题和实验可以检测读者的学习效果，如果不能顺利完成，则要返回继续学习相关章节的内容。

（2）对于有一定Node.js应用开发基础的读者，可以根据自己的情况，有选择地学习本书中的相关章节和实例，书中的实例和课后练习要重点掌握，以此巩固其相关知识的运用，要注意不同框架下Node.js应用开发独特的数据响应、中间件处理方式，达到举一反三的效果。通过学习本书中的综合实例，读者可以提高开发Web服务器端应用的能力并能够适应相关岗位要求。

（3）如果高校老师和相关培训机构选择本书作为培训教材，可以不用对每个知识点都进行讲解，这些知识点通过观看书中的视频即可学习。也就是说，选用本书作为教材特别适合线上学习相关知识点，留出大量时间在线下进行相关知识的综合讨论，以实现讨论式教学或目标式教学，提高课堂效率。

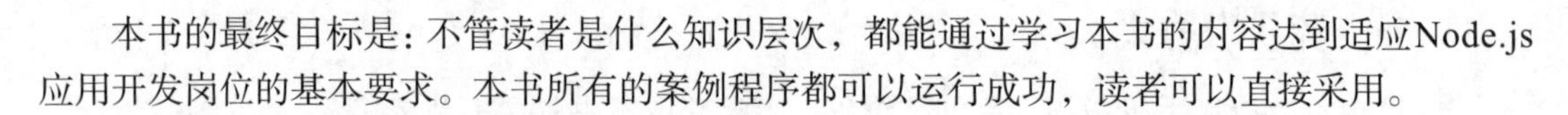

本书的最终目标是：不管读者是什么知识层次，都能通过学习本书的内容达到适应Node.js应用开发岗位的基本要求。本书所有的案例程序都可以运行成功，读者可以直接采用。

本书作者团队

本书由武汉轻工大学刘兵教授负责全书的统稿及定稿工作，谢兆鸿教授审阅了全书并提出了许多宝贵意见。参与本书实例制作、视频讲解及大量复杂视频编辑工作的老师还有李言龙、汪济祥、李言姣等。另外，在全书的文字资料输入及校对、排版工作中得到了汪琼女士的大力帮助，本书的顺利出版得到了雷顺加编审的大力支持与细心指导，编辑们为提高本书的版式设计及编校质量等付出了辛勤劳动，在此一并表示衷心的感谢。

本书吸收了很多Node.js应用开发技术方面网络资源的观点，在此向这些作者一并表示感谢。由于作者时间和水平有限，书中难免存在一些疏漏及不妥之处，恳请各位同行和读者批评指正。作者的电子邮件地址为lb@whpu.edu.cn。

作　者
2023年6月于武汉轻工大学

目 录

1 前置篇 设置开发环境 掌握前置技能

2 基础篇 学习Node.js应用开发 掌握前置技能

3 进阶篇 学习Node.js应用开发 掌握实际项目应用基础

4 实战篇 实操综合案例 提升开发技能

1 前置篇

设置开发环境 掌握前置技能

第 1 章

Node.js 概述

学习目标

本章主要讲解 Node.js 的基本概念，重点阐述 Node.js 应用项目的开发环境以及 Node.js 开发工具的使用方法。通过本章的学习，读者应该掌握以下内容：

- Node.js 的基本概念。
- Node.js 的安装配置。
- Node.js 开发工具的使用方法。
- Node.js 应用项目的开发基础。

1.1 Node.js环境安装与验证

1.1.1 Node.js 简介

1. 什么是Node.js

Node.js是一个基于Chrome V8引擎的JavaScript运行时环境，使用事件驱动、非阻塞和异步输入/输出模型等技术来提高性能，可以优化应用程序的传输量和规模。

Node.js是一个单线程系统，可以通过通信协议连接很多节点进程来构建大型网络应用，每一个Node进程构成这个网络应用中的一个节点，这也是Node名字的含义与来源。

在Node.js出现之前，JavaScript语言通常作为客户端（Web前端）程序设计语言使用，其编写的程序通常由客户端浏览器解释执行。Node.js的出现使JavaScript语言就像PHP、JSP、ASP.NET一样可以用于服务器端（Web后端）编程，并且Node.js含有一系列内置模块，使程序可以脱离Apache HTTP Server或IIS等Web服务器，作为独立的Web服务器运行。

在Node.js中无法调用DOM（Document Object Model，文档对象模型）和BOM（Browser Object Model，浏览器对象模型）等浏览器内置API（Application Programming Interface，应用程序编程接口）。

2. Node.js常用框架

Node.js作为JavaScript的运行时环境，仅仅提供了基础的功能和API，为了加强其应用能力出现了很多强大的工具和框架，主要包括：

（1）Express。Express是一个快速、健壮、异步的开发框架，非常适合处理高速的异步I/O操作，其提供了一个非常好用的API，可以让从用户的请求到响应变得异常精简。

Express采用了MVC（Model View Controller，其中Model是指业务模型，View是指用户界面，Controller是指控制器）架构，提供很多HTTP处理函数，对于内容的处理非常方便。Express框架无论是从健壮性还是性能上看，都是值得信赖的。

（2）Koa。Koa被称为下一代Node.js框架，是同类产品中做得最好的。Koa采用类似堆栈的方法来处理HTTP中间件。因此，使用Koa构建API异常轻松。

Koa提供非常灵活的编码方式，可以轻松构建出Web应用。如果项目对性能要求高的话，Koa是一个不错的选择。

（3）SocketIO。Socket通信是网络中实时通信最常用的技术，而SocketIO就是一个JavaScript框架，是为客户端和服务器端提供实时数据通信的方式。

SocketIO支持二进制传输和多路复用，有着出色的可靠性并且可以自动重连。SocketIO主要应用在实时场景中，如即时通信、游戏等。

（4）Nest.js。Nest.js编程框架支持面向对象编程和函数式编程，同时也支持TypeScript语言。Nest.js提供的命令行界面可以非常方便地进行代码的生成和项目的管理，其可以支持很多第三方扩展库，同时还可以集成到Express中。当需要构建可扩展和可维护性强的应用时可以选择Nest.js。

（5）Fastify。Fastify是一个占用资源极小且目前速度最快的框架。Fastify通过生命周期函数、插件和装饰器让其变得完全可扩展，并且可以通过各种插件实现各种功能。其采用插件架

构方式，非常适合开发人员进行专注开发。

1.1.2　Node.js 的安装与配置

1. 下载Node.js

本书使用的Node.js版本是node-v18.18.0-x64，其下载地址可在百度中搜索并打开，如图1.1所示。

需要说明的是，尽量下载图1.1左边的长期支持版本，图1.1右边是含有最新功能的测试版本。另外，单击图1.1中导航条上的“下载”按钮，可以打开其他操作系统的Node.js版本和以前指定的Node.js版本（图1.2），用户可以按需下载相关的版本。

图 1.1　Node.js 官方网址

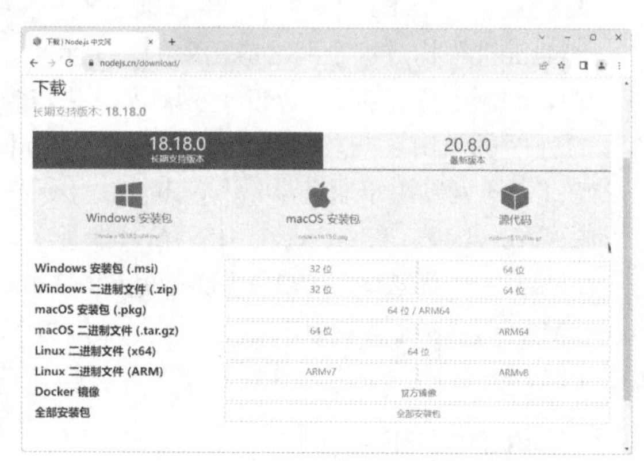

图 1.2　Node.js 下载地址

2. 安装Node.js

双击下载的安装程序，打开如图1.3所示的安装起始页面。所有安装都选择默认安装，也就是不断地单击安装页面中的Next按钮，直到出现如图1.4所示的安装完成页面，然后单击Finish按钮，实现Node.js的安装。

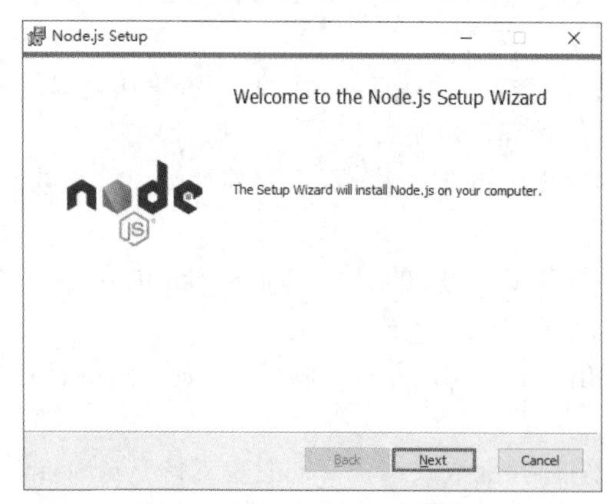

图 1.3　Node.js 安装起始页面

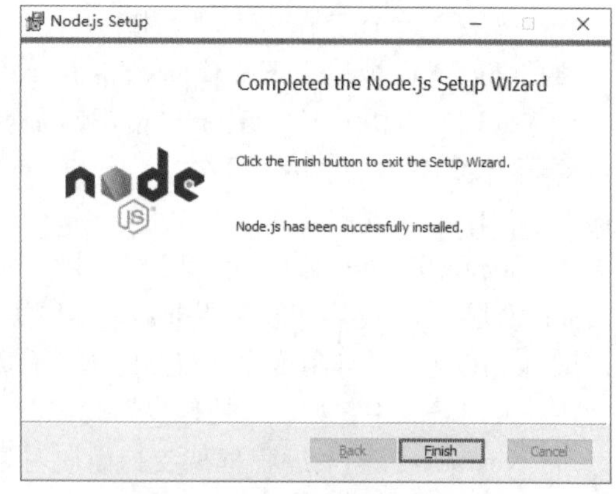

图 1.4　Node.js 安装完成页面

3. 检查Node.js安装是否成功

打开Windows的“命令提示符”（也叫终端）可以检查Node.js安装是否成功。打开的终端方式有以下3种：

（1）执行“开始”→“Windows系统”→“命令提示符”命令打开终端，如图1.5（a）所示。

（2）使用Windows+R快捷键打开“运行”窗口［图1.5（b）］，在“运行”窗口中输入cmd命令并单击“确定”按钮打开终端。

（3）在指定目录文件管理窗口的地址栏中输入cmd命令并按Enter键也可以打开终端，如图1.5（c）所示。

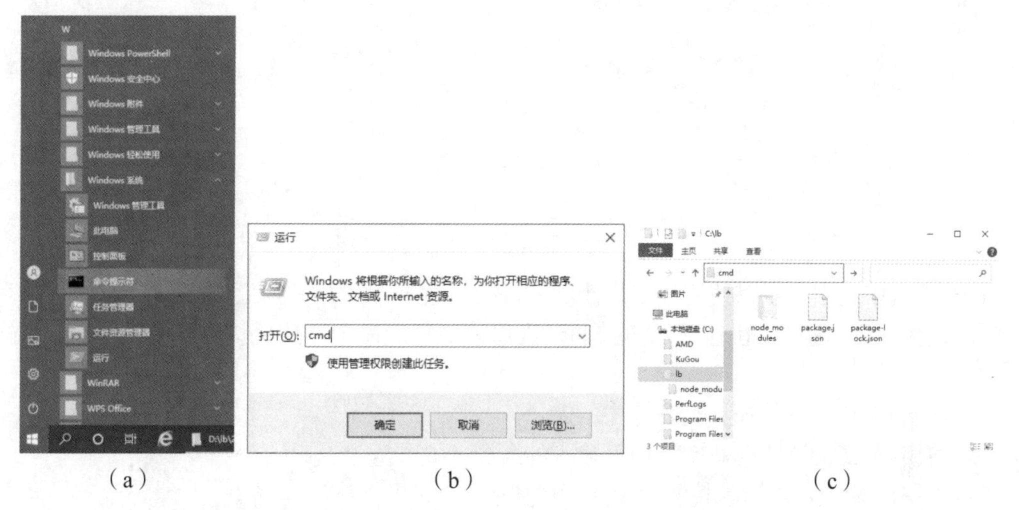

（a）　　（b）　　（c）

图 1.5　打开 Windows 的“命令提示符”的方法

在打开的终端（图1.6）中输入以下命令，检查Node.js安装是否成功：

```
node -v
```

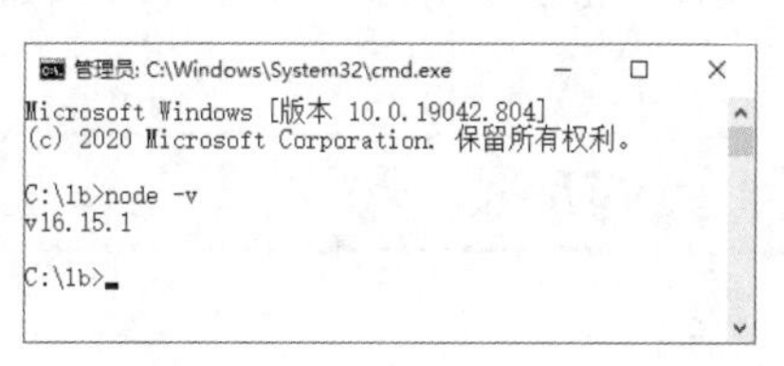

图 1.6　检查 Node.js 安装是否成功

从图1.6中可以看出，输入命令之后显示了Node.js的安装版本号v16.15.1，说明Node.js安装成功。

4. 编写JavaScript程序在Node.js中运行

【例1-1】Hello World！

Node.js可以让JavaScript程序代码在不需要浏览器支撑的情况下运行。下面是一个简单的输出“Hello World!”的程序。

首先使用Windows的记事本编写文件名为1-1-helloworld.js的JavaScript程序，其文件内容如下所示：

```
// 例1-1-helloworld.js程序代码
console.log("Hello World!")
```

其中，console是JavaScript的控制台对象（在Node.js中相当于终端），console.log()用于在控制台中输出普通信息，所以该程序的执行结果是在控制台中输出“Hello World!”。

JavaScript程序的执行方法是在控制台中输入以下命令：

```
node JavaScript程序名
```

扫一扫，看视频

本例中运行1-1-helloworld.js文件需要使用以下命令（其运行结果如图1.7所示）：

```
node 1-1-helloworld.js
```

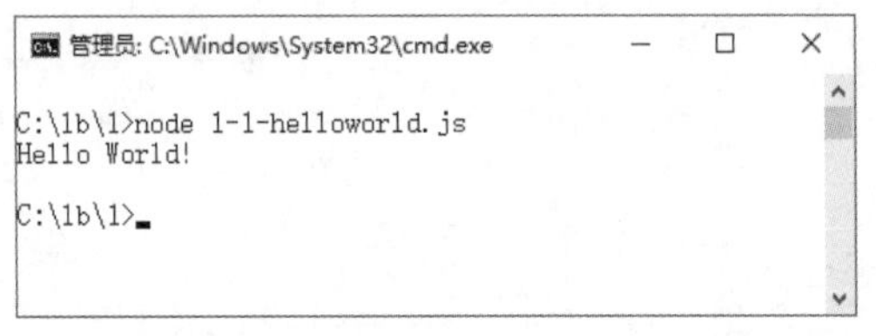

图 1.7　JavaScript 程序的运行结果

在控制台中，用户可以使用许多快捷键进行命令输入，以快速实现相关操作：

（1）使用“↑”键可以快速显示本控制台内以前执行的命令，然后按Enter键即可执行选中的命令。

（2）使用Tab键能够快速补全命令中的路径。

（3）使用Esc键能够快速清空当前已输入的命令。

（4）使用cls命令可以清除控制台中显示的内容。

5. 说明

在使用记事本编写JavaScript程序时，默认程序后缀名是.txt，所以在存储时一定要把后缀名改成.js。本书在后面的程序设计中将会使用Visual Studio Code作为编辑器。

1.2 第一个Node.js的应用

1.2.1 在服务器端实现响应

第一个Node.js的应用实例：用户在客户端浏览器的地址栏中输入地址后，Web服务器将会响应用户的输入并在浏览器中显示如图1.8所示的运行结果。

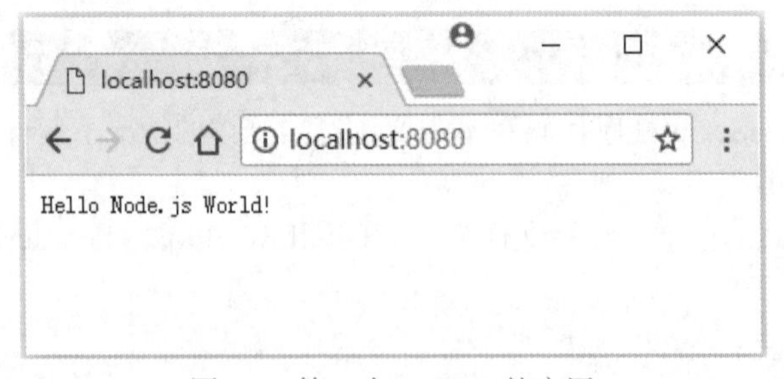

图 1.8　第一个 Node.js 的应用

1.2.2 模块机制

模块通常是指编程语言提供的代码组织机制，利用此机制可以将程序拆解为独立且通用的代码单元。所谓的模块化，主要包括解决代码分割、作用域隔离、模块之间的依赖管理以及发布到生产环境时的自动化打包与处理等多个方面。Node.js模块可以分为两大类，一类是核心模块，另一类是文件模块。

核心模块就是Node.js标准的API中提供的模块，如fs模块（文件系统模块）、http模块（Web服务模块）、NET模块（网络编程模块）等都是由Node.js官方提供的模块，这类模块无须安装就可以直接通过require命令获取。例如，本小节要实现的Web服务器响应就是直接通过以下代码实现http核心模块获取的：

```
require('http')
```

核心模块拥有最高的加载优先级，当模块与核心模块的名称相同时，Node.js将仅加载核心模块。

文件系统模块是存储为单独文件的模块，这类模块可能是JavaScript代码、JSON（JavaScript Object Notation，一种轻量级的数据交换格式）代码或编译好的C/C++代码。如果在引用模块时没有明确指出指定文件系统模块的后缀名，Node.js就会分别使用.js、.json、.node等后缀名进行匹配。

1.2.3 处理请求和响应

处理浏览器用户对Web服务器的请求与响应是通过一个自定义的函数实现的，本例使用的自定义函数名是service，该函数的实现代码如下所示：

```
function service(request, response) {
    response.writeHead(200, {'Content-Type': 'text/plain'});
    response.end('Hello Node.js World!');
}
```

其中，function是定义函数的关键字。在自定义函数service中有两个http模块内置的参数对象，分别是request（用于获取客户端向服务器端提交数据的对象）和response（用于服务器端向客户端响应的对象）。

本例中主要用到的是response对象，其中response.writeHead()方法是用于向客户端发送响应头的方法，该方法的第一个参数是3位HTTP状态码，如200表示请求成功、404表示请求未找到；第二个参数是一个对象，在该对象中定义Content-Type属性，说明用户的浏览器或相关设备如何显示和处理将要加载的数据，其属性值是text/plain表示将文件设置为纯文本的形式，浏览器在获取到这种文件时并不会对其进行处理，而会直接显示。

1.2.4 创建服务器

基于1.2.3小节中创建的service函数创建Web服务器，使用的代码如下所示：

```
var server = http.createServer(service);
```

其中，http.createServer()是创建服务器的方法，服务器创建成功之后，把服务器对象赋值给server变量，再通过server变量对服务器进行进一步操作。例如，通过server变量监听服务器的8080端口，使用的代码如下所示：

```
server.listen(8080);
```

这样用户就可以通过“http://IP地址:端口号”访问服务器。监听8080端口的含义就是只要有用户通过“http://IP地址:端口号”访问本地主机（虽然本地主机有多个进程在运行，但是8080端口的进程是Web服务器），就会立即开启响应并向用户发送在service函数中定义的响应，也就是返回“Hello Node.js World!”字符串。本例使用的访问地址如下：

```
http://localhost:8080
```

其中，http是访问Web服务器使用的超文本传输协议；localhost是本地主机的IP地址，其值是127.0.0.1；8080端口用来区分在本地主机上的进程。

【例1-2】Web服务器

例1-2在实现Web服务器端运行后，当客户端浏览器访问时返回“Hello Node.js World!”（图1.8）。其程序代码（1-2-webServer.js）如下所示：

扫一扫，看视频

```
// 例1-2-webServer.js程序代码

// 引入http模块
var http = require('http');

// 定义service函数
function service(request, response) {
  response.writeHead(200, {'Content-Type': 'text/plain'});
  response.end('Hello Node.js World!');
}

// 创建http服务器
var server = http.createServer(service);

// 监听http服务器的8080端口
server.listen(8080);

// 在控制台给用户提示服务器的访问地址
console.log(" 服务器已运行，地址是：http://localhost:8080")
```

1.2.5 运行Web服务器

要运行服务器端的1-2-webServer.js文件须使用以下命令实现（其运行结果如图1.9所示）：

```
node 1-2-webServer.js
```

运行1-2-webServer.js后就启动了Web服务器，用户可以通过图1.8所示的方法访问此Web服务器。

在图1.9中，cd lb表示从当前C盘根目录进入C盘的lb子目录，也就是目录lb是C盘的子目录，如果从子目录lb返回到父目录（C盘根目录），使用的命令是“cd..”。其中，“..”表示当前目录的父目录；另外，“.”表示当前目录，这两个概念在本书后面进行模块引入时（针对不同路径的模块）可能会用到。dir是用来列出当前目录中所有文件和目录的命令。

把图1.9所示的窗口关掉就相当于把服务器的进程关闭，用户将不能在浏览器中访问Web服务器。关闭服务器的进程有两种方法，一种是直接关闭图1.9所示的窗口，另一种是在图1.9所示的窗口中按Ctrl+C快捷键，其结果如图1.10所示。

```
C:\>cd 1b

C:\1b>dir
 驱动器 C 中的卷没有标签。
 卷的序列号是 B43C-82A3

 C:\1b 的目录

2022/07/19 周二  08:18    <DIR>          .
2022/07/19 周二  08:18    <DIR>          ..
2022/07/14 周四  11:59                27 1-1-helloworld.js
2022/07/17 周日  09:21               310 1-2-webServer.js
               2 个文件            337 字节
               2 个目录 75,056,574,464 可用字节

C:\1b>node 1-2-webServer.js
服务器已运行，地址是：http://localhost:8080
```

图 1.9　启动 Web 服务器

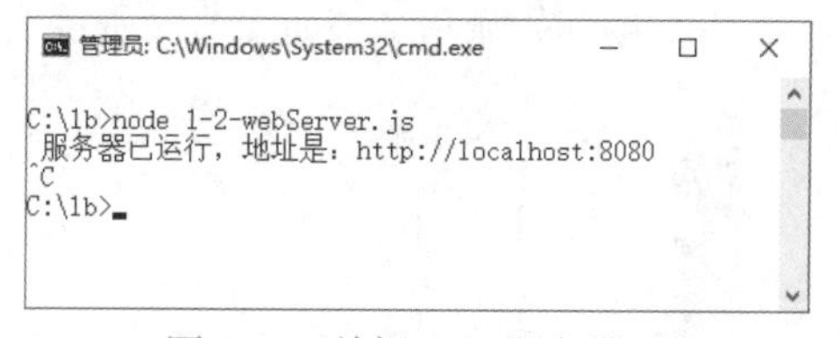

图 1.10　关闭 Web 服务器

1.3 Node.js命令与JavaScript参数

1.3.1　Node.js 编辑器

在Node.js程序开发过程中，使用次数较多的编辑器有JetBrains WebStorm和Visual Studio Code。因为JetBrains WebStorm是收费软件，所以推荐使用Visual Studio Code，简称VS Code。

Visual Studio Code的特点包括：

- 开源、免费。
- 自定义配置。
- 智能提示功能强大。
- 支持各种文件格式。
- 调试功能强大。
- 方便的快捷键。
- 强大的插件扩展。

1. 安装Visual Studio Code

Visual Studio Code的下载页面如图 1.11 所示。

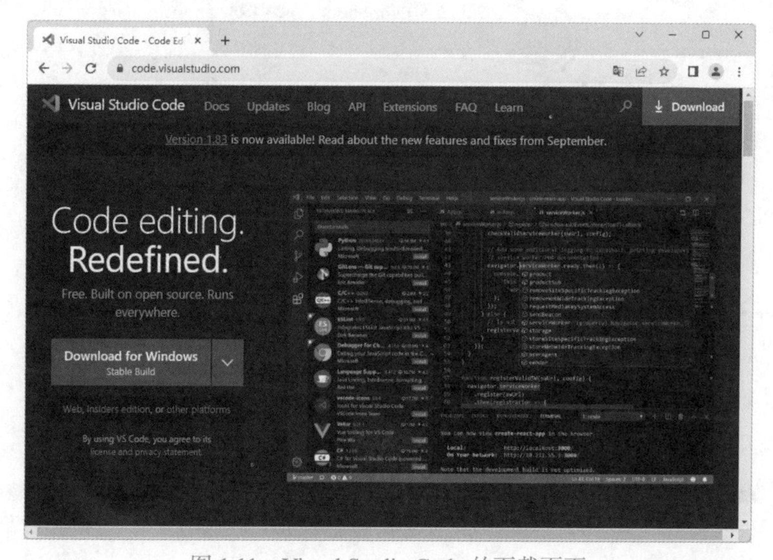

图 1.11　Visual Studio Code 的下载页面

下载成功后，双击下载的安装程序，将Visual Studio Code安装到指定目录或者自定义目录。当安装成功之后，双击“开始”菜单中或者桌面上的Visual Studio Code图标，运行Visual Studio Code后的初始显示结果如图1.12所示。

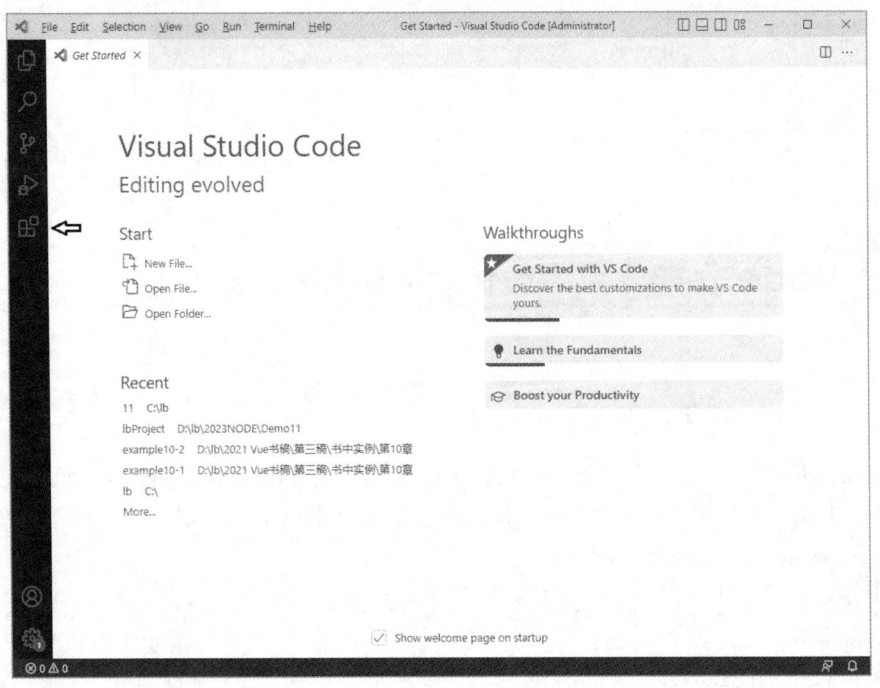

图 1.12　运行 Visual Studio Code 后的初始显示结果

2. 安装Visual Studio Code所需的插件

（1）汉化插件的安装方法。单击图1.12左侧用黑色箭头所指的按钮，打开如图1.13所示的查找插件页面。

图 1.13　查找插件页面

如果需要安装Visual Studio Code汉化包插件，可以在图1.13的左侧搜索输入栏中输入Chinese (Simplified) Language，在搜索的结果中单击Install按钮，将适用于Visual Studio Code的中文(简体)语言包安装到Visual Studio Code中，然后重新打开Visual Studio Code。Visual Studio Code的汉化界面如图1.14所示。

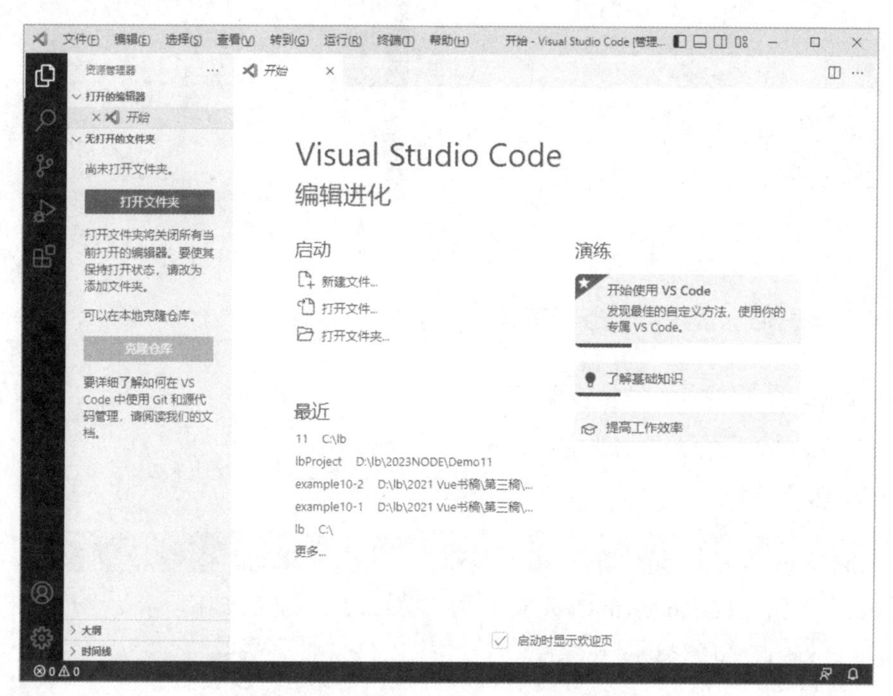

图 1.14　Visual Studio Code 的汉化界面

(2)开发Node.js的常用插件。如果想使用Visual Studio Code进行Node.js程序开发，必须安装一些常用插件，安装方法与安装Visual Studio Code的汉化包插件相似。这些常用的插件名及说明如下：

- npm：用package.json校验安装的npm包，确保安装包的版本正确，对缺少的包或者未安装的包给出高亮提示。
- Node.js Modules IntelliSense：提供JavaScript和TypeScript导入声明时的自动补全。
- Path IntelliSense：当需要对本地文件进行智能提示时，这个插件会自动补全文件名。
- Node exec：允许用Node.js执行当前文件或者选中的代码。
- View Node Package：利用此插件可以快速查看Node包源码，让程序员直接在Visual Studio Code中打开Node包的代码库或文档。
- Search node_modules：node_modules文件夹通常不在默认的搜索范围内，这个插件允许搜索node_modules文件夹。
- VS Color Picker：颜色自动提示。

3. 使用Visual Studio Code编辑Node.js文件

单击图1.14左侧的“打开文件夹”按钮(或者使用快捷键Ctrl+O)，打开如图1.15所示的“打开文件夹”窗口，在此窗口中选择Node.js文件所存储的文件夹，然后单击该窗口下方的“选择文件夹”按钮，Visual Studio Code变成如图1.16所示的页面。

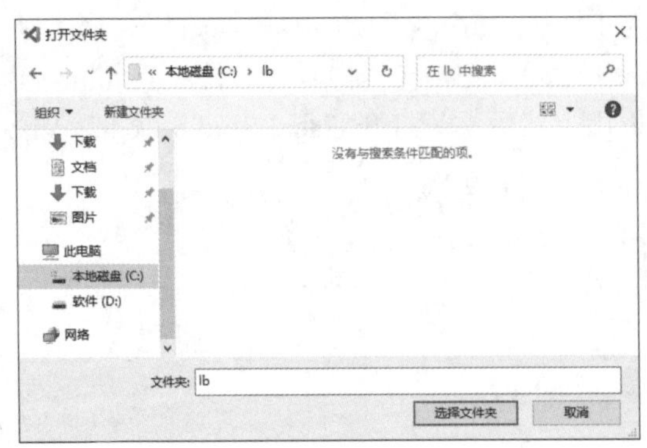

图 1.15 “打开文件夹”窗口

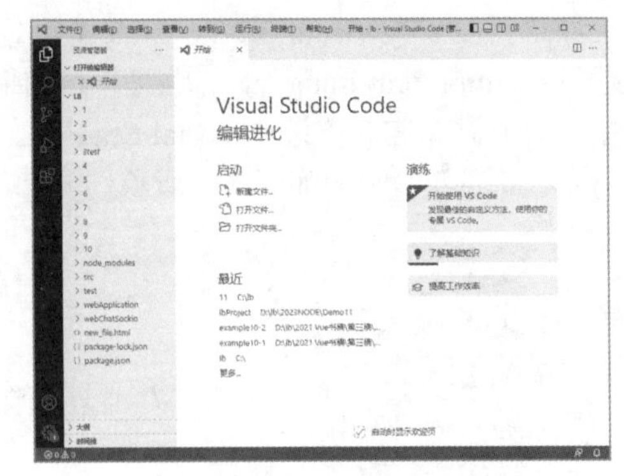

图 1.16 打开文件夹后的 Visual Studio Code 页面

1.3.2 Node.js 命令与 JavaScript 参数

1. Node.js中的文件运行

Node.js中文件运行命令的语法格式如下所示：

```
node 相对路径\文件名
```

【例 1–3】Node.js中的文件运行

在src目录下创建1-3-nodeRunCode.js文件，其JavaScript源码如下所示：

```
// 例1-3-nodeRunCode.js程序代码
let number1=8
let number2=4
console.log("number1*number2=",number1*number2)
```

扫一扫，看视频

其在Node.js中的运行命令如下所示：

```
node .\src\1-3-nodeRunCode.js
```

其中，路径中的“.”表示当前目录，命令的整个含义是执行当前目录的src子目录下的1-3-nodeRunCode.js文件。其在Visual Studio Code中的运行结果如图1.17所示。

需要说明的是，图1.17中的终端与图1.6中的Windows终端是一样的，其打开方法是在Visual Studio Code中执行“终端”→“新建终端”命令。

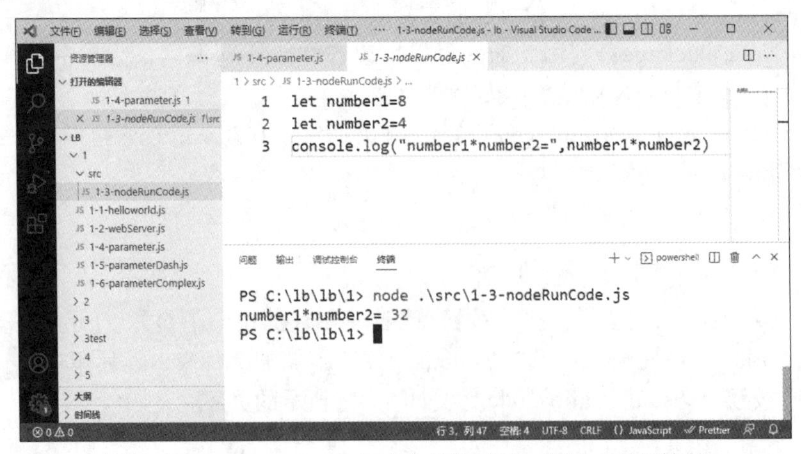

图 1.17 Visual Studio Code 中文件的目录、源码、运行结果

2. Node.js运行命令的参数

（1）读取命令的参数。在实际应用场景中，命令行程序需要非常灵活。例如，服务器端口、运行环境、日志等级等设置可以由用户进行控制，如果用户没有输入自定义参数，程序能够给出默认值。

用户读取自定义参数的方法是通过Node.js的process.argv实现的，其中process是一个全局对象，提供当前Node.js进程的相关信息以及控制当前Node.js进程。

【例 1-4】读取命令的参数

process.argv读取的结果是一个数组，这个数组包含启动Node.js进程时的命令行参数：第一个参数为process.execPath（node.exe文件的绝对路径）；第二个参数为当前执行的JavaScript文件的路径（当前运行的脚本文件的绝对路径）；剩余的是Node.js命令后面输入的其他参数。当需要读取全部参数时可以使用以下程序（1-4-parameter.js）实现：

```
// 例1-4-parameter.js程序代码
const args=process.argv
console.log(args)
```

扫一扫，看视频

例如，在Node.js中使用以下带参数的命令运行（1-4-parameter.js在Visual Studio Code中的运行结果如图1.18所示）：

```
node .\1-4-parameter.js 8080 web
```

```
PS C:\lb\lb\1> node .\1-4-parameter.js 8080 web
[
  'C:\\Program Files\\nodejs\\node.exe',
  'C:\\lb\\lb\\1\\1-4-parameter.js',
  '8080',
  'web'
]
PS C:\lb\lb\1>
```

图 1.18　读取 Node.js 的命令参数

如果需要去掉process.argv读取结果的前两个参数，可以使用以下语句实现：

```
const args=process.argv.slice(2)
console.log(args)
```

其中，slice()方法通过索引位置获取新数组，该方法不会修改原数组，只是返回一个新的子数组。本例中slice(2)表示获取数组的第二个元素到最后一个元素，所以相当于删除了前两个元素（需要说明的是，数组的元素从0起始）。

运行结果如下：

```
[ '8080', 'web' ]
```

（2）CLI规范参数输入。当用户没有按指定的顺序输入参数时，根据读取参数执行相应操作可能会出现问题，输入参数的含义也无法体现。CLI（Command Line Interface，命令行接口）命令通过短横线或者双短横线作为参数名前缀实现遵守CLI规范的实例。首先要安装

minimist参数解析器组件，安装时使用的命令如下所示：

```
npm install minimist
```

【例 1-5】命令参数解析

1-5-parameterDash.js用于解析字母参数的情况并将参数显示在终端中。其运行结果如图1.19所示。

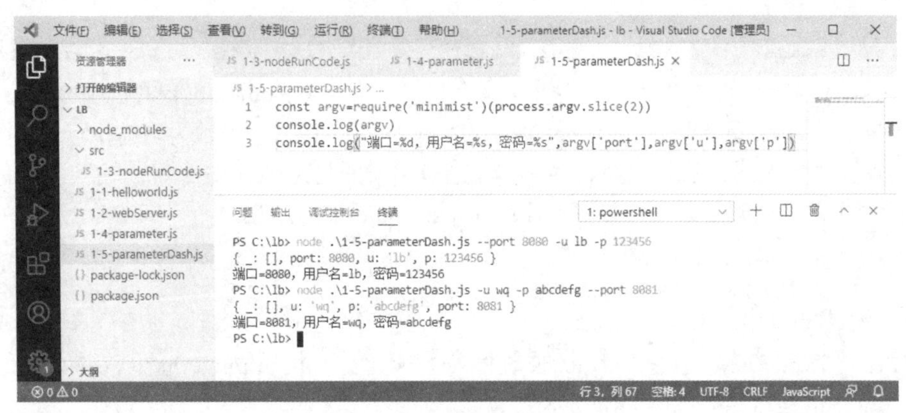

图 1.19　CLI 规范参数输入

例1-5的代码如下所示：

扫一扫，看视频

```
// 例1-5-parameterDash.js
const argv=require('minimist')(process.argv.slice(2))
console.log(argv)
console.log("端口=%d, 用户名=%s, 密码=%s",argv['port'],argv['u'],argv[
'p'])
```

再通过下面命令执行：

```
node .\1-5-parameterDash.js -u wq -p abcdefg --port 8081
```

需要说明的是，单字母参数使用短横线进行引导，多字母参数使用双短横线进行引导。

（3）默认值参数。在CLI规范参数中，单字母参数和多字母参数可以混合使用。如果有些参数没有输入，那么可以设定默认值参数。

【例 1-6】默认值参数

例1-6说明用户在没有输入相关参数时将使用默认值参数，几种状态的执行结果如图1.20所示。

例1-6的代码如下所示：

扫一扫，看视频

```
// 例1-6-parameterComplex.js
let port="80"
let u='lb'
let p='123456'
const argv=require('minimist')(process.argv.slice(2))
if(argv['port']) port=argv['port']
if(argv['p']) p=argv['p']
if(argv['u']) u=argv['u']
console.log("端口=%d, 用户名=%s, 密码=%s",port,u,p)
```

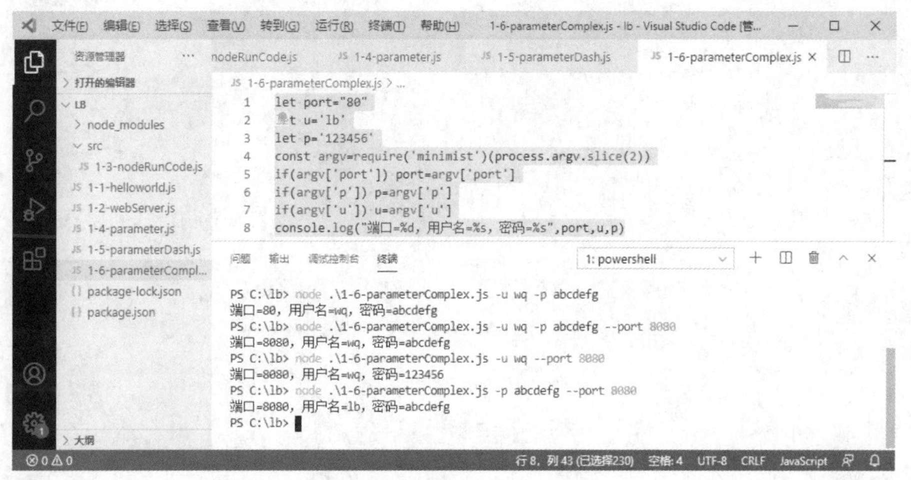

图 1.20　CLI 默认值参数

1.4 本章小结

学习Node.js之前必须先安装Node.js的工作环境并能编写第一个Hello World！程序，以验证Node.js工作环境安装成功，同时也能对这种工作环境下的程序设计有一个基本了解。另外，学习Node.js必须要了解其应用开发时使用的快捷编辑工具，这种编辑工具有很多，本书仅说明Visual Studio Code的使用方法。本章结合一些实用的案例让读者理解Node.js的编辑工具和工作环境，为本书的后续学习打下基础。

1.5 实验　Hello World！

一、实验目的及要求

（1）掌握Node.js的工作环境。

（2）掌握Node.js中文件的运行方法。

（3）掌握Node.js的编辑工具。

二、实验要求

使用Node.js编写如图1.21所示的内容，与1.2.4小节中的内容相似，仅在客户端浏览器中显示结果，如图1.22所示。

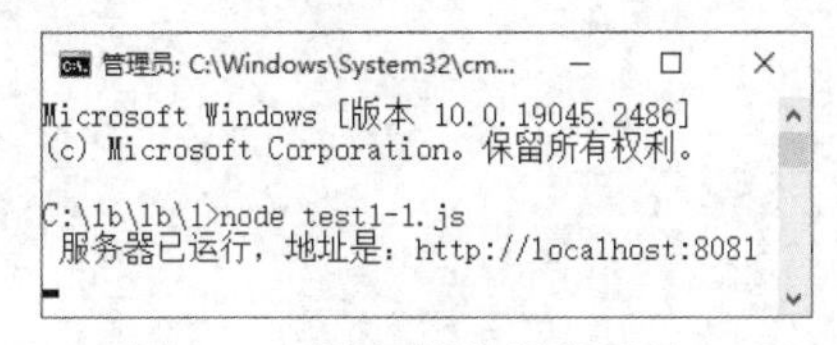

图 1.21　服务器端程序运行

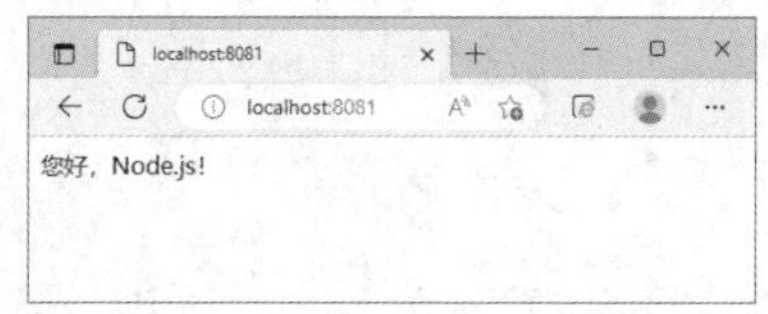

图 1.22　客户端浏览器访问服务器

第 2 章

Node.js 语言基础

学习目标

本章主要讲解 Node.js 的语言基础 ECMAScript，重点阐述在 Node.js 项目中经常用到的语法。通过本章的学习，读者应该掌握以下内容：

- ECMAScript 的赋值语句。
- ECMAScript 的解构赋值。
- ECMAScript 的数组与字符串扩展。
- ECMAScript 的 Module 语法。
- JSON 的数据定义。
- 正则表达式。
- Promise 对象。

2.1 ECMAScript基础

2.1.1 ECMAScript 简介

JavaScript脚本语言最初是由Netscape公司的Brendan Eich于1995年设计提出的，是在Netscape浏览器上实现的。设计JavaScript脚本语言的目的是增强浏览器的功能、提升用户的体验感。

JavaScript最初的名称是LiveScript，后来由于Netscape公司与Sun公司进行合作才改名为JavaScript。改名为JavaScript的主要原因是Sun公司有非常著名的软件产品——Java语言，设计者的初衷是想让JavaScript也能够像Java那样流行。因此，如今的JavaScript在语法和命名规范上或多或少有着Java语言的影子，二者确实有着千丝万缕的联系。但是请读者一定要注意，JavaScript与Java本质上是完全不同的两类程序设计语言。

JavaScript脚本语言在发展初期并没有确立统一的标准，但是因为其在Netscape浏览器上的惊艳表现，随后其他软件生产商也陆续推出了自己的产品。因此，早期的JavaScript脚本语言完全是各大浏览器软件厂商在“各自为政”。

为了避免各大浏览器软件厂商在各自的JavaScript标准上越走越远，1997年，在ECMA（European Computer Manufacturers Association，欧洲计算机制造商协会）的提议和协调下，由Netscape、Sun、Microsoft和Borland等公司组成了工作组，最终确定了统一的脚本语言标准规范——ECMA-262，而ECMA-262标准规范就是ECMAScript。

目前，ECMA-262标准规范就是事实上的脚本语言设计标准，各大浏览器软件厂商在各自的浏览器软件产品上实现脚本功能时必须遵循ECMA-262标准规范，这样就可以保证良好的兼容性。当然，各大浏览器软件厂商在实现一些功能特效时又各有各的特点，这也是脚本语言跨平台设计时需要设计人员注意的地方。

2.1.2 let 命令

ECMAScript新增了let命令声明变量。用法类似于var命令，但是声明的变量只在let命令所在的代码块内有效。

1. let命令的作用域仅局限于当前代码块

【例2-1】let命令的作用域

在例2-1的程序代码块中分别使用var命令和let命令定义两个变量，然后在程序代码块外进行输出，其代码如下所示（其在控制台中的显示结果如图2.1所示）：

```
// 例2-1-letDomain.js程序代码
{
  var username = 'lb';
  let age = 25;
}
console.log(username);            // 输出：lb
console.log(age);                 // 输出报错：age is not define
```

扫一扫，看视频

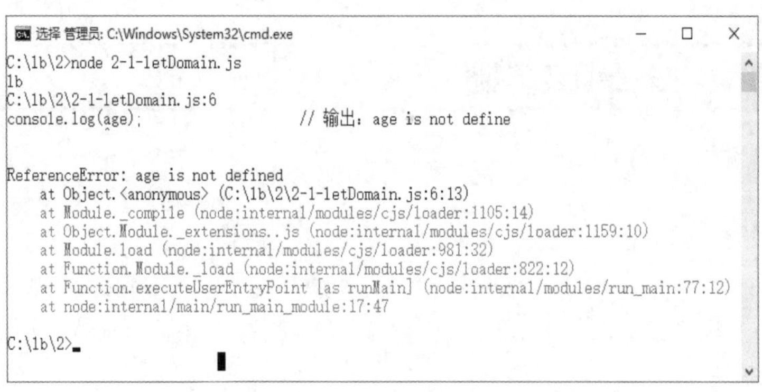

图 2.1　块作用域

从图2.1中可以看出，在程序代码块外使用程序代码块内定义的username变量时，该变量能够正常输出，而age变量输出报错，这表明用let命令声明的变量只在当前程序代码块内有效。

2. 使用let命令

let命令定义变量的方式类似于var命令，但对其进行了一些修订，这有效解决了原来使用var命令让人困惑的地方。其修订的方式有以下几种。

（1）变量提升。按照一般的逻辑，变量应该在声明语句之后才可以使用，而使用var命令定义的变量会发生“变量提升”现象，即变量可以在声明之前使用，值为undefined。

为了消除“变量提升”现象，let命令定义的变量一定要在声明之后才可以使用，否则会报错。具体代码如下所示：

```
// var的情况
console.log(foo);              // 输出undefined
var foo = 2;

// let的情况
console.log(bar);              // 输出报错ReferenceError
let bar = 2;
```

（2）变量不允许重复声明。let命令不允许在相同作用域内重复声明同一个变量参数。具体代码如下所示：

```
// 报错
function func() {
  let a = 10;
  var a = 1;
}
// 报错
function func() {
  let a = 10;
  let a = 1;
}
```

声明的参数也不能与形参同名，如果声明的参数是在另外一个作用域下，则可以重复声明。具体代码如下所示：

```
function func(arg) {
  let arg;                     // 报错，因为两个arg参数在同一个作用域内
}
function func(arg) {
```

```
  {
    let arg;                        // 不报错，因为两个arg参数不在同一个作用域内
  }
}
```

（3）let命令的块作用域。

【例2-2】var命令和let命令的父子作用域对比

在例2-2中，分别在语句块内和语句块外定义同名变量，以检测var命令和let命令的父子作用域执行情况。其在控制台中的显示结果如图2.2所示。

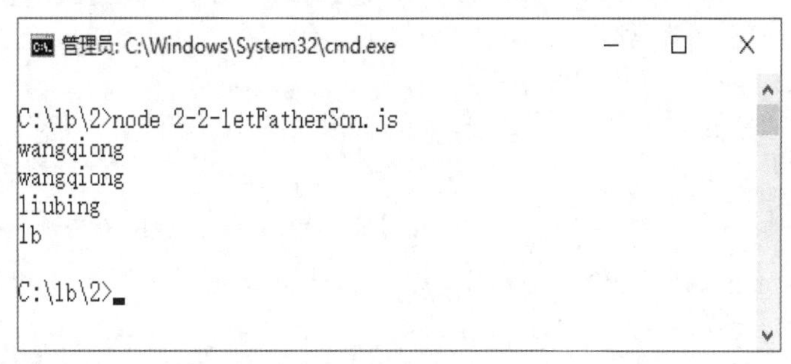

图 2.2　for 循环中的 var 命令与 let 命令

例2-2的代码如下所示：

```
// 例2-2-letFatherSon.js程序代码
// 使用var命令定义的变量的父子作用域
var username = "wq";
if(true) {
  var username = "wangqiong";
  console.log(username);                  // 输出wangqiong
}
console.log(username);                    // 输出wangqiong

// 使用let命令定义的变量的父子作用域
let myname = "lb";
if(true) {
  let myname = "liubing";
  console.log(myname);                    // 输出liubing
}
console.log(myname);                      // 输出lb
```

扫一扫，看视频

在例2-2的程序代码中，username变量是用var命令声明的，在全局范围内都有效，所以全局只有一个username变量，也就是使用username变量指向的都是同一个username变量，导致运行时输出的都是同一个username变量的值。

let命令声明的变量仅在块作用域内有效，最后输出的是不同的值。因为用let命令声明的myname变量只在本语句块内有效(一对大括号叫语句块)，所以每一个语句块内的myname其实都是一个新的变量，即本例最后输出的结果是不相同的。

2.1.3　const 命令

const命令声明的是一个只读的常量，其值一旦声明就不能改变。这也意味着const命令一旦声明常量，就必须立即将其初始化，只声明不赋值就会报错。例如：

```
const PI = 3.14;                          // 正确
PI = 3.1415926;                           // 报错，不允许重复赋值
const foo;                                // 报错，因为没有给foo赋值
```

const命令的作用域与let命令相同，只在声明所在的块级作用域内有效，不可重复声明，另外用const命令声明常量也必须先定义后使用。

const命令实际上保证的并不是常量的值不能改动，而是指向的内存地址不能改动，对于简单类型的数据（数字、字符串、布尔值）而言，其值就保存在指向的内存地址中，因此等同于常量；但是对于复合数据类型（对象或数组）而言，指向的内存地址保存的只是一个指针，const命令只能保证这个指针是固定的，至于指向的数据结构是不是可变的完全不能控制，因此将一个数组或对象声明为常量时必须要非常小心。例如：

```
const obj = {};                       // 定义const对象
obj.name = 'lb';                      // 向对象中输入属性值
obj.age = 25;
console.log(obj);                     // 输出对象
obj={};                               // 报错，因为不能将obj再指向另一个对象
```

下面定义一个常量数组，数组本身是可以写入数据的，但是如果将另一个数组赋值给该常量数组是不允许的。例如：

```
const names = [];                     // 定义const数组
names.push('lb');                     // 把lb添加到数组中
// 上述代码都没有问题，因为数组是可读写的，可以添加新元素
console.log(names.length);            // 输出数组长度
names = ['jisoo'];                    // 报错，不能对此数组重新赋值
```

2.2 ECMAScript的解构赋值

解构赋值是对赋值运算符的扩展，是把对象或数组的属性或值提取出来赋值给变量；在解构中解构的源是解构赋值表达式的右边，解构的目标是解构赋值表达式的左边。解构赋值的好处是可以让赋值运算符的语法更加简洁、更加优雅。

2.2.1 数组的解构赋值

在ECMAScript语法规范中，数组的解构赋值基本是按照等号左边与等号右边的匹配进行的，其语法结构如下所示：

```
let [var1, var2, …,varN] = array          // varN表示一个变量，array表示一个数组
```

数组解构时数组的元素是按次序排列的，变量的取值是由其位置决定的，下面说明几种数组解构赋值的基本方式。

（1）模式匹配。这种方式的数组解构是等号两边的模式相同，将等号右边对应位置的值赋值给等号左边对应位置的变量。例如：

```
let [a, b, c] = [1, 2, 3];                // 解构后：a=1,b=2,c=3
```

（2）嵌套方式。在数组的解构赋值方式中，除了正常的模式匹配外，还可以使用嵌套方式进行解构，嵌套方式支持任意深度的嵌套。例如：

```
let [foo, [[bar], baz]] = [1, [[2], 3]]   // 解构后：foo=1,bar=2,baz=3
```

（3）不完全解构。当等号左边的模式只匹配等号右边的数组的一部分时，这种方式称为不完全解构。这种情况下，解构依然可以成功。例如：

```
let [x, , y] = [1, 2, 3];                    // 解构后：x=1,y=3
```

（4）使用省略号解构。在ECMAScript语法规范中，还可以使用省略号进行相应的匹配操作，但是这种解构方式有格式要求，也就是带有省略号修饰符的变量必须放到最后，否则是无效的解构方式。例如：

```
let [head, …, tail] = [1, 2, 3, 4];    // 解构后：head=1,tail=[2, 3, 4]
```

如果解构不成功，变量的值就等于undefined。例如，在下面代码中，变量y属于解构不成功，y的值就等于undefined：

```
let [x, y] = ['a'];                          // 解构后：x='a',y为undefined
```

（5）含有默认值解构。在ECMAScript语法规范中，可以在赋值运算符的左侧设置默认值。当解构赋值表达式中等号右边是undefined或等号左边的变量没有对应值匹配时，等号左边就会使用默认值给变量进行赋值。例如：

```
let [a=0,b=1,c=2]=[1,undefined];           // 解构后：a=1,b=1,c=2。b和c为默认值
```

（6）字符串解构的处理。在ECMAScript语法规范中，赋值运算符的右边还可以是字符串，把字符串的每一个字符解构到相对应等号左边的变量中。例如：

```
var [a,b,c] = 'hello';                     // 解构后：a='h',b='e',c='l'
```

【例2-3】数组的解构赋值方式

在例2-3中对前面所述的数组的解构赋值方式进行测试，其运行结果如图2.3所示。

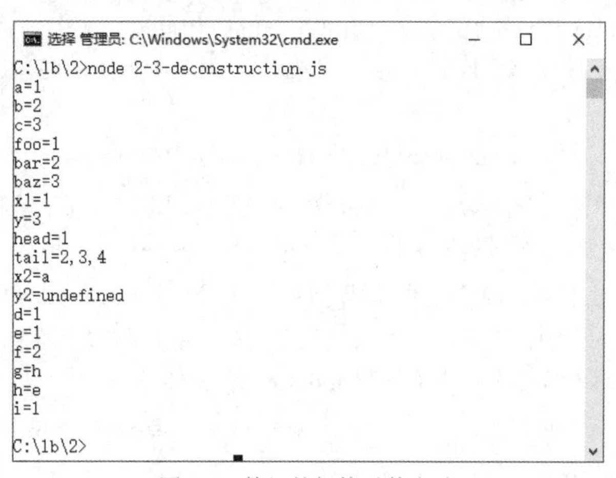

图2.3　数组的解构赋值方式

例2-3的代码如下所示：

```
// 例2-3-deconstruction.js程序代码

let [a, b, c] = [1, 2, 3];
console.log('a=' + a);
console.log('b=' + b);
console.log('c=' + c);
let [foo, [[bar], baz]] = [1, [[2], 3]];
console.log('foo=' + foo);
console.log('bar=' + bar);
```

```
console.log('baz=' + baz);
let [x1, , y1] = [1, 2, 3];
console.log('x1=' + x1);
console.log('y=' + y1);
let [head, …, tail] = [1, 2, 3, 4];
console.log('head=' + head);
console.log('tail=' + tail);
let [x2, y2] = ['a'];
console.log('x2=' + x2);
console.log('y2=' + y2);
let [d = 0, e = 1, f = 2] = [1, undefined];
console.log('d=' + d);
console.log('e=' + e);
console.log('f=' + f);
let [g, h, i] = 'hello';
console.log('g=' + g);
console.log('h=' + h);
console.log('i=' + i);
```

2.2.2 对象的解构赋值

ECMAScript语法规范中的对象解构赋值同样是按照赋值运算符的左边与右边的匹配进行的。对象解构赋值与数组解构赋值的区别是：数组是按照位置次序进行匹配的，而对象是按照属性的名称进行匹配的，不一定是按照属性出现的先后次序。

（1）基本形式。对象解构赋值的基本形式如下所示：

```
let { foo: foo, bar: bar } = { foo: 'aaa', bar: 'bbb' };
```

当赋值运算符的左边变量的键（key）和值（value）相同时，书写方法可以简化，也就是在赋值运算符的左边变量仅需要key的形式。例如，上面基本形式的对象解构赋值语句可以简写成：

```
let { foo, bar} = {foo:'aaa',bar:'bbb' };        // 解构后foo= 'aaa',bar='bbb'
```

这里需要再强调一点，数组是有次序的，数组中变量的次序决定着它的值，但是对象是没有次序的。例如，把上面语句对象的属性交换一下位置，具体如下：

```
let { bar, foo} = {foo:'aaa',bar:'bbb' };        // 解构后foo= 'aaa',bar='bbb'
```

输出的结果也是一样的，因为对象的值是当左边变量必须与右边对象中的属性同名时才能得到。和数组一样，对象解构失败也会输出undefined，具体如下：

```
let {foo} = {bar: 'baz'};                        // 解构后foo的值是undefined
```

（2）左边变量为key:value的形式。

```
let { foo: baz } = { foo: 'aaa', bar: 'bbb' };  // 解构后baz的值是'aaa'
let obj = { first: 'hello', last: 'world' };
let { first: f, last: l } = obj;                 // 解构后f='hello',l='world'
```

【例2-4】对象的解构赋值方式

在例2-4中对前面所述的对象的解构赋值方式进行测试，其运行结果如图2.4所示。

```
管理员: C:\Windows\System32\cmd.exe
C:\1b\2>node 2-4-objectDeconstruction.js
foo=aaa
bar=bbb
foo1=aaa
bar1=bbb
foo2=undefined
baz3=aaa
f=hello
l=world
foo4=aaa
bar4=bbb

C:\1b\2>
```

图 2.4　对象的解构赋值方式

例2-4的代码如下所示：

```
// 例2-4-objectDeconstruction.js程序代码
let { foo, bar } = { foo: 'aaa', bar: 'bbb' };
console.log('foo=' + foo);
console.log('bar=' + bar);
let { bar1, foo1 } = { foo1: 'aaa', bar1: 'bbb' };
console.log('foo1=' + foo1);
console.log('bar1=' + bar1);
let { foo2 } = { bar: 'baz' };
console.log('foo2=' + foo2);
let { foo3: baz3 } = { foo3: 'aaa', bar: 'bbb' };
console.log('baz3=' + baz3);
let obj = { first: 'hello', last: 'world' };
let { first: f, last: l } = obj;
console.log('f=' + f);
console.log('l=' + l);
let { foo4, bar4 } = { foo4: 'aaa', bar4: 'bbb' };
console.log('foo4=' + foo4);
console.log('bar4=' + bar4);
```

扫一扫，看视频

2.2.3　解构赋值的主要用途

1. 使函数返回多个值

函数只能返回一个值，如果需要返回多个值，只能将返回的多个值放在数组或对象中，然后通过数组或对象的解构赋值取出这些值。下面的代码是对函数的数组和对象的返回值进行解构：

```
// 定义返回值是数组的函数example()
function example() {
  return [1, 2, 3];              // 函数返回一个数组
}
let [a, b, c] = example();       // 对函数的返回值进行解构
console.log(a,b,c)               // 解构后：a=1, b=2, c=3

// 定义返回值是对象的函数example1()
function example1() {
  return {                       // 函数返回一个对象
    foo: 1,
    bar: 2
  };
}
```

```
let { foo, bar } = example1();      // 对函数的返回值进行解构
console.log(foo, bar)               // 解构后：foo=1, bar=2
```

2. 定义函数参数

解构赋值可以方便地将一组参数与变量名对应起来。

【例2-5】利用解构方法给函数传递入口参数

在例2-5中定义两个求和函数，一个函数的入口参数是由3个变量组成的数组，另一个函数的入口参数是对象，分别利用解构方法给这两个函数传递入口参数，其运行结果如图2.5所示。

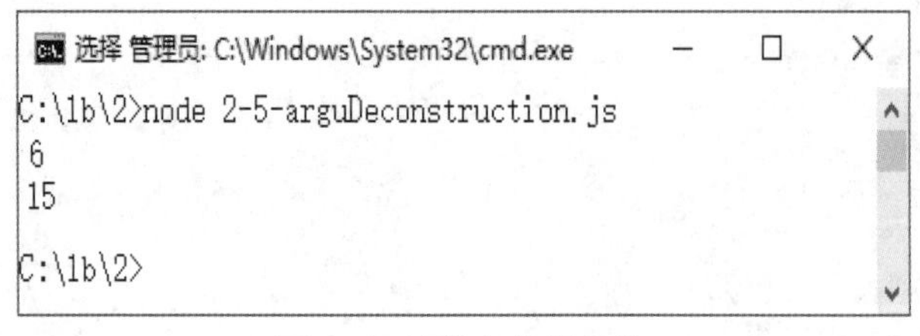

图 2.5　函数参数的解构

例2-5的代码如下所示：

```
// 例2-5-arguDeconstruction.js程序代码

// 定义求和函数arraySum()，其入口参数是由3个变量组成的数组
function arraySum([x, y, z]) {
  return x + y + z
}

// 定义求和函数objectSum()，其入口参数是一个对象
function objectSum({ x, y, z }) {
  return x + y + z
}
console.log(arraySum([1, 2, 3]))                // 输出结果：6
console.log(objectSum({ z: 4, y: 5, x: 6 }))    // 输出结果：15
```

扫一扫，看视频

3. 提取JSON对象中的数据

解构赋值可以提取JSON对象中的数据。

【例2-6】提取JSON对象中的数据

在例2-6中先定义一个JSON对象，然后进行解构赋值，最后显示相关数据，其运行结果如图2.6所示。

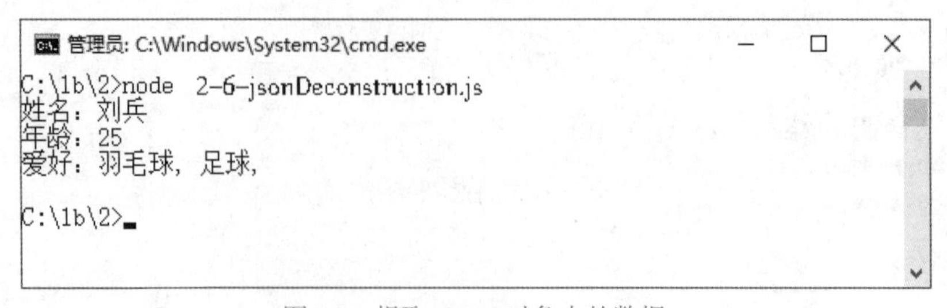

图 2.6　提取 JSON 对象中的数据

例2-6的代码如下所示：

```
// 例2-6-jsonDeconstruction.js程序代码

// 定义JSON变量
let jsonData = {
  username: '刘兵',                        // 定义username属性
  age: 25,                                 // 定义age属性
  like: ['羽毛球', '足球']                 // 定义like属性，该属性值是数组
};

// 对JSON数据进行解构
let { username, age, like } = jsonData;
console.log("姓名：" + username)           // 控制台输出："姓名：刘兵"
console.log("年龄：" + age )               // 控制台输出："年龄：25"

// JSON数组的遍历
let mylike=''
for (var i = 0; i < like.length; i++) {// 遍历数组
  mylike += like[i] + ", "                 // 读取数据进行字符串拼接
}
console.log( "爱好："+mylike)              // 输出拼接后的字符串
```

扫一扫，看视频

4. 遍历Map结构

任何部署了Iterator接口的对象，都可以用for...of循环进行遍历。Map结构原生支持Iterator接口，再配合变量的解构赋值可以轻松获取键名和键值。

【例2-7】遍历Map结构

在例2-7中先定义和初始化Map结构，然后使用解构赋值的方法循环遍历Map结构的键名和键值，最后分别仅遍历键名和仅遍历键值，其运行结果如图2.7所示。

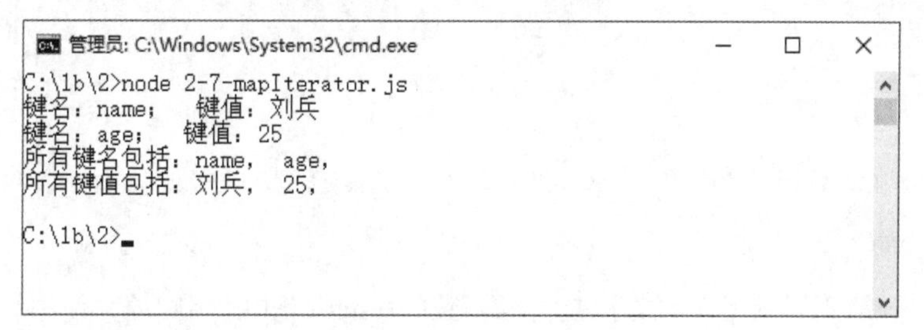

图2.7　遍历Map结构

例2-7的代码如下所示：

```
// 例2-7-mapIterator.js程序代码

// 定义Map结构并进行初始化赋值
const map = new Map();
map.set('name', '刘兵');
map.set('age', 25);

// 使用解构赋值的方法同时遍历Map结构的键名和键值
for (let [key, value] of map) {
  console.log("键名：" + key + "; 键值：" + value)
}
```

扫一扫，看视频

```
// 下面代码仅遍历键名
let keyName = "所有键名包括："
for (let [key] of map) {                    // 遍历键名
  keyName += key + ",  "                    // 对键名进行字符串拼接
}
console.log(keyName)                        // 输出拼接后的字符串

// 下面代码仅遍历键值
let keyValue = "所有键值包括："
for (let [, value] of map) {                // 遍历键值
  keyValue += value + ",  "                 // 对键值进行字符串拼接
}
console.log(keyValue)                       // 输出拼接后的字符串
```

2.3 箭头函数

2.3.1 箭头函数概述

1. 箭头函数的定义

在ECMAScript中使用function关键字定义函数，其语法格式如下所示：

```
function 函数名(形参[,形参]){
  // 函数体
}
```

例如：

```
function fn1(a, b) {
  return a + b
}
```

或者如：

```
var fn2 = function(a, b) {
  return a + b
}
```

ECMAScript箭头函数的定义方法是将原函数的function关键字删掉并使用箭头“=>”连接参数列表和函数体。前面定义的求和函数可以定义成如下形式：

```
(a, b) => {
  return a + b
}
```

也可以定义成如下形式：

```
var fn1 = (a, b) => {
  return a + b
}
```

2. 箭头函数的简化

箭头函数的简化方法有以下两种。

（1）当函数只有一个参数时，“( )”可以省略；当函数没有参数时，“( )”不可以省略。例如：

```
var fn1 = () => {}                          // 无参数
var fn2 = a => {}                           // 一个参数a
var fn3 = (a, b) => {}                      // 多个参数a、b
var fn4 = (a, b, …, args) => {}             // 可变参数
```

(2)如果函数体只有一条return语句，那么可以省略掉"{ }"和return关键字；如果函数体包含多条语句，那么不能省略掉"{ }"和return关键字。例如：

```
() => 'hello'                     // 函数返回字符串hello
(a, b) => a + b                   // 函数返回a+b的值
(a) => {                          // 函数返回a+1的值
  a = a + 1
  return a
}
```

【例2-8】简化箭头函数

在例2-8中先定义一个普通函数，然后使用两种方法简化箭头函数，读者要认真体会箭头函数的简写方法，其运行结果如图2.8所示。

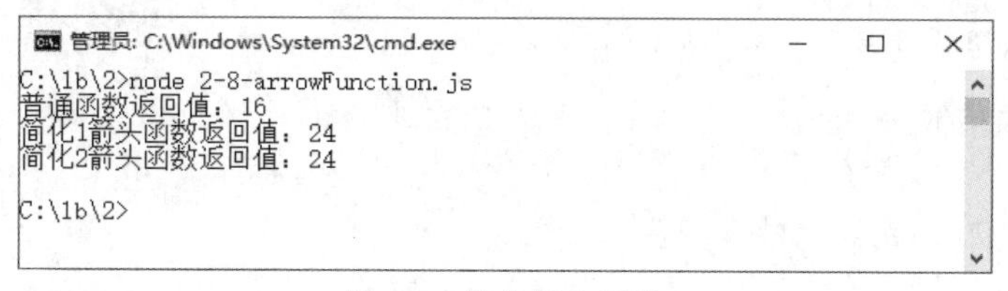
管理员: C:\Windows\System32\cmd.exe
C:\1b\2>node 2-8-arrowFunction.js
普通函数返回值：16
简化1箭头函数返回值：24
简化2箭头函数返回值：24
C:\1b\2>

图2.8　简化箭头函数

例2-8的代码如下所示：

```
// 例2-8-arrowFunction.js程序代码

// 普通函数的定义方法
let show1 = function (a) {
  return a * 2
}
console.log("普通函数返回值：" + show1(8) )     // 输出："普通函数返回值：16"

// 箭头函数简化方法1：如果只有一个参数，那么"()"可以省略
let show2 = a => {
  return a * 3
}

// 调用箭头函数，返回值是24
console.log("简化1箭头函数返回值：" + show2(8) )

// 箭头函数简化方法2：如果只有一条return语句，那么"{}"可以省略
let show3 = a => a * 3

// 调用箭头函数，返回值是24
console.log("简化2箭头函数返回值：" + show3(8) )
```

扫一扫，看视频

2.3.2　箭头函数与解构赋值

通过结合箭头函数与前文中介绍的解构赋值，可以简化箭头函数的调用方式以提高代码编写效率。

【例2-9】在箭头函数中使用解构赋值

在例2-9中使用箭头函数分别定义求余数、求最大值、求最小值的函数，调用这些函数时使用解构赋值的方法对参数进行赋值，其运行结果如图2.9所示。

```
管理员: C:\Windows\System32\cmd.exe
C:\1b\2>node 2-9-arrowDeconstruction.js
8 % 3 = 2
[12,87,3]的最大值是：87
[12,87,3]的最小值是：3

C:\1b\2>
```

图2.9　在箭头函数中使用解构赋值

例2-9的代码如下所示：

```
// 例2-9-arrowDeconstruction.js程序代码

// 定义求余数的函数arrow_remainder，参数使用解构方法进行赋值
arrow_remainder = ([i, j]) => i % j;
console.log('8 % 3 = ' + arrow_remainder([8, 3]));

// 定义求最大值的函数arrow_max，参数使用解构方法进行赋值
arrow_max = (...args) => Math.max(...args);

// 调用求最大值的箭头函数并输出结果
max = arrow_max(...[12, 87, 3])
console.log('[12,87,3]的最大值是：' + max)

// 定义求最小值的函数arrow_min，参数使用解构方法进行赋值
arrow_min = (...args) => Math.min(...args);

// 调用求最小值的箭头函数并输出结果
min = arrow_min(...[12, 87, 3])
console.log('[12,87,3]的最小值是：' + min)
```

扫一扫，看视频

2.4 数组

在程序设计中经常会用到数组，因此用户需要熟练掌握数组操作的相关方法。在ECMAScript中关于数组的操作又增加了一些新方法，下面介绍几种常用和新增的数组操作方法。

2.4.1　map() 方法

map()方法用于遍历数组中的每个元素，让其作为参数执行一个指定的函数，然后让每个返回值形成一个新数组。map()方法不改变原数组的值，其语法格式如下所示：

```
let 新数组名 = 数组名.map(function(参数){
  // 函数体
})
```

或者简化成：

```
let 新数组名 = 数组名.map((参数)  => {
  // 函数体
})
```

【例2-10】map()方法的应用

在例2-10中定义两个应用：一个应用是让数组中的每个元素值乘以2生成一个新数组；另一个应用是根据成绩数组中的每个元素值生成一个含有对应值(优秀、及格、不及格)的新数组，其运行结果如图2.10所示。

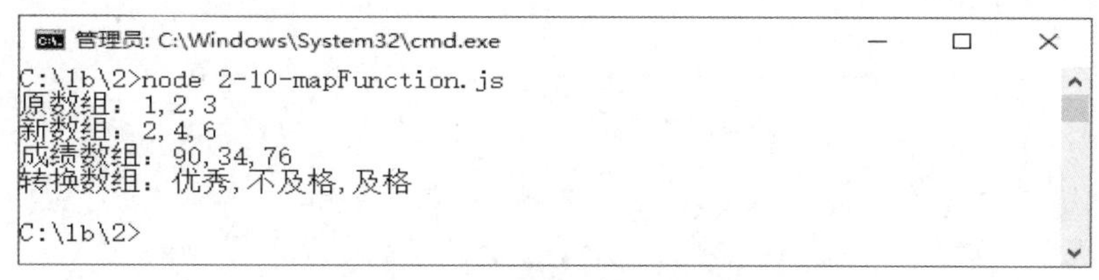

图2.10　map()方法的应用

例2-10的代码如下所示：

```
// 例2-10-mapFunction.js程序代码

// 定义新数组arr
let arr = [1, 2, 3]

// arr数组中的每个元素值乘以2生成一个新数组newArr
let newArr = arr.map(item => item * 2)

// 在控制台输出原数组arr和新数组newArr
console.log('原数组：' + arr)
console.log('新数组：' + newArr)

// 定义成绩数组arrScore
let arrScore = [90, 34, 76]

// 根据数组中的每个元素值生成一个含有对应值（优秀、及格、不及格）的新数组
let score = arrScore.map(item => item >= 60 ? item >= 90 ? '优秀' : '及格' : '不及
格')
console.log('成绩数组：' + arrScore)
console.log('转换数组：' + score)
```

扫一扫，看视频

2.4.2　forEach() 方法

forEach()方法是对数组中的每个元素进行遍历，为每个元素调用指定函数。该方法将改变原数组本身，并且指定调用函数的参数依次是：数组元素、元素的索引、数组本身。forEach()方法的语法格式如下所示：

```
数组名.forEach(function(数组元素,元素的索引,数组本身){
  // 函数体
})
```

或者简化成：

```
数组名.forEach((数组元素,元素的索引,数组本身) => {
  // 函数体
})
```

【例2-11】forEach()方法的应用

在例2-11中先定义一个数组，然后为该数组中的每个数值加1并分别显示修改前和修改后数组的值，其运行结果如图2.11所示。

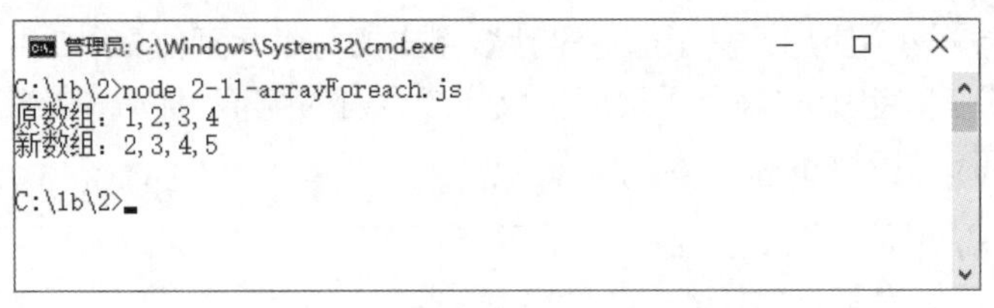

图2.11　forEach() 方法的应用

例2-11的代码如下所示：

```
// 例2-11-arrayForeach.js程序代码

// 定义数组
let arr = [1, 2, 3, 4]

// 显示初始数组的元素
console.log('原数组：' + arr)

// 使用forEach()方法遍历数组，然后显示数组的内容
arr.forEach(function (element, index, arr) {
  arr[index] = element + 1;
})

// 显示数组修改后的新数组元素
console.log('新数组：' + arr)
```

2.4.3　filter() 方法

filter()方法对数组的每个元素执行特定的逻辑判断函数并返回执行逻辑判断函数为true的元素，也就是filter()方法过滤掉数组中不满足条件的值而返回一个新数组，不改变原数组的值，该方法也称为过滤方法。filter()方法的语法格式如下所示：

```
数组名.filter( (参数列表) => {  //函数体 })
```

例如，使用数组的filter()方法过滤掉不能被3整除的元素形成新数组，使用的语句如下所示：

```
let arr=[60,70,80,87,90]
let result=arr.filter(tmp=>tmp%3==0)  // 新数组result=[60,87,90]
```

【例2-12】filter()方法的应用

在例2-12中定义一个对象，对象的属性有language和price，使用filter()方法将price值大于65的数据形成一个新数组，其运行结果如图2.12所示。

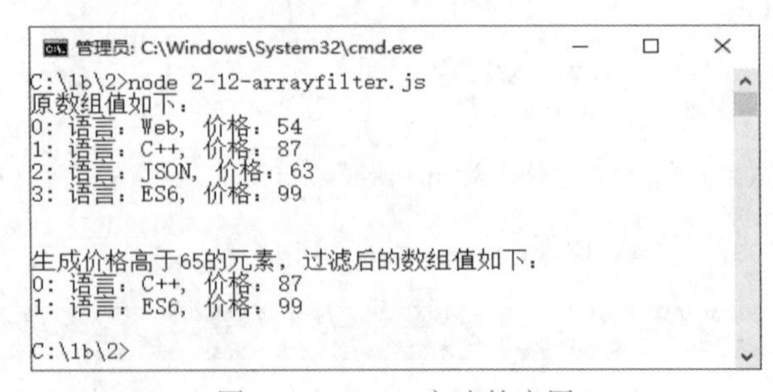

图2.12　filter() 方法的应用

例2-12的代码如下所示：

```
// 例2-12-arrayfilter.js程序代码

// 定义对象数组arrJson
let arrJson = [
  { language: 'Web', price: 54 },
  { language: 'C++', price: 87 },
  { language: 'JSON', price: 63 },
  { language: 'ES6', price: 99 },
]
console.log("原数组值如下：")        // 显示提示

// 遍历显示原对象数组的值
for (var key in arrJson) {
  console.log(key + ": 语言：" + arrJson[key].language + ", 价格：" +
  arrJson[key].price);
}

// 利用数组过滤方法filter()保留price大于65的数据
let arrResult = arrJson.filter(item => item.price >= 65)

// 利用for循环遍历新生成的数组值
console.log("\n\n生成价格高于65的元素，过滤后的数组值如下：")
for (var key in arrResult) {
  console.log(key + ": 语言：" + arrResult[key].language + ", 价格：" +
                                        arrResult[key].price);
}
```

扫一扫，看视频

2.4.4 every() 方法和 some() 方法

every()方法和some()方法都是对数组元素进行指定函数的逻辑判断，入口参数都是一个指定函数，方法的返回值是true或false。

every()方法以数组中的每一个元素作为指定函数的入口参数，如果该函数中每一个元素运行的结果都为true，则every()方法最后返回true，即一假即假。

some()方法同样以数组中的每一个元素作为指定函数的入口参数，如果该函数只有一个元素运行的结果为true，则some()方法最后返回true，即一真即真。every()方法和some()方法一般可以判断数组中的所有元素是否都满足某一个条件，或者判断数组中是否存在某些元素满足条件。

【例2-13】every()方法和some()方法的应用

在例2-13中定义一个对象数组，通过every()方法和some()方法判断对象数组中是否都是女性或包含女性，其运行结果如图2.13所示。

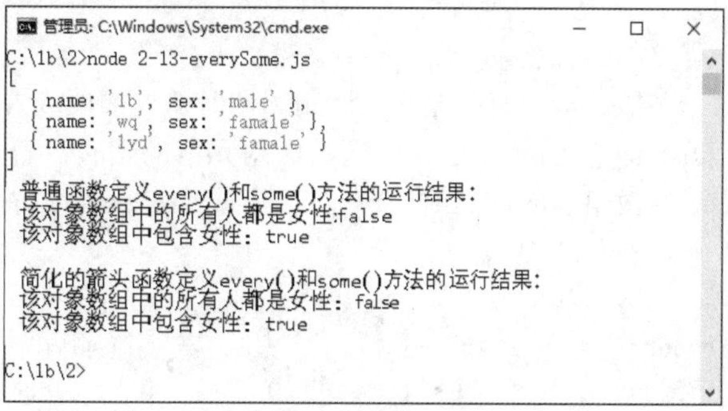

```
管理员: C:\Windows\System32\cmd.exe
C:\1b\2>node 2-13-everySome.js
[
  { name: '1b', sex: 'male' },
  { name: 'wq', sex: 'famale' },
  { name: '1yd', sex: 'famale' }
]
普通函数定义every()和some()方法的运行结果:
该对象数组中的所有人都是女性:false
该对象数组中包含女性: true

简化的箭头函数定义every()和some()方法的运行结果:
该对象数组中的所有人都是女性: false
该对象数组中包含女性: true

C:\1b\2>
```

图 2.13　every() 方法和 some() 方法的应用

例2-13的代码如下所示：

```
// 例2-13-everySome.js程序代码

// 定义一个对象数组，其中包含3个对象元素
var people = [
    { name: "lb", sex: 'male' },
    { name: "wq", sex: 'famale' },
    { name: "lyd", sex: 'famale' },
];

// 显示原对象数组的值
console.log(people)

// 显示提示
console.log("\n普通函数定义every()和some()方法的运行结果：")

// 使用数组的every()方法判断对象数组中的所有人是否都是女性
var resultTest= people.every(function(people){
 return people.sex === 'famale'
})
console.log('该对象数组中的所有人都是女性：' + resultTest)    // 返回值是false

// 使用数组的some()方法判断对象数组中是否包含女性
var resultsome= people.some(function(people){
    return people.sex === 'famale'
})
console.log('该对象数组中包含女性：' + resultsome)            // 返回值是true

console.log("\n简化的箭头函数定义every()和some()方法的运行结果：")

// 把上面的函数简写成箭头函数
var arrowEvery = people.every(people => people.sex === 'famale')
console.log('该对象数组中的所有人都是女性：' + arrowEvery)    // 返回值是false
var arrowSome = people.some(people => people.sex === 'famale')
console.log('该对象数组中包含女性：' + arrowSome)             // 返回值是true
```

扫一扫，看视频

2.4.5 reduce() 方法

reduce()方法可以接收一个函数作为累加器，使用数组中的每一个元素依次执行回调函数，不包括数组中被删除或从未被赋值的元素。reduce()方法的语法格式如下所示：

```
arr.reduce((prev,cur,index,arr) => {
  // 操作语句
}, init);
```

其中，回调函数中有4个参数，prev表示上一次调用回调时的返回值或者初始值init;cur表示当前正在处理的数组元素;index表示当前正在处理的数组元素的索引，若提供init值，则索引为0，否则索引为1;arr表示原数组。init表示初始值。下面说明reduce()方法的几个典型应用。

（1）数组求和。

```
const arr = [1, 2, 3, 4, 5]
const sum = arr.reduce((pre, item) => {
  return pre + item
}, 0)
```

以上回调函数被调用5次，每次调用时参数的变化情况见表2.1。

表 2.1　reduce() 方法调用参数的变化情况

调用次数	上一次值（pre）	当前元素值（item）	索　引	原数组	返回值
第1次	0	1	0	[1, 2, 3, 4, 5]	1
第2次	1	2	1	[1, 2, 3, 4, 5]	3
第3次	3	3	2	[1, 2, 3, 4, 5]	6
第4次	6	4	3	[1, 2, 3, 4, 5]	10
第5次	10	5	4	[1, 2, 3, 4, 5]	15

（2）求数组项的最大值。

```
var max = arr.reduce(function (prev, cur) {
  return Math.max(prev,cur);
});
```

因为未传入初始值，所以开始时prev值为数组第一项的值，cur值为数组第二项的值，取两值较大者后继续进入下一轮回调。

（3）数组去重。

```
var newArr = arr.reduce(function (prev, cur) {
    prev.indexOf(cur) === -1 && prev.push(cur);
    return prev;
},[]);              // 此处[]初始值是空数组
```

数组去重的基本原理如下：

①初始化一个空数组。

②在初始化数组中查找需要去重处理的数组中的第1个元素，如果找不到（空数组中肯定找不到），那么将该项添加到初始化数组中。

③在初始化数组中查找需要去重处理的数组中的第2个元素，如果找不到，那么将该项继续添加到初始化数组中。

④重复③。

⑤在初始化数组中查找需要去重处理的数组中的第n个元素，如果找不到，那么将该项继续添加到初始化数组中。

⑥返回这个初始化数组。

【例2-14】reduce()方法的应用

在例2-14中计算一个字符串中每个字母出现的次数，其运行结果如图2.14所示。

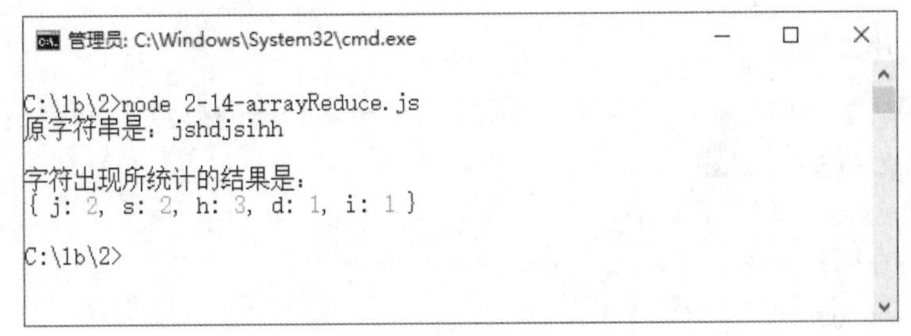

图 2.14　reduce() 方法的应用

例2-14的代码如下所示：

```
// 例2-14-arrayReduce.js程序代码
```

```
// 定义字符串并输出这个字符串
const str = 'jshdjsihh';
console.log("原字符串是："+str+"\n")

// 下面首先使用split()方法把str字符串分成字符数组
// 再使用reduce()方法统计字符元素的个数
const obj = str.split('').reduce((pre, item) => {
    // 对于第一次出现的数组元素，让其元素作为数组下标并让其初始值等于1
    // 对于不是第一次出现的数组元素，让其对应的元素值加1
    pre[item] ? pre[item]++ : pre[item] = 1
    return pre
}, {})                                          // 此处{}表示初始值是空对象
console.log("字符出现所统计的结果是：")
console.log(obj)                                // 显示统计的数组元素值
```

2.5 字符串的扩展

2.5.1 模板字符串

1. 模板字符串的定义

在使用字符串输出时，如果其中有变量，则需要使用字符串拼接方法。例如：

```
myDisplay = "姓名："+name+"<br>";
```

这样的传统做法需要使用大量的双引号和加号进行拼接才能得到需要的模板，这种写法相当烦琐且不方便，ECMAScript引入了模板字符串以解决这个问题。

模板字符串是增强版的字符串，使用反引号（`）标识，其既可以当作普通字符使用，又可以用来定义多行字符串，或者在字符串中嵌入变量。当嵌入变量时可以使用“${变量}”将变量值显示出来。上面的例子使用模板字符串可以写成如下所示的语句：

```
myDisplay = '姓名：${name} <br>';
```

由于反引号是模板字符串的标识，如果需要在字符串中包含反引号，则需要对其进行转义，其转义的语句如下所示：

```
 var str = ' \'Your\' World! '
```

2. 模板字符串的使用

如果使用模版字符串表示多行字符串，则所有的空格和缩进都会被保留在输出中。例如：

```
console.log( 'How old are you?
  I am 25.');
```

输出结果将在两行显示，结果如下所示：

```
How old are you?
  I am 25.
```

另外，在“${}”中的大括号里可以放入任意JavaScript表达式，还可以进行运算及引用对象属性等。例如：

```
var x=88;
var y=100;
console.log('x=${++x},y=${x+y}');
```

结果如下所示：

```
x=89,y=189
```

模板字符串还可以调用函数，如果函数的结果不是字符串，则将按照一般的规则转化为字符串。例如：

```
function string(){
  return 25;
}
console.log( 'How old are you?
I am ${string()}.');
```

结果如下所示：

```
How old are you?
I am 25.
```

在上例运行结果中，数字25实际上被转化成了字符串“25”。

2.5.2 ECMAScript 字符串新增方法

1. 字符串查找方法

传统的JavaScript只有indexof()方法和lastindexof()方法可以返回一个字符串是否包含在另一个字符串中，在ECMAScript中又提供了3种方法，具体如下：

（1）includes(String,index)：返回布尔值，其中String表示需要查找的字符串，index表示从源字符串的什么位置开始查找。该方法表示从index位置往后查找是否包含字符串String，如果找到，则返回true；否则返回false。如果没有参数index，则要查找整个源字符串。

（2）startsWith(String,index)：返回布尔值，表示字符串String是否在源字符串的开头，index表示从源字符串的什么位置开始查找。

（3）endsWith(String,index)：返回布尔值，表示字符串String是否在源字符串的尾部，index表示从源字符串后面的什么位置开始查找。

【例2-15】字符串查找方法的应用

如果用户输入的URL网址的头是“http://”，则显示一般网址；如果是“https://”，则显示加密网址。如果文件名的后缀是“.txt”，则显示是文本文件，如果是“.jpg”，则显示是图片文件，其运行结果如图2.15所示。

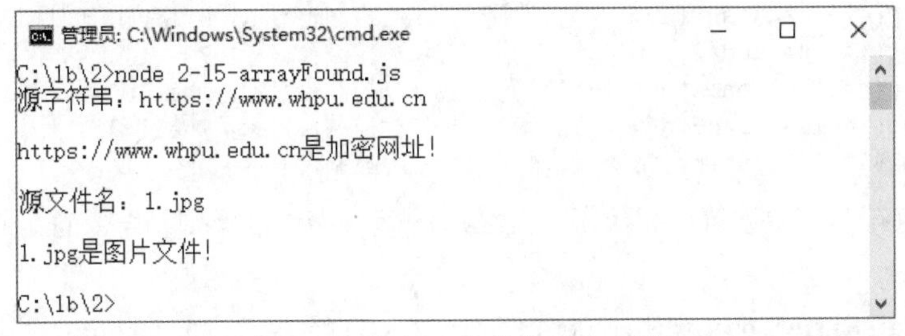

图2.15 字符串查找方法的应用

例2-15的代码如下所示：

```
// 例2-15-arrayFound.js程序代码

// 定义网址字符串
let str = 'https://www.whpu.edu.cn';
console.log("源字符串："+str+"\n")

// 使用字符串的startsWith()方法判断字符串头是不是“http://”
if (str.startsWith('http://')) {
  console.log(str + '是普通网址！'+"\n")
} else if (str.startsWith('https://')) {
  console.log(str + '是加密网址！'+"\n")
}

// 定义文件名字符串，然后输出文件名
let fileName = "1.jpg"
console.log("源文件名："+fileName+"\n")

// 使用字符串的endsWith()方法判断字符串是不是以“.txt”结尾，再判断是不是以“.jpg”结尾
if (fileName.endsWith('.txt')) {
  console.log(fileName + '是文本文件！')
} else if (fileName.endsWith('.jpg')) {
  console.log(fileName + '是图片文件！')
}
```

扫一扫，看视频

2. 字符串重复方法

repeat()方法可以将源字符串重复几次并返回一个新字符串。注意：如果输入的是小数，则会被向下取整，NaN会被当作0，输入其他值则会报错。例如：

```
let str="lb";
console.log(str.repeat(3));                    // 控制台显示：lblblb
console.log(str.repeat(2.7));                  // 控制台显示：lblb
console.log(str.repeat(0.8));                  // 控制台无显示
console.log(str.repeat(NaN));                  // 控制台无显示
```

3. 字符串补全方法

padStart()和padEnd()是字符串补全长度的方法，如果某个字符串不够指定长度，那么会在头部或尾部补全。这两个方法都有两个参数，第一个参数是补全后的字符串的最大长度，第二个是用什么字符串进行补全，返回的是补全后的字符串。

如果源字符串长度大于第一个参数，则返回源字符串；如果不写第二个参数，则用空格补全到指定长度。例如：

```
console.log('7'.padStart(2, '0'));         // 控制台显示：07。可用于日期时间的显示
console.log('7'.padEnd(2, '0'));           // 控制台显示：70
console.log('hello'.padStart(4, 'h'));     // 控制台显示：'hello'
console.log('hello'.padEnd(9, 'lb'));      // 控制台显示：'hellolblb'
console.log('hi'.padStart(5));             // 控制台显示：'   hi'
```

如果补全字符串与源字符串超出了补全之后的字符串长度，则补全字符串超出的部分将会被截取。例如：

```
console.log('hello'.padEnd(9, 'world'));  // 控制台显示：'helloworl'
```

2.6 JSON与Map

2.6.1 JSON 概述

JSON（JavaScript Object Notation，JavaScript对象表示方法）是一种轻量级的数据交换格式，是基于ECMAScript的一个子集，采用完全独立于编程语言的文本格式存储和表示数据。简洁和清晰的层次结构使JSON成为理想的数据交换语言。JSON易于阅读和编写，同时也易于机器解析和生成，可以有效地提升网络传输效率。

JSON是一个字符串，只不过元素会使用特定的符号标注。主要符号表示的含义说明如下：

- “{}”（大括号）：表示对象。
- “[]”（中括号）：表示数组。
- “""”（双引号）：其中的值是属性或值。
- “:”（冒号）：表示后者是前者的值（这个值可以是字符串、数字，也可以是另一个数组或对象）。

在JSON语法规则中，数据以“键/值”对的形式出现，键和值都是字符串且用冒号分隔，多个“键/值”对之间用逗号隔开。

JSON有对象和数组两种组织方式。因此，在代码中需要遵循基本的对象、数组的书写方式。

（1）数组方式。数组是由中括号括起来的一组值构成的。例如：

```
[3, 1, 4, 1, 5, 9, 2, 6]
```

（2）对象方式。定义一个学生对象student。例如：

```
{
  "name": "Wang Qiong",
  "age": 18,
  "address": {
    "country" : "China",
    "zip-code": "430022"
  }
}
```

JSON是JavaScript对象的字符串表示法，在书写JSON数组或对象时应该注意以下几个问题：

（1）数组或对象之中的字符串必须使用双引号，不能使用单引号。例如：

```
{'name' : 'WangQiong'}              // 不合法
{"name": 'WangQiong'}               // 不合法
{"name": "WangQiong"}               // 合法
```

（2）对象的成员名称必须使用双引号。例如：

```
{"user" : "LiuBing"}                // 合法
```

（3）数组或对象最后一个成员的后面不能加逗号。例如：

```
[
  {
    "city" : "BeiJing",
```

```
    "num" : 5                              // 合法
  },
  {
    "city" : "ShenZhen",
    "num" : 5,                             // 不合法
  }
]
```

（4）数组或对象的每个成员的值可以是简单值，也可以是复合值。简单值分为4种：字符串、数值（必须以十进制表示）、布尔值和null（NaN、Infinity、-Infinity和undefined都会被转为null）；复合值分为两种：符合JSON格式的对象或数组。下面是几种错误的JSON定义：

```
{"age" : 0x16}                             // 不合法，数值必须是十进制的
{
  "city" : null,                           // JSON中不能使用自定义函数或系统内置函数
  "getcity": function() {
    console.log("错误用法");
  }
}
```

2.6.2 JSON 的使用

简单地说，JSON可以将JavaScript对象表示的一组数据转换为字符串，然后在网络或程序之间传递这个字符串，并在需要的时候将其还原为各编程语言支持的数据格式。获取JSON数据的语法格式如下所示：

```
JSON对象.键名
JSON对象["键名"]
数组对象[索引]
```

因为JSON使用JavaScript语法，所以在JavaScript中可以直接处理JSON数据。例如，可以直接访问2.6.1小节中定义的student对象，具体代码如下所示：

```
student.name                               // 返回字符串“Wang Qiong”
student.address.country                    // 返回字符串“China”
```

也可以直接修改数据：

```
student.name="Liu Bing"
```

另外，如果要将JSON字符串转换为JavaScript对象，则可以使用JSON.parse()方法。其使用方法的示例代码如下所示：

```
var obj = JSON.parse('{"a": "Hello", "b": "World"}');
```

其执行结果如下：

```
{a: 'Hello', b: 'World'}
```

如果要将JavaScript对象转换为JSON字符串，则可以使用JSON.stringify()方法。其使用方法的示例代码如下所示：

```
var json = JSON.stringify({a: 'Hello', b: 'World'});
```

其执行结果如下：

```
'{"a": "Hello", "b": "World"}'
```

【例2-16】遍历JSON数据

例2-16是对JSON对象和JSON数组进行遍历，其运行结果如图2.16所示。

```
管理员: C:\Windows\System32\cmd.exe
C:\1b\2>node 2-16-jsonObjectArray.js
name : 刘兵
age : 18
name:张三
age:19
name:李四
age:20
name:王五
age:21

C:\1b\2>
```

图 2.16　遍历 JSON 数据

例2-16的代码如下所示：

```
// 例2-16-jsonObjectArray.js程序代码

// 定义JSON对象
var myJson = { 'name': '刘兵', 'age': 18 };

// 遍历JSON对象
for (var key in myJson) {
  console.log(key + ' : ' + myJson[key] )
}

// 定义JSON数组，其成员是JSON对象
var wqJson = [
  { 'name': '张三', 'age': 19 },
  { 'name': '李四', 'age': 20 },
  { 'name': '王五', 'age': 21 },
]

// 遍历JSON对象数组
for (var i = 0; i < wqJson.length; i++) {
  for (var j in wqJson[i]) {
    console.log(j + ":" + wqJson[i][j])
  }
}
```

扫一扫，看视频

2.6.3　Map 结构

1. Map结构的特点

JavaScript的对象本质上是键/值对的集合，只能用字符串来当键，这给实际应用带来了极大的限制。为了解决这个问题，ECMAScript提供了Map结构。其类似于对象，也是键/值对的集合，但其“键”的范围不局限于字符串，而是各种类型的值都可以当作键。也就是说，Object提供了“字符串—值”的对应结构；Map则提供了“值—值”的对应结构，这是一种更加完善的Hash结构。如果需要使用键/值对的数据结构，Map比Object更合适。

Map是ECMAScript提供的一种字典结构，这种结构是用来存储不重复键的Hash结构。不同于集合的是，字典使用键/值对的形式存储数据。创建Map及设置方法使用的代码如下所示：

```
const myMap = new Map()              // 定义Map
myMap.set('age',18)                  // 通过set()方法设置Map属性
console.log(myMap.get('age'))        // 通过get()方法获取Map属性值，此处返回18
```

2. Map的常用属性和方法

（1）size属性。

size属性返回Map结构的成员总数。例如：

```
const map = new Map();
map.set('foo', true);
map.set('bar', false);
console.log(map.size)                // 显示map的长度值：2
```

（2）set()方法，set(key, value)。

set()方法用于设置键名key对应的值为value，然后返回整个Map结构。如果key已经有值，则键值会被更新；否则就会新生成该键。例如：

```
const m = new Map();
m.set('edition', 6)                  // 键是字符串
m.set(262, 'standard')               // 键是数值
m.set(undefined, 'nah')              // 键是undefined
```

set()方法返回的是当前的Map结构，因此可以采用链式写法。例如：

```
let map = new Map().set(1, 'a').set(2, 'b').set(3, 'c')
```

（3）get()方法，get(key)。

get()方法用于读取键名key对应的值，如果找不到key，返回undefined。例如：

```
const m = new Map();
const hello = function() {console.log('hello');};
m.set(hello, 'ES6 world!')           // 键是函数
console.log(m.get(hello))            // 输出：ES6 world!
```

（4）has()方法，has(key)。

has()方法用于返回一个布尔值，表示某个键是否在当前Map结构中。例如：

```
const m = new Map();

m.set('edition', 6);
m.set(262, 'standard');
m.set(undefined, 'nah');

m.has('edition')                     // 返回值：true
m.has('years')                       // 返回值：false
m.has(262)                           // 返回值：true
m.has(undefined)                     // 返回值：true
```

（5）delete()方法，delete(key)。

delete()方法用于删除某个键，如果删除成功，返回true；否则返回false。例如：

```
const m = new Map();
m.set(undefined, 'nah');
m.has(undefined)                     // 返回值：true

m.delete(undefined)
m.has(undefined)                     // 返回值：false
```

（6）clear()方法，clear()。

clear()方法用于清除数据，没有返回值。例如：

```
let map = new Map();
map.set('foo', true);
map.set('bar', false);

map.size                              // 输出值：2
map.clear()
map.size                              // 输出值：0
```

（7）Map循环遍历。

Map结构自身提供 3 个遍历器生成函数和 1 个遍历方法，分别如下：

- keys()：返回键名的遍历器。
- values()：返回值的遍历器。
- entries()：返回所有成员的遍历器。
- forEach()：遍历Map的所有成员。

例如：

```
let map2 = new Map([[1, 'one'], [2, 'two'], [3, 'three']]);
[...map2.keys()];                  // 返回：[1, 2, 3]
[...map2.values()];                // 返回：['one', 'two', 'three']
[...map2.entries()];               // 返回：[[1, 'one'], [2, 'two'], [3, 'three']]

// 遍历输出
// 1:one
// 2:two
// 3:three
map2.forEach((value,key) => console.log(key+":"+value))
```

3. Map与JSON的相互转换

Map结构转换为JSON格式可以使用如下函数：

```
function mapToJson(map) {
  return JSON.stringify([...map]);
}
```

JSON格式转换为Map结构可以使用如下函数：

```
function jsonToMap(jsonStr) {
  return new Map(JSON.parse(jsonStr));
}
```

2.7 正则表达式

2.7.1 正则表达式概述

1. 正则表达式简介

正则表达式是使用单个字符串描述、匹配一系列符合某个句法规则的字符串，可以分为普通正则表达式、扩展正则表达式、高级正则表达式。正则表达式的主要作用如下：

（1）测试字符串的某个模式。例如，正则表达式可以对一个输入字符串进行测试，验证该字符串是不是电话号码或信用卡号码，从而进行数据有效性验证。

（2）替换文本。正则表达式可以标识特定文字，然后可以将其全部删除，或者替换为其他文字。

（3）根据模式匹配从字符串中提取一个子字符串。正则表达式可以在字符串中查找特定文字。

正则表达式具有很强的灵活性、逻辑性和功能性，同时可以用极简单的方式实现字符串的复杂控制。

2. 正则表达式的组成

正则表达式由两种基本字符类型组成：普通字符和元字符。大多数字符仅能够描述其本身，这些字符称作普通字符，如所有字母和数字，也就是普通字符只能匹配字符串中与自身相同的字符。元字符是指那些在正则表达式中具有特殊意义的专用字符，可以用来规定其前导字符（位于元字符前面的字符）在目标对象中的出现模式。例如，字符“^ $. * + ? = ! : | \ / () [ ] { }”在正则表达式中具有特殊含义，如果要匹配这些具有特殊含义的字符，那么需要在这些字符前面加反斜杠（\）进行转义。例如，匹配“以ab开头，后面紧跟数字字符串”的正则表达式是“ab\d+”。其中，ab是普通字符；“\d”是元字符，表示其是0~9中的一个数字；“+”表示前面的字符可以出现1次或多次。

3. 正则表达式的定义

定义正则表达式的语法格式如下所示：

```
/正则表达式/修饰符
```

其中，符号“/”表示正则表达式的开始和结束。

4. 正则表达式的实例

【例2-17】正则表达式的基本使用

例2-17中定义一串包含数字和字符的字符串，利用正则表达式把其中的数字挑选出来，其运行结果如图2.17所示。

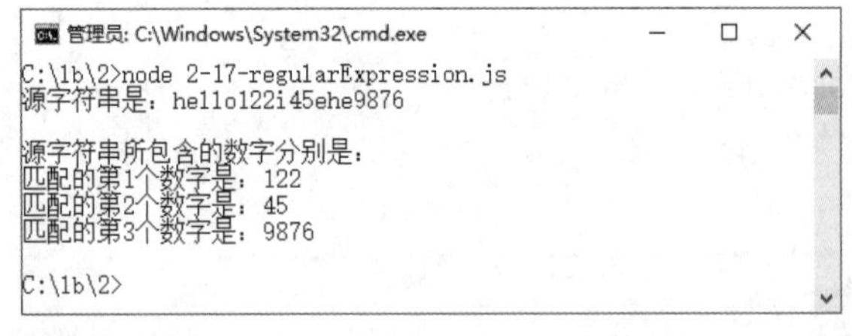
管理员: C:\Windows\System32\cmd.exe
C:\1b\2>node 2-17-regularExpression.js
源字符串是：hello122i45ehe9876
源字符串所包含的数字分别是：
匹配的第1个数字是：122
匹配的第2个数字是：45
匹配的第3个数字是：9876
C:\1b\2>

图2.17　正则表达式的基本使用

例2-17的代码如下所示：

扫一扫，看视频

```
// 例2-17-regularExpression.js

// 定义正则表达式，其中，“\d+”是正则表达式；“g”是修饰符，表示全局查找
var pattern = /\d+/g;

// 定义包含字符和数字的源字符串
var str = "hello122i45ehe9876";

// 显示源字符串
```

```
console.log("源字符串是: "+str)

// 进行正则匹配，返回的数组将保存到strArr中
var strArr = str.match(pattern);

// 显示提示
console.log("\n源字符串所包含的数字分别是: ")

// 对符合正则表达式规则的新数组strArr进行遍历
for (i = 0; i < strArr.length; i++) {
  console.log("匹配的第" + (i+1) + "个数字是: " + strArr[i]);
}
```

例2-17中正则表达式“/ \d+/g”的含义:“\d”表示0~9中的一个数字;“+”表示1个或多个前面的数字字符;“/”表示正则表达式的开始和结束;“g”表示进行全局查找。

2.7.2 普通字符

普通字符只能匹配与自身相同的字符，正则表达式中的普通字符如表2.2所示。

表 2.2 正则表达式中的普通字符

字 符	匹 配	字 符	匹 配
字母或数字	一个自身对应的字母或数字	\?	一个 ?
\f	一个换页符	|	一个 |
\n	一个换行符	\(	一个 (
\r	一个回车符	\)	一个)
\t	一个制表符	\[	一个 [
\v	一个垂直制表符	\]	一个]
\ /	一个 /	\{	一个 {
\\	一个 \ 量	\}	一个 }
\.	一个 .	\×××	由十进制数 ××× 指定的 ASCII 码字符
*	一个 *	\×nn	由十六进制数 nn 指定的 ASCII 码字符
\+	一个 +	\c×	控制字符 ^×

【例2-18】普通字符的基本使用

在例2-18中定义一串包含数字和字符的字符串，利用正则表达式把其中带有“is”的单词挑选出来，其运行结果如图2.18所示。

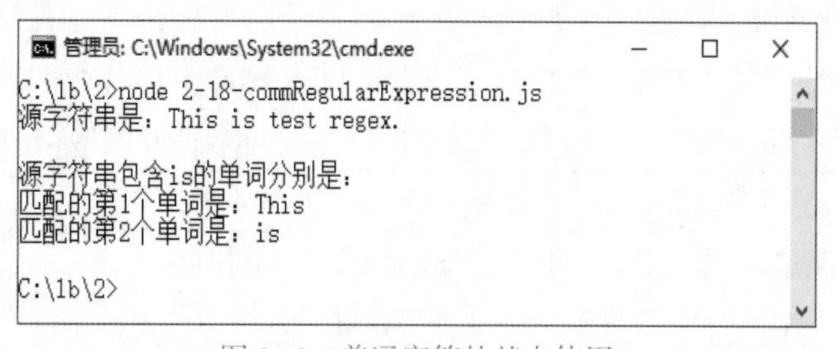

图 2.18 普通字符的基本使用

例2-18的代码如下所示：

```
// 例2-18-commRegularExpression.js

/* 定义正则表达式，其中“[A-Za-z]”表示大写或小写字母中的一个
 “*”表示大写或小写字母可以出现0次或多次
 “(is)”表示is是普通字符并把这两个字符形成一组
 “+”表示is可以出现1次或多次*/
var pattern = /[A-Za-z]*(is)+/g;
var str = "This is test regex.";    // 定义需要进行匹配的源字符串
console.log("源字符串是: "+str)

var strArr = str.match(pattern);    // 进行正则匹配，返回的数组将保存到strArr中
console.log("\n源字符串包含is的单词分别是: ")

// 对生成的新数组strArr进行遍历
for (i = 0; i < strArr.length; i++) {
    console.log("匹配的第" + (i+1) + "个单词是: " + strArr[i] );
}
```

2.7.3 元字符

元字符是指在正则表达式中有特殊含义的字符，其代表多个普通字符。元字符大致可以分为两种，一种是用来匹配文本的元字符，另一种是正则表达式语法要求的元字符。

1. 中括号“[ ]”

正则表达式中的元字符“[ ]”用来匹配“[ ]”中的字符集合中的任意一个字符。例如，正则表达式“r[aou]t”中的“[aou]”表示由3个字母组成的集合，该集合中的任意一个字符和普通字符组成一个匹配查询，本例中将匹配rat、rot和rut。

正则表达式还可以在“[ ]”中使用连字符“-”指定字符的区间。例如，正则表达式“[0-9]”可以匹配任意数字字符，正则表达式“[a-z]”可以匹配任意小写字母。

另外，还可以在“[ ]”中指定多个区间。例如，正则表达式“[0-9A-Za-z]”可以匹配任意大写或小写字母以及数字字符。

要想匹配除了指定区间之外的字符（补集），在左边的中括号和第一个字符之间使用“^”字符。例如，正则表达式“[^A-Z]”将匹配除了所有大写字母之外的字符。

2. 常用的元字符

表2.3列出了正则表达式中常用的元字符，每个元字符都有其特殊含义。

表 2.3　正则表达式中常用的元字符及其说明

元字符	说　明
.	匹配除换行符之外的任意一个字符
\w	匹配任意一个字母、数字、下划线，等价于 [0-9a-zA-Z_]
\W	匹配除了字母、数字、下划线之外的任意一个字符，等价于 [^0-9a-zA-Z_]
\s	匹配任意一个空白符，等价于 [\f\n\r\t\v]
\S	匹配任意一个非空白符，等价于 [^\f\n\r\t\v]
\d	匹配一个数字字符，等价于 [0-9] 或 [0123456789]

续表

元字符	说　明
\D	匹配一个非数字字符，等价于 [^0-9] 或 [^0123456789]
\b	匹配单词的开始或结束
^	匹配字符串的开始
$	匹配字符串的结束

3. 特殊元字符

因为元字符在正则表达式中有特殊的含义，所以这些字符无法用来代表其本身。在元字符前面加上一个反斜杠可以对其进行转义，这样得到的转义序列将匹配字符本身，而不是其代表的特殊元字符的含义。

另外，在进行正则表达式搜索时，经常会遇到需要对原始文本中的非打印空白字符进行匹配的情况。例如，需要把所有的制表符找出来，或者需要把所有的换行符找出来，这类字符很难被直接输入到一个正则表达式中，这时可以使用表2.4所列的特殊元字符进行输入。

表 2.4　特殊元字符及其说明

元字符	说　明	元字符	说　明
\b	回退（并删除）一个字符（Backspace 键）	\r	回车符
\f	换页符	\t	制表符（Tab 键）
\n	换行符	\v	垂直制表符

4. 复制字符

除了可以使用直接字符或元字符描述正则表达式之外，还可以使用复制字符表示字符的重复模式。正则表达式的复制字符及其说明见表2.5。

表 2.5　正则表达式的复制字符及其说明

复制字符	说　明	复制字符	说　明
*	重复 0 次或多次	{n}	重复 n 次
+	重复 1 次或多次	{n,}	重复 n 次或多次
?	重复 0 次或 1 次	{n,m}	重复 n ～ m 次

在定义正则表达式时，首先要从分析匹配字符串的特点开始，然后逐步补充其他元字符、普通字符，匹配顺序从左到右。

【例2-19】挑选电信手机号码

在例2-19中有匹配一个电信手机号码的正则表达式。电信手机号码都是11位数字，另外，电信手机号码段的前3位数字是133、153、180、181、189，后面都是0~9中的数字，具体分析如下：

（1）分析字符串的特点，电信手机号码是11位数字，并且以1开头，1后面两位是33、53、80、81、89。

（2）电信手机号码可以写成以“1[35]3”或“18[019]”开头的3位数字。

（3）电信手机号码的数字长度是11位，可以继续补充8位数字，正则表达式为“1[35]3\d{8}”或“18[019]\d{8}”，其中“\d”表示一位数字，“{8}”表示左边字符（一个数字）

可以重复出现8次。

(4) 因为所有字符必须是11位，所以头尾必须满足条件。因此可以是“^1[35]3\d{8}|18[019]\d{8}$”，其中“|”表示“或者”。

例2-19的运行结果如图2.19所示。

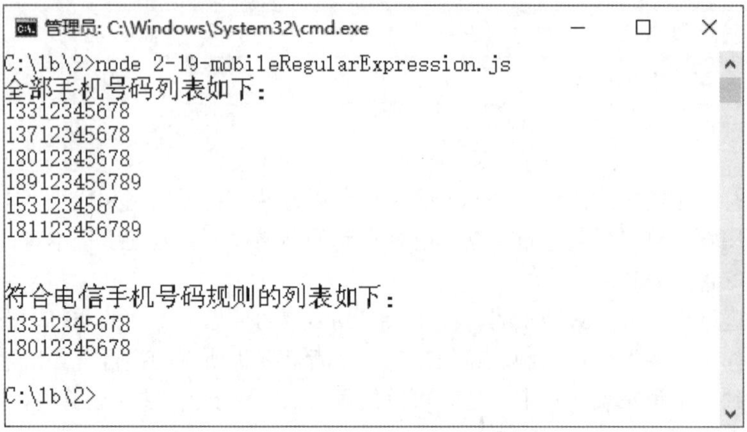

```
管理员: C:\Windows\System32\cmd.exe
C:\1b\2>node 2-19-mobileRegularExpression.js
全部手机号码列表如下：
13312345678
13712345678
18012345678
189123456789
1531234567
181123456789


符合电信手机号码规则的列表如下：
13312345678
18012345678

C:\1b\2>
```

图 2.19　复制字符的应用

例2-19的代码如下所示：

```
// 例2-19-mobileRegularExpression.js

// 定义手机号码数组mobileArr
var mobileArr = new Array("13312345678", "13712345678", "18012345678",
"189123456789", "1531234567", "181123456789");

// 定义符合电信手机号码的正则表达式
var pattern = /^1[35]3\d{8}|18[019]\d{8}$/;

// 显示全部手机号码
console.log("全部手机号码列表如下：");
for (i = 0; i < mobileArr.length; i++) {
  console.log(mobileArr[i]);
}

// 仅显示符合电信手机号码规则的手机号码
console.log("\n\n符合电信手机号码规则的列表如下：");
for (i = 0; i < mobileArr.length; i++) {
  if (pattern.test(mobileArr[i]))
    console.log(mobileArr[i]);
}
```

扫一扫，看视频

2.7.4 字符的选择、分组与后向引用

1. 字符的选择

在正则表达式中，可以使用分隔符指定待选择的字符。例如，正则表达式“/xy|ab|mn/”可以匹配字符串“xy”，或者字符串“ab”，或者字符串“mn”。又如，正则表达式“/ \d{4}|[a-z]{3} /”可以匹配4位数字或者3位小写字母。例2-19就是利用分隔符进行两类手机号的指定。

2. 字符的分组

前面说明了单个字符后加上重复复制的限定符可以在正则表达式中规定多个字符的范围，但是如果需要重复的是一个字符串，则可以用小括号指定子表达式（又称分组），然后指定这个子表达式的重复次数。

【例2-20】挑选IPv4地址

在例2-20中挑选符合IPv4地址正则表达式要求的字符串，目的是让读者理解正则表达式中的分组概念。IPv4地址是32位的，采用点分十进制方法表示，即32位地址以8位为一组，每组用十进制表示，组与组之间用"."隔开。"(\d{1,3}\.){3}\d{1,3}"是一个简单的IPv4地址正则表达式，要理解这个表达式，需按顺序进行分析，"\d{1,3}"表示匹配1~3位数字，"(\d{1,3}\.){3}"匹配3位数字加上一个英文句号（这个整体也就是这个分组）并重复3次，最后加上一个1~3位的数字"(\d{1,3})"。这个正则表达式的严谨性不够。例如，有一些不符合规则的IP地址也被认为是合法的IP地址，如256.300.888.999（错误原因是IPv4地址中的每个数字都不能大于255）。如果能用算术比较，可以较容易地解决这个问题，但是正则表达式中并不提供关于数学的任何功能，所以只能使用分组或选择字符类描述一个正确的IP地址。具体分析如下：

（1）IPv4地址中每8位为一组的十进制数范围是0~255，当某一组是1位数时是0~9，2位数时是10~99，3位数时是100~199、200~249或250~255。

（2）由此得到1个单元的正则表达式为

```
[0-9]|[1-9][0-9]|1[0-9]{2}|2[0-4][0-9]|25[0-5]
```

其中，"|"表示"或者"，计算优先级最低，左右两边为一个整体，可以由多个元字符、普通字符、组合字符串组成。

（3）这样的1个单元字符需要重复3次，每个单元中间需要用"."隔开，所以正则表达式为

```
(([0-9]|[1-9][0-9]|1[0-9]{2}|2[0-4][0-9]|25[0-5])\.){3}
```

其中，"."是元字符，需要转义。

（4）还有一段0~255匹配，所以最终的IP地址正则表达式为

```
^(([0-9]|[1-9][0-9]|1[0-9]{2}|2[0-4][0-9]|25[0-5])\.){3}([0-9]|[1-9][0-9]|1[0-9]
{2}|2[0-4][0-9]|25[0-5])$
```

例2-20的运行结果如图2.20所示。

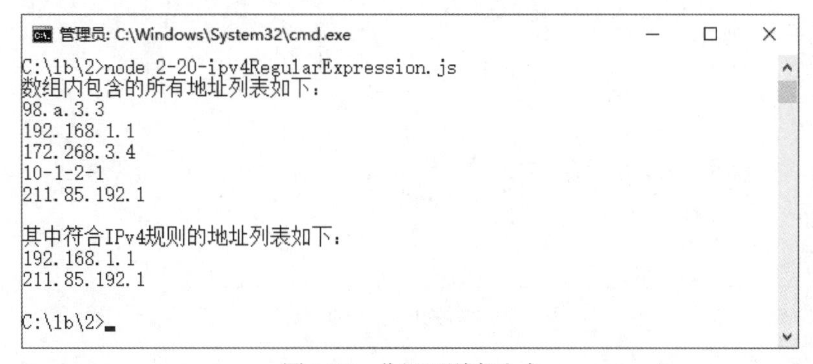

图2.20　分组正则表达式

例2-20的代码如下所示：

```
// 例2-20-ipv4RegularExpression.js
```

```
// 定义需要判断是否为IPv4地址的数组
var ipArr = new Array("98.a.3.3", "192.168.1.1", "172.268.3.4", "10-1-2-1",
"211.85.192.1");

// 定义IPv4的正则表达式
var pattern = /^(([0-9]|[1-9][0-9]|1[0-9]{2}|2[0-4][0-9]|25[0-5])\.)
{3}([0-9]|[1-9][0-9]|1[0-9]{2}|2[0-4][0-9]|25[0-5])$/;

// 遍历原始数组
console.log("数组内包含的所有地址列表如下：");
for (i = 0; i < ipArr.length; i++) {
  console.log(ipArr[i]);
}

// 遍历输出符合IPv4规则的地址
console.log("\n其中符合IPv4规则的地址列表如下：");
for (i = 0; i < ipArr.length; i++) {
  if (pattern.test(ipArr[i]))
    console.log(ipArr[i]);
}
```

扫一扫，看视频

3. 字符的后向引用

使用小括号指定一个子表达式后，匹配这个子表达式的文本可以在表达式或其他程序中做进一步处理。在默认情况下，每个分组会自动拥有一个组号，规则是：从左向右，以分组的左括号为标志，第一个出现的分组组号为1，第二个为2，以此类推。

后向引用用于重复搜索前面某个分组匹配的文本。例如，“\1”代表分组1匹配的文本。正则表达式“/ \b(\w+)\b\s+\1\b /”可以用来匹配重复的单词，如Hi Hi、Go Go。首先用正则表达式“\b(\w+)\b”匹配一个单词，也就是单词开始处和结束处之间的字母或数字，然后是一个或几个空白符（\s+），最后是前面匹配的那个单词（\1）。

【例2-21】指定规则的重复字符串

例2-21中的正则表达式表示从一个字符串数组中找到符合abba或abab的数字，其运行结果如图2.21所示。

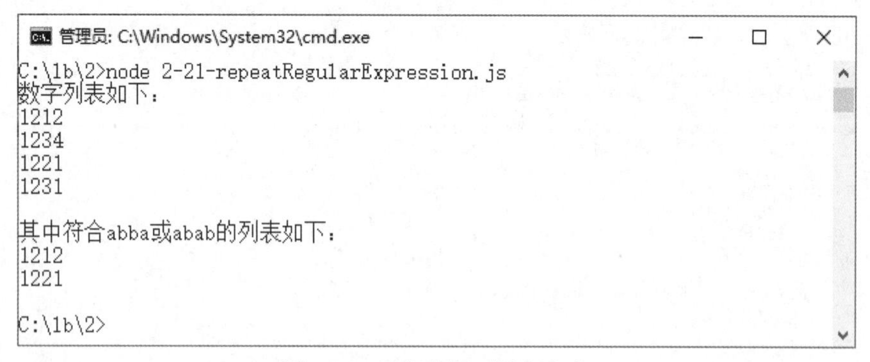

图2.21　后向引用正则表达式

例2-21的代码如下所示：

```
// 例2-21-repeatRegularExpression.js

// 定义原始数组
```

```
var numberArr = new Array("1212", "1234", "1221", "1231");

// 定义abba或abab的正则表达式
var pattern = /(\d)(\d)\2\1|(\d)(\d)\3\4/;

// 遍历输出原始数组
console.log("数字列表如下：");
for (i = 0; i < numberArr.length; i++) {
  console.log(numberArr[i] );
}

// 输出符合正则表达式要求的数组
console.log("\n其中符合abba或abab的列表如下：");
for (i = 0; i < numberArr.length; i++) {
  if (pattern.test(numberArr[i]))
    console.log(numberArr[i]);
}
```

扫一扫，看视频

除了这种默认的分组编号之外，还可以指定子表达式的组名。指定子表达式的组名的语法格式如下所示：

```
(?<Word>\w+)    或者  (?'Word'\w+)
```

这样就把“\w+”的组名指定为Word。要反向引用这个分组捕获的内容，可以使用“\k<Word>”，所以例2-21中的正则表达式也可以写成：

```
/(?<n1>\d)(?<n2>\d)\k<n2>\k<n1>|(?<m1>\d)(?<m2>\d)\k<m1>\k<m2>/
```

2.7.5 正则表达式的修饰符

修饰符是影响整个正则规则的特殊符号，会对匹配结果和部分内置函数行为产生不同的效果。

1. 忽略大小写和全局修饰符

修饰符i（intensity）表示匹配结果忽略大小写，修饰符g（global）表示全局查找，对于一些特定的函数，将查找整个字符串并获得所有匹配结果，而不仅仅在得到第一个匹配结果后就停止查找。

【例2-22】查找指定字符串

在例2-22中定义一个字符串，把这个字符串中的所有“linux”子串都查找出来，并且忽略大小写，其运行结果如图2.22所示。

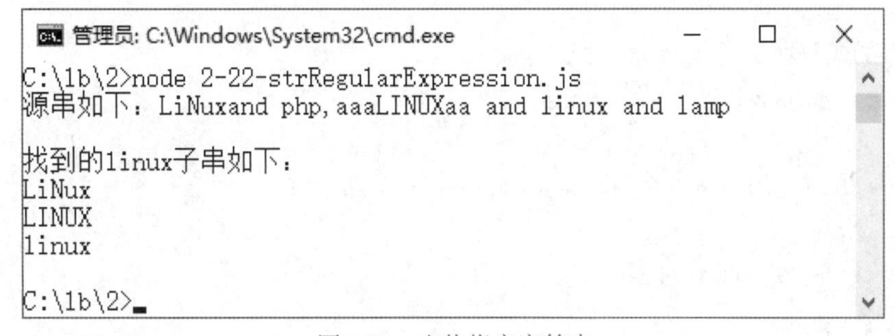

图 2.22 查找指定字符串

例2-22的代码如下所示：

扫一扫，看视频

```
// 例2-22-strRegularExpression.js

// 定义源字符串
var str = "LiNuxand php,aaaLINUXaa and linux and lamp";

// 定义模式匹配正则表达式
var pattern = /linux/ig;

// 输出源字符串
console.log("源串如下：" + str);

// 从源字符串中找出符合正则表达式规则的子串形成新数组
strArr = str.match(pattern);

// 遍历输出新生成的数组
console.log("\n找到的linux子串如下：");
for (i = 0; i < strArr.length; i++) {
  console.log(strArr[i]);
}
```

在例2-22的正则表达式“/linux/ig”中，如果没有i，那么匹配的结果只有linux；如果没有g，那么匹配的结果只有第一个符合规则的字符串LiNux。

2. 换行修饰符

修饰符m（multiple）是检测字符串中的换行符的，主要是影响字符串开始标识符“^”和结束标识符“$”的使用。

【例2-23】检测换行修饰符

在例2-23中定义一个字符串，这个字符串包含换行符“\n”，把这个字符串中所有以linux开头的子串查找出来，并且忽略子串匹配的大小写，其运行结果如图2.23所示。

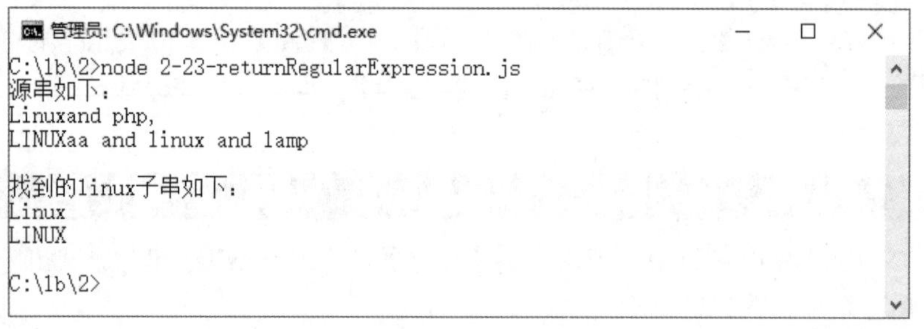

图2.23　检测换行修饰符

例2-23的代码如下所示：

扫一扫，看视频

```
// 例2-23-returnRegularExpression.js

// 定义源字符串
var str="Linuxand php,\nLINUXaa and linux and lamp";

// 定义模式匹配正则表达式
var pattern=/^linux/igm;

// 输出源字符串
console.log("源串如下：\n" + str);
```

```
// 从源字符串中找出符合正则表达式规则的子串形成新数组
strArr = str.match(pattern);

// 遍历输出新生成的数组
console.log("\n找到的linux子串如下：");
for (i = 0; i < strArr.length; i++) {
  console.log(strArr[i]);
}
```

3. 贪婪模式

贪婪模式的特性是一次性地读入整个字符串，如果不匹配，就删除最右边的一个字符再匹配，直到找到匹配的字符串或字符串的长度为0为止，其宗旨是读尽可能多的字符，所以读到第一个匹配的字符串时会立刻返回。

【例2-24】捕获HTML标记之间的内容

在例2-24中定义字符串“<b>Node.js</b> an <b>JavaScipt</b> linux abc”，现在需要完成的任务是，把标记对“<b></b>”之间的内容捕获出来，即Node.js和JavaScipt。正则表达式的构建过程如下：

（1）以标记b开头与结尾，需要把“<b></b>”转换成正则表达式，其中“<b></b>”为普通字符。

（2）标记“<b></b>”之间可以出现任意字符，个数可以是0个或多个，正则表达式可以表示为“<b>.*</b>”，其中“.”表示任意字符，默认模式不匹配换行；“*”表示重复前面字符0个或多个。

例2-24的运行结果如图2.24所示。

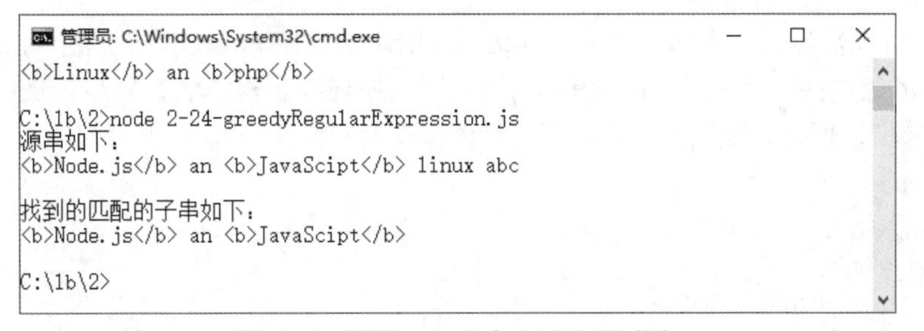

图2.24　捕获HTML标记之间的内容

例2-24的代码如下所示：

```
// 例2-24-greedyRegularExpression.js

// 定义源字符串
var str = "<b>Node.js</b> an <b>JavaScipt</b> linux abc";

// 定义HTML标记元素<b></b>的正则表达式
var pattern = /<b>.*<\/b>/g;

// 输出源字符串
console.log("源串如下：\n" + str);

// 从源字符串中找出符合正则表达式规则的子串形成新数组
strArr = str.match(pattern);
```

```
// 遍历输出新生成的数组
console.log("\n找到的匹配的子串如下：");
for (i = 0; i < strArr.length; i++) {
  console.log(strArr[i]);
}
```

从例2-24的运行结果可以看出，JavaScript脚本是按照贪婪模式进行字符串匹配的，返回结果是“<b>Node.js</b> an <b>JavaScipt</b>”字符串，而不是需求中要求的两个子串“<b>Node.js</b>”和“<b>JavaScipt</b>”。

4. 懒惰模式

懒惰模式的特性是从字符串的左边开始，试图不读入字符串中的字符进行匹配，如果失败，那么多读一个字符，再匹配，如此循环，当找到一个匹配字符串时会返回匹配的字符串，然后再次进行匹配，直到字符串结束。

在正则表达式中，把贪婪模式转换成懒惰模式的方法是在表示重复字符的元字符后面多加一个“?”字符。把例2-24中的正则表达式“var pattern=/<b>.*<\/b>/g;”修改成“var pattern=/<b>.*？ <\ /b>/g”即可，代码的运行结果将是“<b>Node.js</b>”和“<b>JavaScipt</b>”两个子串。

2.8 Promise对象

2.8.1 Promise 对象的含义

Promise对象是异步编程的一种解决方案，从语法上说Promise对象是一个对象，可以获取异步操作的消息。换句话说，Promise对象就是用于处理异步操作的，异步处理成功则执行成功的操作；异步处理失败则捕获错误或停止后续操作。

Promise的一般表示形式为

```
new Promise(
  // 执行器函数
  function(resolve, reject) {
    if (条件) {                          // 条件为真
      // 执行代码
      resolve();
    } else {                             // 条件为假
      // 执行代码
      reject();
    }
  }
)
```

其中，Promise中的执行器函数用于实现异步操作，该函数有两个参数:resolve和reject。如果异步操作成功，则调用resolve()将该实例的状态设置为fulfilled，即已完成的状态；如果失败，则调用reject()将该实例的状态设置为rejected，即失败的状态。

Promise对象有三种状态，分别如下：

（1）pending：初始状态，又称未定状态，就是初始化Promise时，调用executor执行器函数后的状态。

（2）fulfilled：完成状态，表示异步操作成功。

（3）rejected：失败状态，表示异步操作失败。

Promise对象只有两种状态可以转化，分别如下：

（1）操作成功：pending状态转化为fulfilled状态。

（2）操作失败：pending状态转化为rejected状态。

状态转化是单向且不可逆转的，已经确定的状态（fulfilled/rejected）无法转化为初始状态（pending）。

2.8.2 Promise 对象的方法

1. Promise.prototype.then()

Promise对象含有then()方法，调用then()方法后返回一个Promise对象，表示实例化后的Promise对象可以进行链式调用，而且then()方法可以接收两个函数，一个是处理成功后的函数，另一个是处理错误结果的函数。例如：

```
var promise1 = new Promise(function(resolve, reject) {
  // 2s后置为接收完成状态
  setTimeout(function() {
    resolve('success');                    // 转为完成状态并传入数据success
  }, 2000);
});

promise1.then(function(data) {
  console.log(data);                       // 异步操作成功，调用第一个回调函数
}, function(err) {
  console.log(err);                        // 异步操作失败，调用第二个回调函数
}).then(function(data) {
  // 上一步的then()方法没有返回值
  console.log('链式调用：' + data);        // 链式调用：undefined
}).then(function(data) {
  ...
});
```

【例2-25】Promise()方法

在例2-25中定义Promise()方法和调用的一个实例，读者需重点理解其定义方法和执行过程。例2-25的代码如下所示：

```
// 例2-25-promise.js程序代码
function getData(resolve,reject){
  setTimeout(function(){
    var name="lb"
    resolve(name)                          // 定时之后返回name数据，其值是“lb”
  },1000)                                  // 定时1000ms
}
var p=new Promise(getData)                 // 定义Promise()方法
p.then((data)=>{                           // 通过then()方法读取Promise对象的数据
  console.log(data)                        // 输出返回数据：lb
})
```

扫一扫，看视频

2. Promise.prototype.catch()

catch()方法和then()方法一样，都会返回一个新的Promise对象，主要用于捕获异步操作时出现的异常。因此通常省略then()方法的第二个参数，把错误处理控制权转交给其后面的catch()方法。例如：

```
var promise2 = new Promise(function(resolve, reject) {
  setTimeout(function() {                   // 2s后置为拒绝状态
    reject('reject');
  }, 2000);
});

Promise2.then(function(data) {
  console.log('这里是fulfilled状态');       // 已转为拒绝状态，接收状态函数不会触发
  // ...
}).catch(function(err) {
  // 最后的catch()方法可以捕获这一条Promise链上的异常
  // err中的数据是：reject，输出结果："出错：reject"
  console.log('出错：' + err);
});
```

2.8.3 Async 与 Await

Async是异步的简写，而Await是async wait的简写。也就是说，Async让方法变成异步，在执行这种异步方法时会返回Promise对象，可以使用then()方法添加回调函数；而Await等待异步方法执行完成并可以获取异步方法中的数据。其实Await等待的只是一个表达式，这个表达式可以是Promise对象，也可以是普通数据。

定义异步函数的方法是在普通函数定义的function关键字前面加上async，其语法格式如下所示：

```
async function getDataAsync(){
  return 'hello'                          // 返回一个Promise对象，其值是Promise{ 'hello' }
}
```

这样定义的getDataAsync()函数就是异步函数，Async函数内部的return语句返回的值会成为then()方法回调函数的参数，其返回的数据是Promise对象。获取异步函数的方法有两种：then()方法和await方法。

（1）then()方法。

```
var p1=getDataAsync()
p1.then((data)=>{                           // then()方法获取数据
  console.log(data)                         // 输出 hello
})
```

（2）await方法。

```
async function test(){
  var asyncData=await getDataAsync()        // await表示暂停执行，直到获取数据
  console.log(asyncData)                    // 输出 hello
}
test()                                      // 调用test()函数
```

【例2-26】异步求和

例2-26是定义异步函数求和的一个实例。本例使用异步方法进行函数的定义，读者需重点理解其定义方法和执行过程。例2-26的代码如下所示：

```
// 例2-26-asyncAwait.js程序代码

// 定义返回Promise对象的doubleAfter2Seconds()函数
function doubleAfter2Seconds(x) {
  return new Promise(resolve => {
    setTimeout(() => {                    // 定时1s执行一次函数
      resolve(x * 2);
    }, 1000);
  });
}

// 定义异步函数
async function addAsync(x) {
  // 调用返回Promise对象的函数，await表示当该函数执行完毕后才执行下一条语句
  const a = await doubleAfter2Seconds(5);
  const b = await doubleAfter2Seconds(10);
  const c = await doubleAfter2Seconds(15);
  return x + a + b + c;
}

// 调用异步函数并获取该函数返回的值
addAsync(10).then((sum) => {
  console.log(sum);
});
```

本例的输出结果是过3s之后显示累加和70。执行过程如下：

（1）调用addAsync(10)传入10。

（2）addAsync()方法的第二行语句用于获取a的值。由于使用了关键字await，函数暂停了1s，等待Promise处理；当Promise处理完毕之后得到a = 10。代码如下：

```
const a = await doubleAfter2Seconds(5);
```

（3）addAsync()方法的第三行语句用于获取b的值。由于使用了关键字await，函数又暂停了1s，等待Promise处理；当Promise处理完毕之后得到b = 20。代码如下：

```
const b = await doubleAfter2Seconds(10);
```

（4）addAsync()方法的第三行语句用于获取c的值。由于使用了关键字await，函数又暂停了1s，等待Promise处理；当Promise处理完毕之后得到c = 30。代码如下：

```
const c = await doubleAfter2Seconds(15);
```

（5）将返回的值进行累加，即x + a + b + c的值是70。因为x=10作为参数，所以返回的是10 + 10 + 20 + 30的值。

（6）3s后console.log(sum)运行，并将70输出到控制台。

2.9 本章小结

读者在学习Node.js之前必须要有一定的JavaScript基础，但是Node.js的很多语句都采用ECMAScript的语法。如果没有熟练掌握ECMAScript的语法知识，将不利于对Node.js

的后续学习。因此读者要认真学习和掌握本章知识。本章重点讲解了本书中将会用到的一些ECMAScript的语法知识，包括ECMAScript基础、变量的解构与赋值、箭头函数、新增的数组方法、字符串的扩展、JSON与Map、正则表达式和Promise对象。本章结合一些实用的案例让读者理解这些语法知识，为后续学习打下一个良好的基础。

2.10 习题

一、选择题

1. 在数组的解构赋值中，var [a,b,c] = [1,2]结果中，a、b、c的值分别是（　　）。

A. 1、2、null　　B. 1、2、undefined

C. 1、2、2　　D. 抛出异常

2. 在对象的解构赋值中，var {a,b,c} = {'c':10, 'b':9, 'a':8 } 结果中，a、b、c的值分别是（　　）。

A. 10、9、8　　B. 8、9、10

C. undefined、9、undefined　　D. null、9、null

3. 关于模板字符串，下列说法不正确的是（　　）。

A. 使用反引号标识

B. 插入变量时使用“${ }”

C. 所有的空格和缩进都会被保留在输出中

D. “${ }”中的表达式不能是函数调用

4. 数组扩展的fill()函数，[1,2,3].fill(4)的结果是（　　）。

A. [4]　　B. [1,2,3,4]　　C. [4,1,2,3]　　D. [4,4,4]

5. 在数组扩展中，不属于用于数组遍历的函数是（　　）。

A. keys()　　B. entries()　　C. values()　　D. find()

6. 下列关于箭头函数的描述中，错误的是（　　）。

A. 使用箭头符号“=>”定义

B. 参数超过1个，需要用小括号“()”括起来

C. 函数体语句超过1句，需要用大括号“{ }”括起来，用return语句返回

D. 函数体内的this对象，绑定使用时所在的对象

7. 关于Map结构的介绍，下列说法错误的是（　　）。

A. 是键/值对的集合　　B. 创建实例需要使用new关键字

C. Map结构的键名必须是引用类型　　D. Map结构是可遍历的

8. 想要获取Map实例对象的成员数，利用的属性是（　　）。

A. size　　B. length　　C. sum　　D. Members

9. 关于关键字const，下列说法错误的是（　　）。

A. 用于声明常量，声明后不可修改　　B. 不会发生变量提升现象

C. 不能重复声明同一个变量　　D. 可以先声明、不赋值

二、简答题

1. 写出下面程序片段的执行结果。

```
let arr = [1,2,3,4];
var arr2 = [];
```

```
for(let i of arr){
  arr2.push(i*i);
}
console.log(arr2);
```

2. 用模板字符串改写下面代码的最后一句。

```
let iam  = "我是";
let name = "lb";
let str = "大家好，" + iam + name + "，多指教。";
```

3. 用对象的简洁表示法改写下面的代码。

```
let name = "tom";
let obj = {
  "name":name,
  "say":function(){
    conslole.log('hello world');
  }
};
```

4. 定义以下数组，写出数组去重的完整程序。

```
let arr = [1, 2, 2, 3, 4, 5, 5, 6, 7, 7, 8, 8, 0, 8, 6, 3, 4, 56, 2]
```

5. 说明箭头函数和普通函数的区别。

6. 说明箭头函数的简化规则。

7. 写出下面程序片段的执行结果。

```
let jsonData = {
id: 42,
  status: "OK",
  data: [867, 5309]
};
let { id, status, data: number } = jsonData;
console.log(id, status, number);
```

8. 下面定义一个数组。

```
const list = [
  {id:3, name:"张三丰"},
  {id:5, name:"张无忌"},
  {id:13, name:"杨逍"},
  {id:12, name:"赵敏"},
  {id:97, name:"周芷若"},
]
```

编写程序片段实现以下要求：

（1）找到所有姓“杨”的人。

（2）找到所有名字包含“天”的人。

（3）找到“周芷若”的id。

9. 写出下面程序片段的执行结果

```
const headAndTail = (head, ···tail) => [head, tail];
headAndTail(6, 2, 3, 4, 5)
```

10. 写出下面程序片段的运行结果。

```
var a=[1, 4, -5, 10].find((n) => n < 0);
var b=[1, 5, 10, 15].find(function(value, index, arr) {
```

```
    return value > 9;
  })
  var c=[1, 5, 10, 15].findIndex(function(value, index, arr) {
    return value > 9;
  })
  console.log(a);
  console.log(b);
  console.log(c);
```

2.11 实验　猜数游戏

一、实验目的

（1）了解和掌握ECMAScript的语法规则。

（2）熟练掌握ECMAScript语言的流程控制语句、过程控制和函数的语法及具体的使用方法。

二、实验内容

实现猜数游戏。

三、实验要求

随机给出一个0～100（包括0和100）的整数，然后用户在规定的次数内猜出给出的是什么整数。当用户随便猜一个整数后，游戏会提示太大还是太小，然后缩小猜数范围，最终猜出正确结果。界面设计参考图2.25所示。

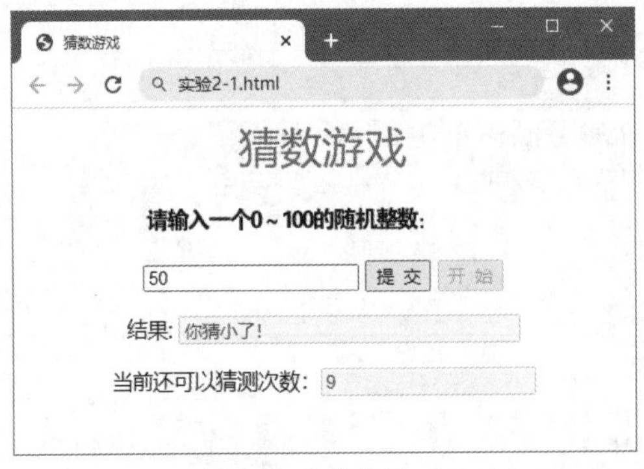

图2.25　猜数游戏

2

基础篇

学习 Node.js 应用开发 掌握前置技能

第 3 章

模块化机制

学习目标

本章主要讲解 Node.js 中模块化编程的主要思想和 Node.js 提供的几种不同模块，重点阐述包的创建、开发、发布的基本过程。通过本章的学习，读者应该掌握以下内容：

- 模块的使用方法。
- 包的开发过程。
- Node.js 提供的模块种类。

3.1 模块化编程

模块化编程就是把一些可复用的程序代码抽取出来进行封装，形成一个单独的文件。为了便于后期的使用，可以把这个文件的内容以函数或者数组的方式向外抛出，在另外一些文件中如果要对封装的模块进行使用，可以使用导入的方式。如果要在外部访问模块内部的方法或者属性，就必须在模块内部通过exports或者module.exports暴露属性或方法。

3.1.1 CommonJS 规范

CommonJS是一套JavaScript代码规范，使JavaScript可以开发复杂应用，同时具备跨平台能力。该规范的主要特点如下：

（1）所有代码运行在当前模块作用域中，不会作用到全局作用域。

（2）模块会根据程序代码中出现的顺序依次加载。

（3）模块可以多次加载但仅在第一次加载时运行一次，然后将运行结果进行缓存，以后加载会直接读取缓存结果，如果要再次执行模块代码，则必须清除缓存。

CommonJS模块规范主要分为三部分，即模块引用、模块定义、模块标识。

1. 模块引用

如果在主模块文件中使用子模块（本例是http模块），可以使用下面的语句：

```
var Http=require ( 'http')
```

其含义是使用require()方法导入http模块并赋值给变量Http。在这个导入模块的语句中，require()方法的参数是模块名字，并没有路径，其实导入的是主模块文件所在当前目录下的node_modules目录中的http模块。如果当前目录下没有node_modules目录或者node_modules目录中没有安装http模块，则会报错。

如果要导入的模块是路径形式的模块，则需要使用相对路径或者绝对路径，例如：

```
var myAdd=require('./add.js')
```

上面例子中导入了当前目录下的add.js文件并赋值给myAdd变量。其中“./”表示当前目录，如果是“../”，则表示上一级目录。

如果导入的模块既不是核心模块又不是路径形式的模块，则可能是第三方包。凡是第三方包都必须通过npm来下载，通过“require('包名')”的方式进行加载才可以使用，一般不允许任何一个第三方包与核心模块的名字是一样的。另外，第三方包查找规则是按照以下顺序进行的（此处以require('art-template')为例说明）：

（1）当前文件所处目录中的node_modules目录。

（2）node_modules/art-template。

（3）node_modules/art-template/package.json文件。

（4）node_modules/art-template/package.json文件中的main属性。

（5）在main属性中记录了art-template的入口模块。

（6）根据main属性加载使用这个第三方包（一般是JavaScript文件）。

（7）如果package.json文件不存在或者main指定的入口模块找不到，Node.js会自动查找该目录下的index.js文件作为备选入口文件。

（8）如果以上所有条件都不成立，则会进入上一级目录的node_modules目录中查找，如果上一级还没有，则逐级向上查找，直到当前磁盘根目录中还找不到后报错。

需要说明的是，一个项目有且只有一个node_modules目录，一般存放于项目的根目录中，这样项目中的所有子目录中的代码都可以加载到第三方包，不会出现多个node_modules目录。

2. 模块定义

Node.js中是模块作用域，也就是默认文件中的所有对象只在当前文件模块中有效，对于想要被其他模块访问的成员，需要将要公开的成员都挂载到exports接口对象中。另外需要说明的是：

（1）module对象：在每一个模块中，module对象代表该模块自身。

（2）exports属性：module对象的一个属性，该属性的作用是向外提供接口。

假设add.js中的程序代码如下所示：

```
function add(num1,num2){
  return(num1+num2);
}
```

尽管主文件导入了add.js文件，前者却仍然无法使用后者中的add函数，在主文件中add(3,5)这样的代码将会报错，提示add不是一个函数。

如果希望add.js中的函数能被其他模块使用，就需要暴露一个对外的接口。exports属性常被用于完成这一工作。将add.js中的程序代码改为如下形式，主文件就可以正常调用add.js中的方法了：

```
exports.add=function (num1,num2){
  return(num1+num2);
}
```

例如，myAdd.add(3,5)这样的调用能够正常执行，myAdd的含义是本文件中myAdd变量代表的模块，add是导入模块的add()方法。

如果需要暴露多个对外的接口，可以使用以下方法进行：

```
// 暴露str属性
exports.str = 'hello';

// 暴露累加和add()方法
exports.add=function (num1,num2){
  return(num1+num2);
}

// 上面代码直接写成以下形式
module.exports = {
  str: 'hello',
  add: function(num1,num2){
    return(num1+num2);
  }
}
```

3. 模块标识

模块标识是指传递给require()方法的参数，必须是符合小驼峰命名的字符串，或者以“.”“..”开头的相对路径，或者绝对路径。

【例3-1】模块调用

例3-1是按照CommonJS规范编写一个主模块（3-1-main.js）、调用子模块（3-1-module.js）的实例，其运行结果如图3.1所示。

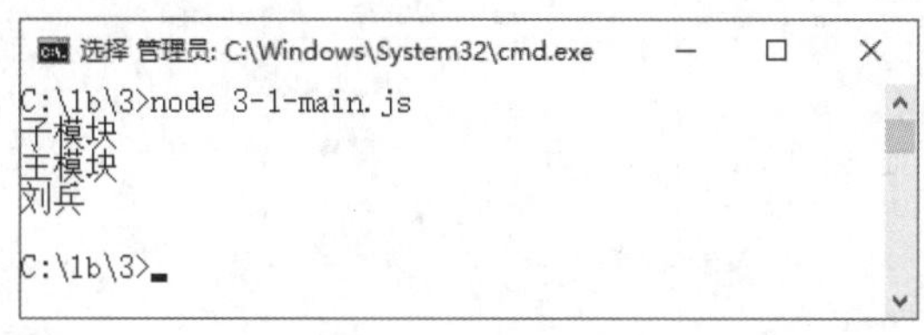

图3.1　模块调用

例3-1的代码如下所示：

```
// 子模块：3-1-module.js子模块程序代码

// 用箭头函数方法定义sayName函数
const sayName=(userName)=>{
  console.log(userName)              // 输出用户名userName
}
console.log('子模块')                  // 输出字符串
// exports.say=sayName               // 暴露接口方法1，暴露sayName函数以供外部调用
module.exports={                     // 暴露接口方法2
    say:sayName
}
--------------------------------------------------------------------------------
// 主模块：3-1-main.js主模块程序代码

// 导入子模块3-1-module.js
const myModule=require('./3-1-module.js')
console.log("主模块")                  // 输出字符串
myModule.say('刘兵')                   // 调用子模块内定义的sayName函数
```

扫一扫，看视频

从图3.1中可以看出，首先导入并执行子模块，然后执行主模块，最后在主模块中调用子模块中的say()方法。

4. require加载规则

不论是核心模块，还是文件模块，require()方法对相同的二次加载采用优先从缓存加载的方式进行。

【例3-2】require加载规则

例3-2是两次加载同一个模块的演示程序。定义主模块程序（3-2-a.js），在该主模块程序中导入子模块程序（3-2-b.js）和另一个子模块程序（3-2-c.js），在子模块程序（3-2-b.js）中又导入子模块程序（3-2-c.js），例3-2的运行结果如图3.2所示。

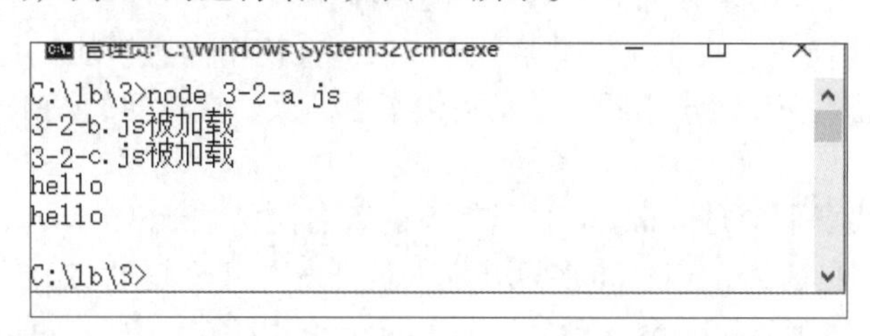

图3.2　require 加载规则

例3-2的代码如下所示：

```
// 例3-2-a.js主模块程序代码

// 导入子模块程序3-2-b.js
require('./3-2-b');

// 导入子模块程序3-2-c.js
let cExports = require('./3-2-c.js');

// 输出子模块程序3-2-c.js暴露的字符串
console.log(cExports);
------------------------------------------------------------------------------
// 例3-2-b.js子模块程序代码

// 输出字符串
console.log('3-2-b.js被加载');

// 加载子模块程序3-2-c.js
let cExports = require('./3-2-c.js');

// 输出子模块程序3-2-c.js暴露的字符串
console.log(cExports);
------------------------------------------------------------------------------
// 例3-2-c.js子模块程序代码

// 输出字符串
console.log('3-2-c.js被加载');

// 暴露字符串，供其他模块使用
module.exports = 'hello';
```

扫一扫，看视频

当执行3-2-a.js时，上述JavaScript文件执行顺序如下：

导入并执行3-2-b.js，在3-2-b.js中，首先输出字符串“3-2-b.js被加载”，再导入并执行3-2-c.js；在3-2-c.js中先输出“3-2-c.js被加载”，3-2-b.js再执行并输出3-2-c.js所暴露的字符串，3-2-b.js执行完毕并回到3-2-a.js；在3-2-a.js中应该加载3-2-c.js，但由于之前在3-2-b.js中已经加载过3-2-c.js，此处不会再次加载3-2-c.js而是从缓存中读入；最后在3-2-a.js中输出3-2-c.js暴露的字符串。

3.1.2 格式化时间

1. 包的基本概念

在Node.js中把第三方的模块称为包。不同于Node.js中的内置模块与自定义模块，包是由第三方个人或者团队开发出来并免费供所有人使用的。

Node.js中的内置模块仅提供了一些底层的API，仅使用内置模块进行项目开发时效率很低。而包是基于内置模块封装出来的，并且提供了更高级、更方便的API，可以极大提高开发效率。

全球最大的包共享平台是npm,Inc.公司旗下的著名网站（https://www.npmjs.com/），在这个包共享平台上，到目前为止有1100多万开发人员开发并共享超过120多万个包供免费使用。npm,Inc.公司提供一个地址为https://registry.npmjs.org的服务器，用户可以从该服务器上下载需要的包。特别强调："https://www.npmjs.com/" 是用来搜索所需要包的网站；"https://registry.npmjs.org/" 是用来下载所需要包的网站。

npm,Inc.公司提供了一个包管理工具，用户可以通过这个包管理工具从服务器把需要的包下载到本地使用，这个包管理工具的名字是Node Package Manager（简称npm包管理工具），这个npm包管理工具是随着Node.js一起安装到用户的计算机上的。在控制台中执行 "npm -v" 命令就能查看安装的npm包管理工具的版本号，作者的计算机中安装的npm的版本号如图3.3所示。

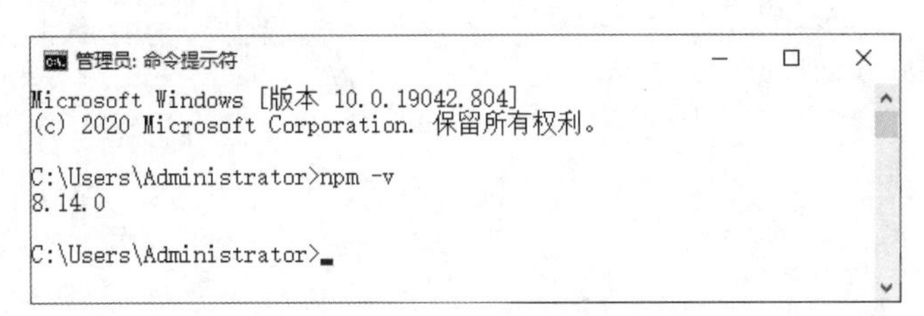

图 3.3　查看 npm 的版本号

2. 传统格式化时间方法

传统格式化时间方法是先定义一个格式化时间的自定义模块，然后在这个模块中进行以下主要操作：

（1）定义格式化时间的方法。本例中定义的格式化时间为2023年01月25日,10:15:28。

（2）创建补0的函数。例如，月份值为1，则通过该函数变成01。

（3）从自定义模块中导出格式化时间的函数。需要说明的是，当导出的方法或属性的键和值都相同时，可以进行简写。例如：

```
module.exports={
  timeFormat: timeFormat              // 暴露timeFormat()方法
}
```

可以把上述导出方法的键和值简写成一个，即写成如下方式：

```
module.exports={
  timeFormat                          // 暴露timeFormat()方法
}
```

【例3-3】自定义格式化时间模块

例3-3中首先定义子模块（3-3-timeFormat.js），用来根据传入的参数获取指定的时间格式，然后在主模块中调用自定义的时间格式化模块。其步骤如下：

（1）导入格式化时间的自定义模块。

（2）调用格式化时间的函数。

例3-3的运行结果如图3.4所示。

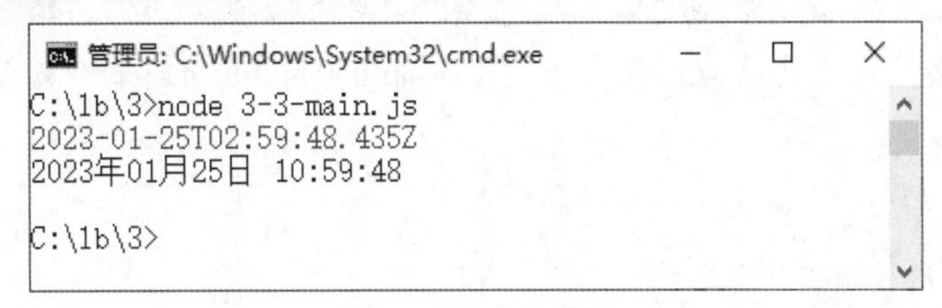

图 3.4　格式化时间

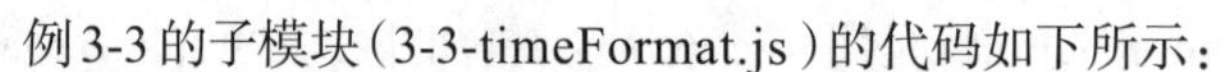

例3-3的子模块（3-3-timeFormat.js）的代码如下所示：

```
// 例3-3-timeFormat.js子模块程序代码

// 定义格式化时间函数timeFormat()
function timeFormat(dtStr){
  const y=dtStr.getFullYear()                          // 获取年
  const m=two(dtStr.getMonth()+1)                      // 获取月，使用补0函数形成两位数
  const d=two(dtStr.getDate())                         // 获取日，使用补0函数形成两位数
  const hh=two(dtStr.getHours())                       // 获取时，使用补0函数形成两位数
  const mm=two(dtStr.getMinutes())                     // 获取分，使用补0函数形成两位数
  const ss=two(dtStr.getSeconds())                     // 获取秒，使用补0函数形成两位数
  return `${y}年${m}月${d}日 ${hh}:${mm}:${ss}` // 使用字符串模板格式化时间
}

// 创建补0的函数
function two(n){
// 时间值为个位数就在前面加0
  return n>9?n:'0'+9
}

// 从自定义模块中导出格式化时间函数
module.exports={
timeFormat                                             // 暴露timeFormat()函数
}
```

扫一扫，看视频

例3-3的主模块（3-3-main.js）的代码如下所示：

```
// 例3-3-main.js主模块程序代码

//导入格式化时间的自定义模块3-3-timeFomat.js
const TIME=require('./3-3-timeFomat')                  // 导入文件模块
const dt=new Date()                                    // 获取系统时间
console.log(dt)                                        // 输出未格式化时间

// 调用格式化时间函数timeFormat()
const newDT=TIME.timeFormat(dt)                        // 调用模块中的格式化时间函数
console.log(newDT)                                     // 输出格式化时间
```

3. 使用第三方包实现时间格式化

例3-3中的时间格式化的方法比较烦琐，使用Node.js中提供的第三方moment包实现时间格式化会相对简便，其操作步骤如下：

（1）使用npm包管理工具在项目的根目录中安装格式化时间的包。

（2）使用require()方法导入格式化时间的包。

（3）使用moment包的官方API文档对时间进行格式化。

【例3-4】使用第三方包实现时间格式化

例3-4中使用第三方包实现时间格式化（3-4-highTimeFormat.js），其运行结果如图3.5所示。

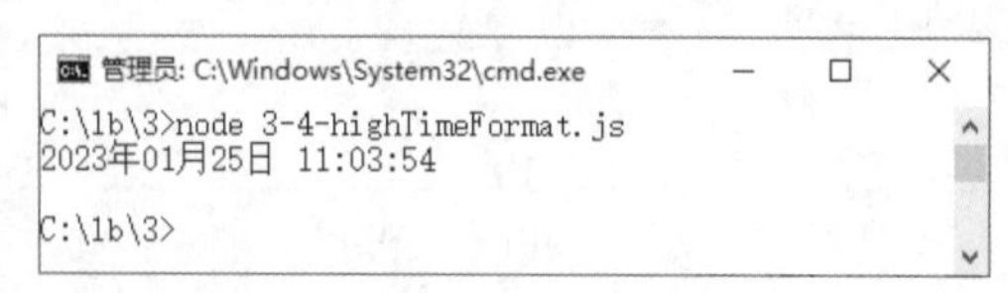

图3.5　使用第三方包实现时间格式化

例3-4的代码如下所示：

```
// 例3-4-highTimeFormat.js程序代码

// 导入格式化时间的moment包
const moment=require('moment')

// 调用moment包的format()方法对时间进行格式化，该方法中各主要字母代表的含义如下
// YYYY：年，MM：月，DD：日，HH：时，mm：分，ss:秒。其他字符会原样显示
const dt=moment().format('YYYY年MM月DD日 HH:mm:ss')

// 显示格式化后的时间结果
console.log(dt)
```

在运行例3-4的程序前必须先安装第三方moment包，其安装命令如下所示：

```
npm install moment --save
```

从程序的代码量、编码的方便程度和代码的可靠性来说，使用第三方包实现时间格式化有非常大的优势。

3.1.3 包的安装与管理

npm是随同Node.js一起安装的JavaScript包管理工具，是Node.js平台默认的包管理工具，也是世界上最大的软件注册表，可以很方便地让JavaScript开发者下载、安装、上传以及管理各种安装包。

1. npm的组成

当页面编写比较多时，每个页面都通过JavaScript脚本方式导入很多的依赖包（如jQuery、Bootstrap等），就会造成后期很难维护的问题，npm就是一个很好的依赖包管理工具，而且不需要单独安装。只要安装了Node.js环境，就会自动安装npm包管理工具。npm主要由3个部分组成，其内容如下：

（1）npm的官网：开发者用来查找包、设置参数以及管理npm的一个主要途径。

（2）注册表（registry）：注册表其实可以理解成是一个比较大的数据库，在数据库里面保存着所有的依赖包。

（3）命令行工具（command line tool，CLT）:npm命令使用的是命令行工具，而命令行工具是在控制台中运行的，npm命令可以安装和卸载项目中的一些依赖，方便管理依赖包。

2. npm的安装命令

如果想在项目中安装指定名称的包，需要使用如下命令进行安装：

```
npm install 包的完整名称
```

上述安装包的命令也可以简写成如下格式：

```
npm i 包的完整名称
```

例如，安装例3-4需要的moment包，需要使用如下命令进行安装：

```
npm install moment --save
```

初次安装之后，在项目的文件夹下会增加node_modules文件夹和package-lock.json配置文件，其中：

（1）node_modules文件夹用来存放所有已安装到项目中的包，require()导入第三方包时，就是从这个文件夹中查找并加载包。

（2）package-lock.json配置文件用来记录node_modules文件夹下每一个包的下载信息，如包的名字、版本号、下载的地址等。

需要特别说明的是，不要手动修改node_modules文件夹和package-lock.json配置文件中的任何代码，npm包管理工具会自动对其进行维护。

3. 安装指定版本号的包

在默认情况下，使用npm install命令安装包会自动安装最新版本的包。如果需要安装指定版本的包，可以在包名之后通过"@"指定具体的版本。例如：

```
npm i moment@2.29.4
```

包的版本号是用3个数字并用小数点隔开的"点分十进制"形式进行定义的，其中每一位数字代表的含义如下：

（1）第1位数字：大版本。

（2）第2位数字：功能版本。

（3）第3位数字：Bug修复版本。

版本号的提升规则是只要前面的版本号增长，后面的版本号就会归零。

4. 包管理配置文件

在项目的根目录中提供一个package.json的包管理配置文件，用来记录与项目相关的一些配置信息。例如：

（1）项目的名称、版本号和描述等。

（2）在项目中需要用到的包。

（3）在开发和部署时需要用到的包。

使用npm包管理工具提供的快捷命令可以在执行命令所处的目录中快速创建package.json包管理配置文件。该命令如下所示：

```
npm init -y
```

需要强调的是，这个项目初始化命令只能在英文目录下运行成功，如果使用中文或者带有空格的目录名，将不能运行成功。另外，运行npm install命令安装包时，npm包管理工具会自动把包的名称和版本号写入package.json文件。例如，安装moment包之后，package.json文件中的内容如图3.6所示。

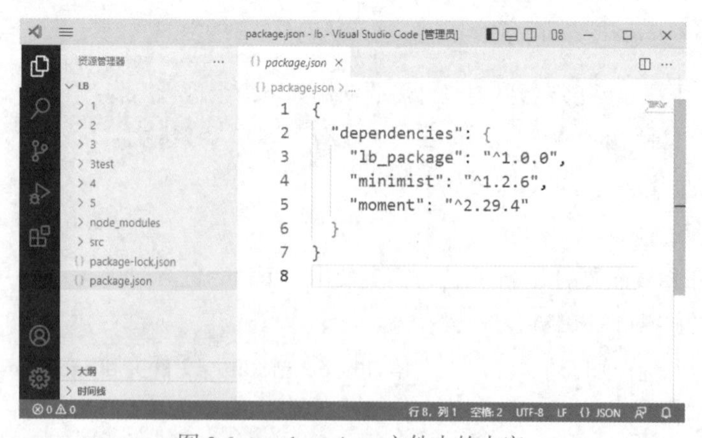

图 3.6　package.json 文件中的内容

从图3.6所示的package.json文件中可以看出，dependencies节点用来记录项目中安装了哪些包。

当用户删除node_modules目录再运行项目时，系统将会提示用户没有安装运行所依赖的包，当所依赖的很多包都没有安装时，用户可以直接使用命令一次性把package.json包管理配置文件中所依赖的包全部安装到项目目录中，该命令如下所示：

```
npm install
```

也可以使用简写命令，如下所示：

```
npm i
```

5. 卸载包

运行npm uninstall命令卸载指定的包。例如，卸载moment包可以使用下面命令：

```
npm uninstall moment
```

npm uninstall命令执行后，系统会把要卸载的包自动从package.json文件的dependencies节点中删除。

6. 加快包下载的速度

在使用npm下载包时，默认是从国外官方服务器上进行下载的，网络数据的传输距离远，因此下载包的速度比较慢。

淘宝在国内搭建了一个服务器，专门把国外官方服务器上的包镜像到国内的服务器上，为国内用户提供快速下载包的服务，从而提高包的下载速度。这里所说的镜像是一种文件的存储形式，即把一个磁盘上的数据在另一个磁盘上存储成一个完全相同的副本，这样可以通过切换npm下载包的镜像源（下载包的服务器地址）提高下载速度。

（1）查看当前包镜像源的命令如下所示：

```
npm config get registry
```

（2）将包的镜像源切换为淘宝镜像源的命令如下所示：

```
npm config set registry=https://registry.npm.taobao.org/
```

切换npm包的镜像源为淘宝服务器所使用的命令及相关显示结果如图3.7所示。

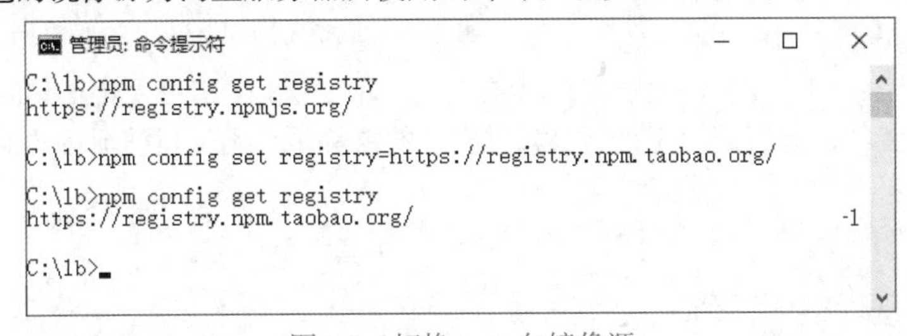

图 3.7　切换 npm 包镜像源

（3）使用nrm管理包的镜像源。为了更方便地切换包的镜像源可以使用nrm插件包，利用nrm提供的控制台命令可以快速查看和切换包的镜像源。其主要命令说明如下（命令的运行结果如图3.8所示）：

```
// 安装nrm包为全局可用工具的命令，-g表示全局安装
npm install -g nrm

// 查看所有可用镜像源的命令
nrm ls
```

```
// 将镜像源切换为taobao镜像
nrm use taobao
```

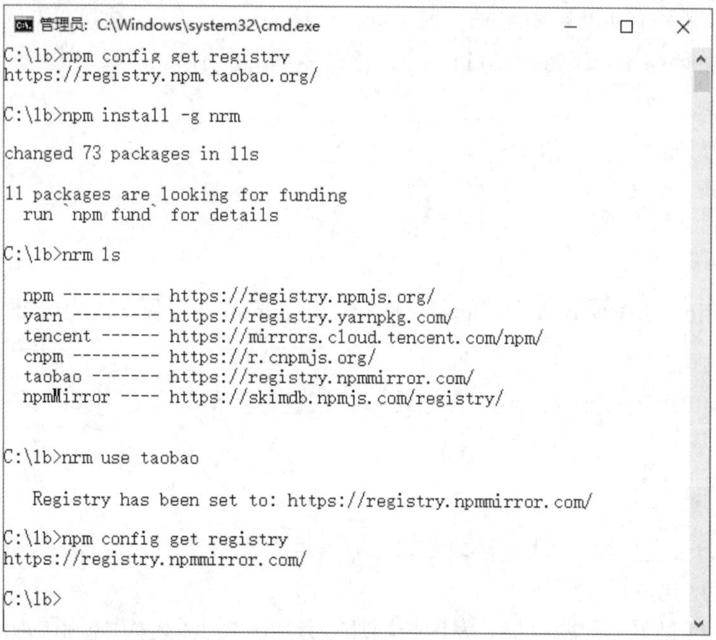

```
管理员: C:\Windows\system32\cmd.exe
C:\lb>npm config get registry
https://registry.npm.taobao.org/

C:\lb>npm install -g nrm

changed 73 packages in 11s

11 packages are looking for funding
  run `npm fund` for details

C:\lb>nrm ls

  npm ---------- https://registry.npmjs.org/
  yarn --------- https://registry.yarnpkg.com/
  tencent ------ https://mirrors.cloud.tencent.com/npm/
  cnpm --------- https://r.cnpmjs.org/
  taobao ------- https://registry.npmmirror.com/
  npmMirror ---- https://skimdb.npmjs.com/registry/


C:\lb>nrm use taobao

   Registry has been set to: https://registry.npmmirror.com/

C:\lb>npm config get registry
https://registry.npmmirror.com/

C:\lb>
```

图 3.8　使用 nrm 管理包的镜像源

7. 包的分类

那些被安装到项目node_modules目录中的包都是项目包，项目包分为开发依赖包（只在开发期间会用到）和核心依赖包（在开发期间和项目上线之后都会用到）两类。

另外，在执行npm install命令安装第三方包时，如果使用“-g”参数，则表示安装的第三方包是全局包，这种全局包会被安装到node_modules目录下。安装和卸载全局包的命令如下所示：

```
npm install 包名 -g                          // 安装指定的全局包
npm uninstall 包名 -g                        // 卸载指定的全局包
```

需要说明的是，如果安装的是一个工具或者一个用于操作CLI可视化工具的话，可以通过全局方式进行安装，便于后面使用；但是如果安装的依赖包只用于当前项目的话，则有两种安装方式可供选择：

（1）生产环境下的安装。生产环境下的安装命令如下所示：

```
npm install 包名 --save
```

简写形式如下所示：

```
npm install 包名 -S
```

在生产环境下安装的第三方包会下载模块到node_modules目录中，并且会将依赖写入项目根目录的package.json文件的dependencies节点中，将来项目上线之后会把项目编译成能够被直接识别的代码，这种代码在编译过程中所依赖的第三方包会被同时编译到代码中。

（2）开发环境下的安装。如果依赖的第三方包只是在开发阶段使用（如一些编译工具、转换工具或者一些压缩和打包工具），可以只在开发环境下安装，使用的命令如下所示：

```
npm install 包名 --save-dev
```

简写形式如下：

```
npm install 包名 -D
```

开发环境下安装的第三方包会将依赖写入package.json文件的devDependencies节点中，并且将来在进行编译的过程中不会被编译到项目代码中，也就是不会随着代码发布上线。

一个规范包的组成结构必须符合以下3个要求：

- 包必须以单独的目录存在。
- 包的根目录下必须要包含package.json包管理配置文件。
- package.json包管理配置文件中必须包含name、version、main 3个属性，分别代表的含义是包的名字、版本号和入口。

3.2 包的开发过程

扫一扫，看视频

3.2.1 开发第一个包

【例3–5】包的开发过程

1. 包的基本结构

开发一个包必须要新建一个文件夹作为包的根目录，在包的根目录中必须包含3个文件，这3个文件的文件名及其相关作用的说明如下：

（1）package.json：包管理配置文件，用来说明此包所配置的一些相关参数。

（2）index.js：包的入口文件，这个文件名可以在package.json文件中进行配置。

（3）README.md：包的说明文档，主要含有包的功能和使用实例说明等内容。

2. 包的初始化

创建文件夹lb_tools作为包的根目录，然后进入包的根目录并使用“npm init”对包进行初始化，其创建文件夹及初始化的内容如图3.9所示。

图3.9 包的初始化

从图3.9中可以看出，输入初始化命令之后会出现很多用户选项，主要包括：

（1）包名（package name）是lb_package。

（2）版本（version）是1.0.0（默认值，可以直接按Enter键）。

（3）描述（description）是“提供时间格式化、字符串首字母大写转换功能”。

（4）入口（entry point）是index.js（默认值，可以直接按Enter键）。

（5）关键字（keywords）是描述包的关键字便于用户查找，此处定义的是formatDate 和stringChange。

（6）作者（author）表示此包是由谁开发的，其他选项直接按Enter键即可。

当用户把选项输入完之后，系统会列出相关选项的结果，并且显示一个是否确定以上输入选项内容的“Is this OK ?”问题，其内容如下所示：

```
About to write to C:\lb_tools\package.json:
{
  "name": "lb_package",
  "version": "1.0.0",
  "description": "提供时间格式化、字符串首字母大写转换功能",
  "main": "index.js",
  "scripts": {
    "test": "echo Hello World!"
  },
  "keywords": [
    "formatDate",
    "stringChange"
  ],
  "author": "刘兵",
  "license": "ISC"
}

Is this OK? (yes)
```

当用户确认上述选项是正确的时，可以直接按Enter键选中默认值yes，然后这些内容就会写入C:\lb_tools\package.json文件中。

如果需要执行package.json文件中scripts脚本的test部分，可以使用如下npm指令实现：

```
npm run test
```

上面命令的执行结果会在控制台中输出，即“Hello World!”。这种写法的好处是在以后的程序设计中如果有比较长的命令，可以使用这种方法对其进行简化。

3. index.js文件编写

本例实现的包功能是提供格式化时间并对字符串中所有单词的首字母进行大写转换，其代码如下所示：

```
// index.js文件程序代码

// 格式化时间
function timeFormat(dtStr){
  const y=two(dtStr.getFullYear())
  const m=two(dtStr.getMonth()+1)
  const d=two(dtStr.getDate())
  const hh=two(dtStr.getHours())
  const mm=two(dtStr.getMinutes())
  const ss=two(dtStr.getSeconds())
```

```
  return `${y}年${m}月${d}日 ${hh}:${mm}:${ss}`
}

// 创建补0的函数
function two(n){
  return n>9?n:'0'+9
}

// 把字符串中所有单词的首字母转换为大写，其他字母转换为小写的方法。入口参数str是一个字符串
function titleCase(str) {
  // 使用字符串的split()方法把字符串按空格（也就是单词）进行分隔，形成单词数组newStr
  let newStr = str.split(" ");

  // 遍历单词数组
  for(var i = 0; i<newStr.length; i++){
    // 取出每一个单词的首字母并转换成大写，与除首字母之外的其他字母拼接成单词
    newStr[i] = newStr[i].slice(0,1).toUpperCase() +
                              newStr[i].slice(1).toLowerCase();
  }

  // 使用join()方法把修改后的单词数组重新转换成字符串
  return newStr.join(" ");
}

// 从自定义模块中暴露格式化时间和格式化字符串的函数
module.exports={
  timeFormat,
  titleCase
}
```

4. 将不同的功能进行模块化拆分

在本例中要将不同的功能拆分成不同的文件以形成单独的功能文件，其中把时间格式化功能拆分到src/dateFormat.js中；将处理字符串转换为首字母大写，其他字母小写的部分拆分到src/stringChange.js中；再在index.js中导入这两个模块，得到需要向外共享的方法，并使用module.exports把对应的方法共享出去。拆分后各文件的代码如下所示：

```
// src/dateFormat.js文件程序代码
function timeFormat(dtStr){
  const y=two(dtStr.getFullYear())
  const m=two(dtStr.getMonth()+1)
  const d=two(dtStr.getDate())
  const hh=two(dtStr.getHours())
  const mm=two(dtStr.getMinutes())
  const ss=two(dtStr.getSeconds())
  return `${y}年${m}月${d}日 ${hh}:${mm}:${ss}`
}
function two(n){
  return n>9?n:'0'+9
}
module.exports={
  timeFormat
}
------------------------------------------------------------------------
// src/stringChange.js文件
function titleCase(str) {
  let newStr = str.split(" ");
```

```
  for(var i = 0; i<newStr.length; i++){
    newStr[i] = newStr[i].slice(0,1).toUpperCase() +
    newStr[i].slice(1).toLowerCase();
  }
  return newStr.join(" ");
}
module.exports={
  titleCase
}
------------------------------------------------------------------------------------------
// index.js文件

// 导入时间格式化方法dateFormat()
const date=require("./src/dateFormat")

// 导入字符串格式化方法stringChange()
const stringChange=require("./src/stringChange")

// 把上述两个模块暴露出去以供其他模块使用
module.exports={
  ...date,
  ...stringChange
}
```

5. 包的说明文档

包的根目录中的README.md文件是包的说明文档，在说明文档中可以把包的使用说明、包含功能、调用方式、参数说明、注意事项等罗列出来，方便用户查阅和参考。具体到本例，创建包内容的说明文档README.md应该包括以下5项主要内容：安装方式、导入方式、时间格式化方法、字符串格式化方法、开源协议等，其源码如下所示：

````
// README.md文件
## 安装方式    // 两个“#”号表示是二级标题,“#”号后面要有空格。此处的二级标题是“安装方式”
```            // 此处3个反引号是定义代码区块的开始，区块内写对应的代码
npm install lb_package                  // 安装的代码指令
```            // 此处3个反引号是定义代码区块的结束

## 导入方式
```
const lb=require('lb_package')          // 导入包的语句
```

## 时间格式化方法
```
const dtstr=lb.dateFormat(new Date())   // 时间格式化方法
console.log(dtstr)                      // 输出格式化后的时间
```
## 字符串格式化方法
```
const str=lb.stringChange('hello node.js world!') // 字符串格式化方法
console.log(str)                                  // 输出格式化后的字符串
```

## 开源协议
```
ISC
```
````

3.2.2 包的发布

1. 注册npm账号

如果要将已经制作完成的包发布到npm服务器上，那么必须先拥有npm账号。注册npm账号后打开如图3.10所示的npm首页。

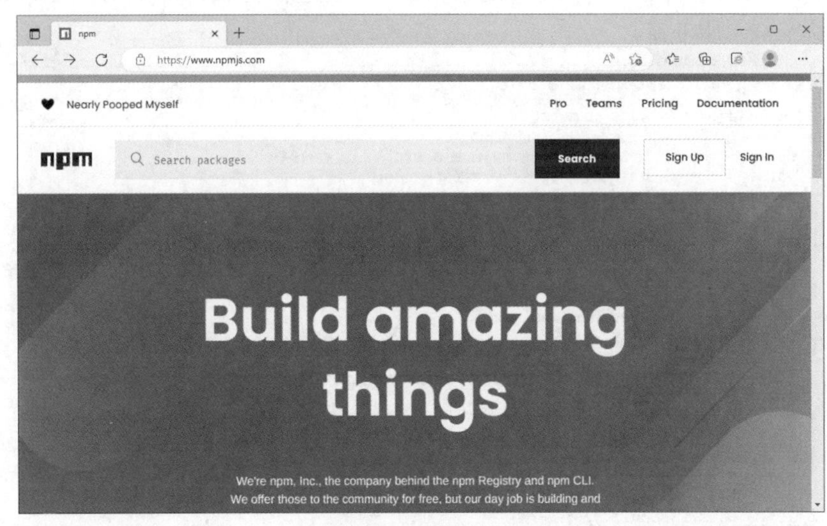

图 3.10　npm 首页

在图3.10中单击Sign Up按钮，进入如图3.11所示的npm注册页面。

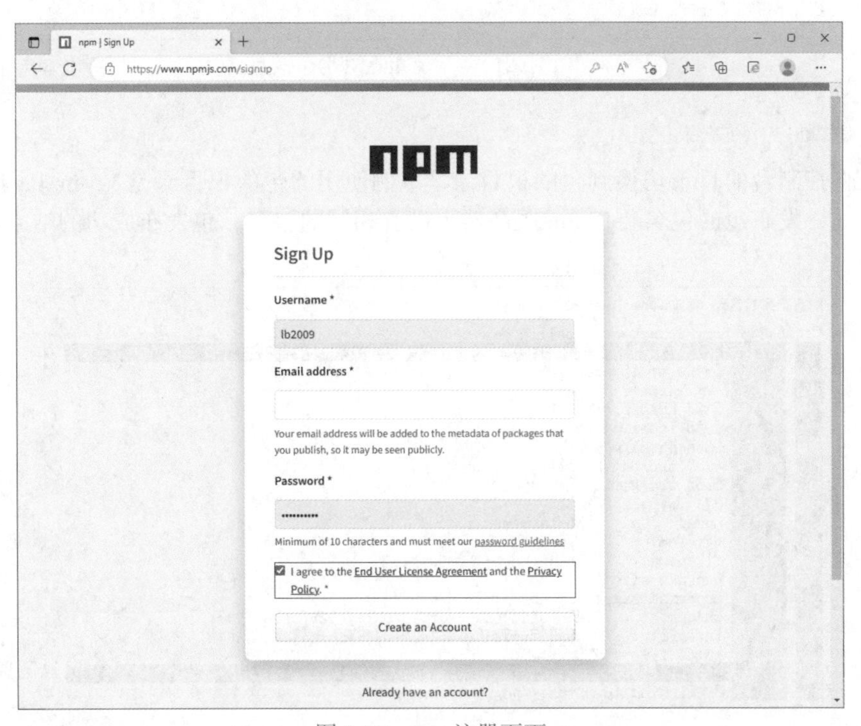

图 3.11　npm 注册页面

在图3.11中填写账号的相关信息，包括用户名、邮箱、密码等信息，然后单击Create an

Account按钮后新账号即可注册完成。

2. 登录npm账号

npm账号注册完成之后，可以在控制台中执行“npm login”命令进行登录，登录时依次输入用户名、密码、邮箱，以及npm服务器向输入的邮箱发送的验证码即可登录成功，如图3.12所示。

需要特别强调的是，登录npm账号之前，必须先把包服务器的地址切换为npm的官方地址，否则会无法登录服务器。

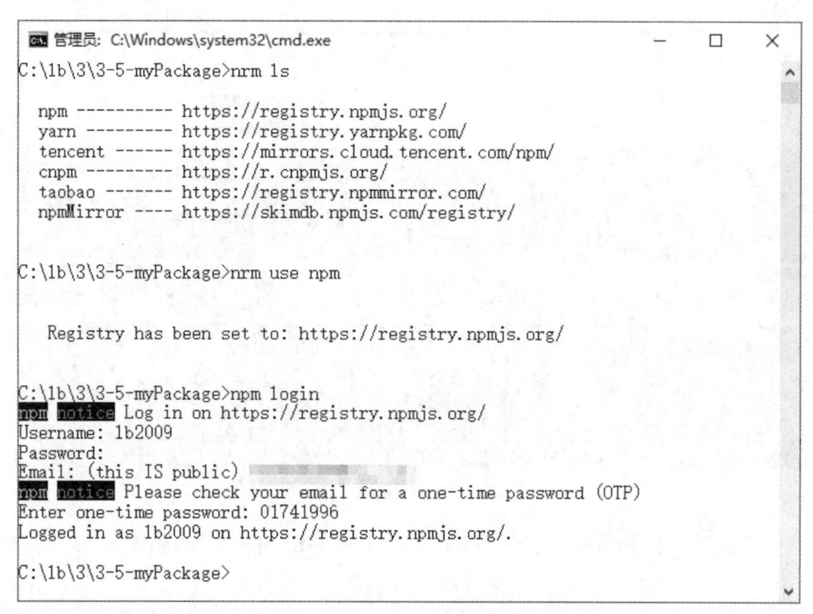

图 3.12　登录 npm 账号

3. 发布包

首先将控制台的目录切换到包的根目录，本例使用的包的根目录是3-5-myPackage。需要强调的是，发布包的包名要在npm服务器上没有相同的包名，包发布成功的结果如图3.13所示。

```
选择 管理员: C:\Windows\system32\cmd.exe
C:\1b\3\3-5-myPackage>npm publish
npm notice
npm notice package: 1b-package@1.0.0
npm notice === Tarball Contents ===
npm notice 338B README.md
npm notice 138B index.js
npm notice 330B package.json
npm notice 615B src/dateFormat.js
npm notice 285B src/stringChange.js
npm notice === Tarball Details ===
npm notice name:          1b-package
npm notice version:       1.0.0
npm notice filename:      1b-package-1.0.0.tgz
npm notice package size:  1.1 kB
npm notice unpacked size: 1.7 kB
npm notice shasum:        48685fa70dd56545535cf0b7a9c02975f76376bc
npm notice integrity:     sha512-+Ym15rGST1dPD[...]xEL+kOWcczuLA==
npm notice total files:   5
npm notice
npm notice Publishing to https://registry.npmjs.org/
+ 1b-package@1.0.0

C:\1b\3\3-5-myPackage>
```

图 3.13　包发布成功

如果要查看发布的包，可以在浏览器中使用用户名和密码登录npm服务器，即可看到发布的包，如图3.14所示。

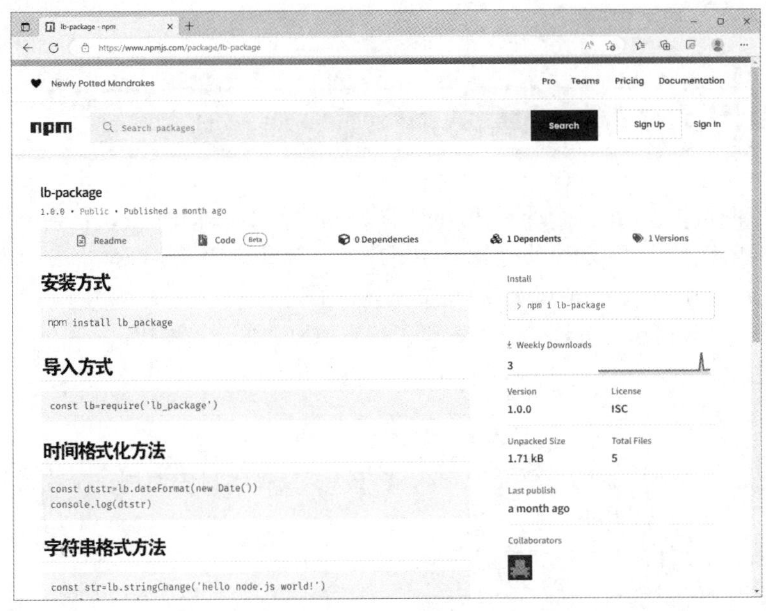

图 3.14　发布的包

4. 使用包

【例3–6】自定义包实现时间格式化

如果需要使用发布的包完成项目，与之前讲过的moment包的使用方法相同，即先使用npm install lb_package命令将其安装到项目中，再使用require('lb_package')命令导入。程序的运行结果如图3.15所示。

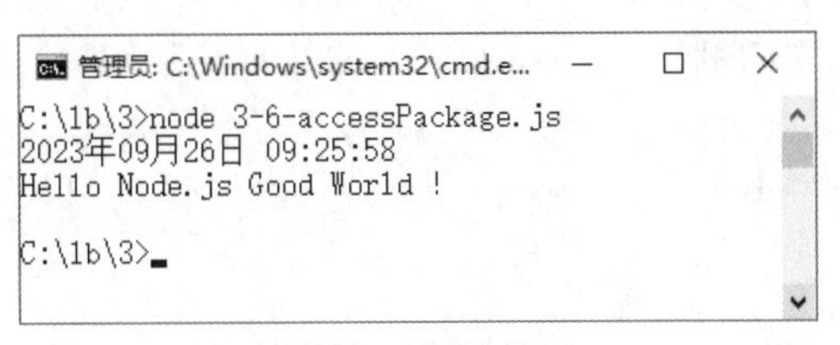

图 3.15　包的使用

例3-6的代码如下所示：

```
// 例3-6-accessPackage.js程序代码

// 导入发布到npm的包lb_package
const myTime=require('lb_package')

// 验证输出格式化时间
console.log(myTime.timeFormat(new Date()))

// 验证输出格式化字符串
console.log(myTime.titleCase('hello node.js gooD world !'))
```

扫一扫，看视频

另外，如果需要删除已发布的包，可以运行下面命令从npm服务器上删除：

```
npm unpublish 包名 --force
```

需要说明的是，npm unpublish命令只能删除72h以内发布的包，并且删除的包在24h内不允许重新发布。

3.3 Node.js提供的模块

Node.js提供模块化系统的目的是让Node.js文件可以相互调用，模块化系统是Node.js应用程序的基本组成部分，文件和模块也是一一对应的。也就是说，一个Node.js文件就是一个模块，这个文件可能是JavaScript代码，也可能是JSON数据。

Node.js提供三大模块，分别是全局模块、核心模块和自定义模块。

3.3.1 全局模块

全局模块是Node.js内置的，不需要导入就可以直接在项目中使用。全局模块包括全局对象和全局变量，其中全局变量包括：

（1）JavaScript文件在最外层定义的变量。

（2）全局对象的属性。

（3）隐式定义的变量（未定义直接赋值的变量）。

例如，global对象的一些属性就是全局变量，用于描述当前Node.js进程状态的process也是全局变量（process提供了与操作系统进行交互的接口），用于输出日志的console对象也是全局模块中的对象。

1. __dirname和__filename

全局变量__dirname（最前面是两个下划线）表示当前执行文件所在目录的完整目录名（绝对路径）；全局变量__filename表示当前执行文件的完整文件名（包含目录和文件名）。例如，当前执行文件的完整路径为C:\lb\3\test.js，仔细体会下面语句的执行结果的含义：

```
console.log(__dirname);                    // 输出C:\lb\3\
console.log(__filename);                   // 输出C:\lb\3\test.js
```

2. console

全局对象console用于提供控制台标准输出，其主要使用方法如下：

（1）console.log()：用于输出标准输出流的，即在控制台中显示一行字符串。

（2）console.time()和console.timeEnd()：一般用于统计执行一段代码需要的时间。其中console.time()用于标记开始时间；console.timeEnd()用于标记结束时间。这两个方法使用名称相同的参数，参数值为任意字符串，而且只有参数值相同，才能正确地统计出执行一段代码时从开始到结束经过的毫秒数。例如，下面代码用于统计执行1000次循环所用的时间：

```
console.time('small loop')               // 标记开始时间，参数是small loop
for(var i=0;i<10000;i++){ }
console.timeEnd('small loop')            // 标记结束时间，参数是small loop
```

3. 全局函数

全局函数主要包括以下几种：

（1）setInterval（回调函数，定时时间）。按照设定的时间（单位为毫秒）间隔不断调用回调函数，直到clearInterval()方法被调用或窗口被关闭才会停止函数的调用。换句话说，setInterval()方法是每隔指定的时间就自动调用指定的函数，该方法返回一个定时器对象。

（2）setTimeout（回调函数，定时时间）。按照设定的时间（单位为毫秒）间隔调用一次回调函数，该方法返回一个定时器对象。

（3）clearTimeout (handle)。该方法用于停止一个之前通过setTimeout()方法创建的定时器。参数handle是通过setTimeout()函数创建定时器所返回的定时器对象。

（4）clearInterval(handle)。该方法用于停止一个之前通过setInterval()方法创建的定时器。参数handle是通过setInterval()函数创建定时器所返回的定时器对象。

【例3–7】定时函数

在例3-7中使用setInterval()方法定义一个不断执行的定时器，在到达定时后输出回调函数被执行的次数，然后使用setTimeout()方法定义一个执行一次的定时器，在到达该定时后，在回调函数中调用 clearInterval()方法把不断执行的定时器关闭。其运行结果如图3.16所示。

```
管理员: C:\Windows\System32\cmd.exe
C:\1b\3>node 3-7-setTimeOut.js
myfunc 执行次数1, 后面是传入的参数: Interval
myfunc 执行次数2, 后面是传入的参数: Interval
myfunc 执行次数3, 后面是传入的参数: Interval
myfunc 执行次数4, 后面是传入的参数: Interval

C:\1b\3>
```

图 3.16　定时函数

例3-7的代码如下所示：

```
// 例3-7-setTimeOut.js程序代码

// 定义计数器变量，用于统计程序的执行次数
let count=1

// 定义setInterval()方法的回调函数，Interval是入口参数
function myfunc(Interval) {
  console.log("myfunc 执行次数" +count+", 后面是传入的参数: "+ Interval);
  count++                                // 计数器加1
}

// 设定循环1s执行一次myfunc()函数，字符串Interval是myfunc()函数的入口参数
// 定时函数的返回值myInterval是用于中断定时的句柄
var myInterval = setInterval(myfunc, 1000, "Interval");

// setTimeout定时的回调函数
function stopInterval() {
  clearInterval(myInterval);         // 终止myInterval句柄所执行的定时
}

// 设定定时5s后仅执行一次stopInterval()方法
setTimeout(stopInterval, 5000);
```

扫一扫，看视频

4. process

全局对象process是用于描述当前Node.js进程状态的对象，该对象不需要导入就可以直接使用。

（1）process对象提供一些用于返回系统信息的属性。主要包括：

- process.argv：返回一个数组，成员是当前进程的所有命令行参数。
- process.env：返回一个对象，成员是当前Shell的环境变量。
- process.installPrefix：返回一个字符串，表示Node.js安装路径的前缀。
- process.pid：返回一个数字，表示当前进程的进程号。
- process.platform：返回一个字符串，表示当前的操作系统。
- process.title：返回一个字符串，默认值为node，可以自定义该值。
- process.version：返回一个字符串，表示当前使用的Node版本。

（2）process对象提供以下方法：

- process.chdir()：切换工作目录到指定目录。
- process.cwd()：返回运行当前脚本的工作目录路径。
- process.exit()：退出当前进程。
- process.getgid()：返回当前进程的组ID（数值）。
- process.getuid()：返回当前进程的用户ID（数值）。
- process.nextTick()：指定回调函数在当前执行栈的尾部，下一次Event Loop之前执行。
- process.on()：监听事件。
- process.setgid()：指定当前进程的组，可以使用数字ID或字符串ID。
- process.setuid()：指定当前进程的用户，可以使用数字ID或字符串ID。

3.3.2 核心模块

核心模块是一种不需要使用npm命令下载就可以直接使用require()方法导入的模块。require()方法中的参数是模块的路径，如果有路径，就按照指定的路径查找；如果没有路径，就在项目的node_modules目录中查找。如果在项目的node_modules目录中也没有查找到指定的核心模块，就在Node.js中配置的全局模块安装目录中查找。本小节中将说明核心模块——path模块，其他核心模块将在第4章中详细说明。

path模块是Node.js中用于处理文件/目录路径的一个核心模块，该模块提供一系列的方法和属性，用来满足用户对路径的处理需求。例如，path.join()方法用来将多个路径片段拼接成一个完整的路径字符串。如果要在JavaScript代码中使用path模块处理路径，则需要使用以下语句进行导入：

```
const path = require("path")
```

1. 获取路径文件名

path.basename()方法用来从路径字符串中解析出文件名，该方法的语句参数如下所示：

```
path.basename(path[,ext])
```

其中，参数path是文件/目录路径；参数ext是文件扩展名（该参数是可选项，如.js、.css 等）。通过下面示例语句介绍path.basename()的使用方法：

```
// 导入核心模块path
const path = require("path")

// 定义一个路径字符串
const whpu = 'http://www.whpu.edu.cn/main/index.html'
```

```
// 获取whpu路径字符串的文件名，即index.html
path1=path.basename(whpu)
console.log(path1)                    // 输出index.html

// 当没有匹配上文件扩展名时，返回whpu路径字符串的文件全名
path2=path.basename(whpu, '.js')
console.log(path2)                    // 输出index.html

// 当参数ext与文件后缀名匹配时，返回的文件名会省略文件后缀
path3=path.basename(whpu, '.html')
console.log(path3)                    // 输出index

// 当参数path的尾部有目录分隔符时则会被忽略，即认为最后部分是文件名
path4=path.basename('http://www.whpu.edu.cn/main/')
console.log(path4)                    // 输出main
```

2. 获取路径目录名

path.dirname()方法用来从路径字符串中解析出目录名，该方法的语句参数如下所示：

```
path.dirname(path)
```

通过下面示例语句介绍path.dirname()的使用方法：

```
// 导入核心模块path
const path = require("path")

// 定义一个路径字符串
const whpu = 'http://www.whpu.edu.cn/main/index.html'

// 获取whpu路径字符串的目录名，即http://www.whpu.edu.cn/main/
path1=path.dirname(whpu)
console.log(path1)                    // 输出http://www.whpu.edu.cn/main/

// 当参数path的尾部有目录分隔符时则会被忽略，即不认为最后部分是目录
path2=path.dirname('http://www.whpu.edu.cn/login/')
console.log(path2)                    // 输出http://www.whpu.edu.cn/
```

3. 获取路径扩展名

path.extname()方法用来从路径字符串中解析出扩展名，该方法的语句参数如下所示：

```
path.extname(path)
```

通过下面示例语句体会path.extname()的使用方法：

```
const path = require("path")
const whpu = 'http://www.whpu.edu.cn/main/index.html'

// 获取whpu路径字符串的文件扩展名，即.html
path1=path.extname(whpu)
console.log(path1)                    // 输出.html
```

4. 解析路径

path.parse()方法用来把路径字符串中的各种信息以对象的方式返回，该方法的语句参数如下所示：

```
path.parse(path)
```

path.parse()方法返回的对象中包括以下属性：

```
{
  root : 根名,
  dir : 目录名,
  base : 带扩展名的文件名,
  ext : 仅扩展名,
  name : 仅文件名
}
```

【例3-8】解析路径

在例3-8中定义一个字符串路径，通过路径解析方法把字符串路径包含的信息显示出来。其运行结果如图3.17所示。

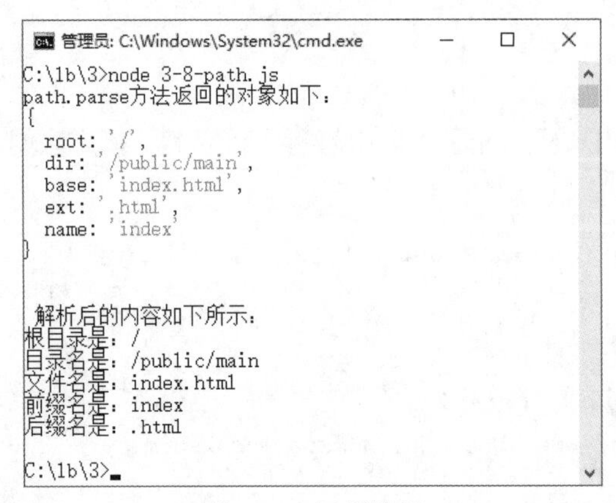

图3.17　解析路径

例3-8的代码如下所示：

扫一扫，看视频

```
// 例3-8-path.js程序代码

// 导入核心模块path
const path = require("path")

// 定义一个路径字符串
const whpu = '/public/main/index.html'

// 解析路径
whpuOjb=path.parse(whpu)

// 输出路径解析后的返回值
console.log("path.parse方法返回的对象如下：")
console.log(whpuOjb)

// 解析路径对象各属性的访问
console.log("\n\n 解析后的内容如下所示：")
console.log(`根目录是：${whpuOjb.root}`)
console.log(`目录名是：${whpuOjb.dir}`)
console.log(`文件名是：${whpuOjb.base}`)
console.log(`前缀名是：${whpuOjb.name}`)
console.log(`后缀名是：${whpuOjb.ext}`)
```

另外，需要说明的是，path.format(pathObj)格式化方法是与path.parse()相反的操作，path.format (pathObj)用于把对象转变成字符串路径，其参数是路径对象。

5. 路径片段拼接

path.join()方法使用平台特定的分隔符（UNIX系统中的分隔符是"/"，Windows系统中的分隔符是"\"）把全部给定的path片段拼接到一起并规范化地生成路径，任意一个路径片段类型错误都会报错。

【例3–9】路径片段拼接

在例3-9中定义多种形式的路径片段进行拼接，请读者仔细体会其用法。运行结果如图3.18所示。

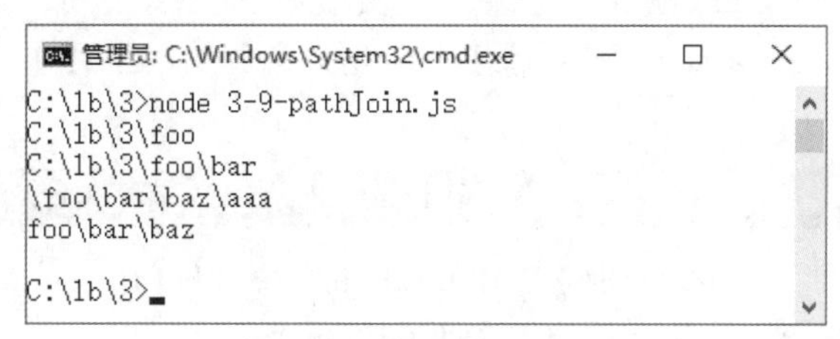

图 3.18　路径片段拼接

例3-9的代码如下所示：

```
// 例3-9-pathJoin.js程序代码

// 导入核心模块path
const path = require('path');

// 工作目录与/foo进行拼接，即c:\lb\3\foo
const path1 = path.join(__dirname, '/foo');

// 工作目录与./foo/bar进行拼接，即c:\lb\3\foo\bar
const path2 = path.join(__dirname, './foo/bar');

// 几个路径片段拼接，其中..表示回到上级目录，返回结果是\foo\bar\baz\aaa
const path3 = path.join('/foo', 'bar', '/baz/apple', '..', 'aaa');

// 返回结果是\foo\bar\baz
const path4 = path.join('foo', 'bar', 'baz');
console.log(path1);
console.log(path2);
console.log(path3);
console.log(path4);
```

扫一扫，看视频

3.3.3　自定义模块

自定义模块是程序员自己编写的模块，也就是用户自己封装的一些JavaScript代码或者JSON文件，自定义模块可以直接使用require()方法导入。

Node.js中每一个单独的JavaScript文件或者JSON文件就是一个自定义模块，每一个自定义模块中都有一个module变量代表当前模块，module的exports属性是对外的接口，只有导出（module.exports）的属性或方法才能被外部调用，未导出的内容是自定义模块私有的，不能被外部调用。

例如，定义一个myModule模块，使用以下语句进行导入时会报错：

```
const circle=require("myModule")
```

报错原因：不能查找到模块myModule。因为上面的导入语句表示导入的是核心模块，而在核心模块中没有myModule模块，所以会报错。解决方法是将自定义模块的路径写完整，文件的后缀名.js可以省略不写。如果调用模块和myModule模块在同一个目录中，那么使用语句如下所示：

```
const circle=require("./myModule")
```

当导入myModule自定义模块之后，调用该模块中求面积的方法使用的语句如下所示：

```
circle.area(r)
```

如果报错原因为myModule模块中的area()方法不是一个函数，那么说明area()方法没有从自定义模块向外进行暴露（area()方法是私有的），所以外界访问不到并且无法调用自定义模块中的area()方法。

【例3-10】自定义模块的定义与使用

在例3-10中定义两个文件，分别是3-10-circle.js模块文件（用来计算给定半径的圆面积和圆周长）和调用3-10-circle.js模块文件的主文件3-10-app.js。

例3-10的代码如下所示：

扫一扫，看视频

```
// 例3-10-circle.js程序代码

// 定义一个圆周率常量
const PI = 3.14

// 计算圆周长的方法，入口参数r表示半径
const perimeter = (r) => {
  return 2 * PI * r
}

// 计算圆面积的方法，入口参数r表示半径
function area (r)  {
  // 2次幂可以通过 r*r表示，也可以通过Math对象的pow()方法表示
  return PI * Math.pow(r,2)
}

// module 表示当前模块，暴露perimeter()方法和area()方法
module.exports = {
  perimeter,
  area
}
--------------------------------------------------------------------------------
// 例3-10-app.js主程序代码

// 导入模块，注意路径参数的写法
const circle = require('./circle')

// 定义半径常量r
const r = 10

// 调用计算周长的方法并显示计算结果
console.log('周长',circle.perimeter(r));

// 调用计算面积的方法并显示计算结果
console.log('面积',circle.area(r));
```

另外，在3-10-app.js主程序中可以使用析构方式直接导出方法进行使用，其修改代码如下

面阴影部分所示：

```
// 例3-10-app.js主程序代码

// 导入模块
const {perimeter,area}=require('./circle')

// 定义一个半径常量r，用于传输
const r = 10

console.log('周长',perimeter(r));
console.log('面积',area(r));
```

3.4 本章小结

本章详细讲解了模块程序设计的基本思想，包括模块的定义、模块的标识和模块的引用，重点说明包的安装和管理，主要包括包的基本结构、如何进行初始化、制作包的说明文档、包的发布过程等；另外说明Node.js的模块分类，主要包括全局模块、核心模块、自定义模块，同时说明使用这些模块的注意事项和方法，并对这几种模块的使用进行了举例说明，这些对于后续章节的学习非常重要。

3.5 习题

一、选择题

1. 模块引用使用的关键字是（　　）。

A. include　　B. require　　C. import　　D. module

2. 暴露str属性使用的语句是（　　）。

A. str.exports = 'hello';　　B. module.str = 'hello';

C. exports.str = 'hello';　　D. str.module = 'hello';

3. 第三方模块安装的目录是（　　）。

A. node_modules　　B. src

C. node_module　　D. public

4. 设定定时3s后仅执行一次myFunction()方法的定义语句是（　　）。

A. setInterval(myFunction, 3000);　　B. setTimeout(myFunction, 3000);

C. clearInterval(myFunction, 3000);　　D. clearTimeout(myFunction, 3000);

5. Node.js中用于处理文件/目录路径的一个核心模块是（　　）。

A. http　　B. path　　C. ftp　　D. dir

6. 全局变量__dirname（最前面是两个下划线）表示当前执行文件所在目录的（　　）。

A. 完整目录名　　B. 相对目录名　　C. 父目录　　D. 子目录

7. path.basename()方法用来从路径字符串中解析出（　　）。

A. 完整目录名　　B. 相对目录名　　C. 文件名　　D. 文件后缀名

8. path.extname()方法用来从路径字符串中解析出（　　）。

A. 完整目录名　　B. 相对目录名　　C. 文件名　　D. 文件后缀名

二、程序阅读

1. 说明下面程序代码执行的结果。

```
var moment = require("moment");
var time = moment().format("MM-DD hh:mm:ss");
console.log(time)
```

2. 说明下面程序代码执行的结果。

```
let count = 0;
let intervalObject = setInterval(function() {
  count++;
  console.log(count, "seconds passed");
  if (count == 5) {
    console.log("exiting");
    clearInterval(intervalObject);
  }
}, 1000);
```

3. 说明下面程序代码执行的结果。

```
const path=require('path')
var myFilePath = '/someDir/someFile.json';
const allName=path.parse(myFilePath).base
console.log(allName)
const fileName=path.parse(myFilePath).name
console.log(fileName)
const extName=path.parse(myFilePath).ext
console.log(extName)
```

3.6 实验　包的开发与发布

一、实验目的

了解和掌握包的基本结构、如何对包的功能进行模块化拆分、包说明文档的制作、包的发布与安装。

二、实验要求

使用Node.js实现包的开发与发布，其主要要求如下：

（1）能对时间进行指定要求的格式化输出。

（2）对字符串进行首字母大写的格式化转换。

例如，字符串是“hello node.js world !”，调用包的方法进行转换的结果如图3.19所示。

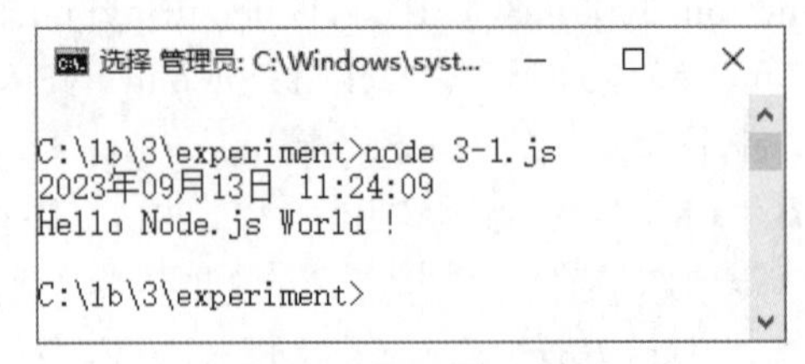

图 3.19　包的开发与发布

第 4 章

Node.js 的核心模块

学习目标

本章主要讲解 Node.js 的核心模块，主要包括 fs 模块、http 模块、URL 模块以及其他常用核心模块。通过本章的学习，读者应该掌握以下内容：

- 文件和目录的基本操作。
- 创建 Web 服务器的相关处理操作。
- URL 地址的解析。
- Buffer 模块的基本操作。

4.1 fs模块

4.1.1 同步和异步操作

JavaScript 语言的一大特点就是单线程，也就是说同一个时间只能做一件事，需要排队执行。如果执行前面的A任务花费大量的时间，就会导致后面的B任务停止执行，直到A任务执行完毕后才会执行B任务。但是排队往往并不是因为计算量大使CPU忙不过来，而是因为I/O设备（输入/输出设备）很慢（如Ajax操作从网络读取数据），不得不等待结果出来后，再往下执行。例如：

```
console.log(Date.now());                   // 时间戳1
console.log('===========');
console.log(Date.now());                   // 时间戳2
for (let i = 0; i < 100000000; i++) {}
console.log('=====');
console.log(Date.now());                   // 时间戳3
```

因为前两个时间戳代码执行得很快，所以输出的时间戳相差很小，但相隔一个for循环后第三个时间戳输出的结果与前两个相差较大。

为了防止上述任务执行的不合理性，出现了异步解决方案，可以把所有任务分成两种，一种是同步任务（synchronous），另一种是异步任务（asynchronous）。

1. 同步任务

同步任务是指在主线程上排队执行的任务，只有前一个任务执行完毕才能继续执行下一个任务，前面任务代码会阻塞后面任务代码的执行。例如，下面代码的执行就是一个同步过程：

```
console.log('before');
console.log('end');
```

输出结果是：

```
before
end
```

2. 异步任务

异步任务是指不进入主线程排队而进入任务队列的任务，只有任务队列通知主线程某个异步任务可以执行，该任务才会进入主线程执行。在异步任务中，当前代码不会阻塞后续代码的执行，解析器遇到异步任务会放到异步队列中，先执行完同步任务，再执行异步队列的异步任务，异步队列的异步任务不是按顺序执行的。例如，下面代码的执行就是一个异步过程：

```
console.log('before');
setTimeout(() => {
    console.log('end');
},2000)
console.log('after');
```

输出结果是：

```
before
after
```

```
end
```

3. 同步与异步的区别

(1)获取返回值的方式不同。同步API可以直接从返回值中拿到API执行的结果，但是异步API是不可以的。

【例4-1】同步API和异步API

请仔细阅读例4-1的代码，理解两种API为什么会获取相应的结果。例4-1的代码如下所示：

```
// 例4-1-sync.js程序代码

// 同步API
function sum(s1,s2){
  return s1+s2;                              // 返回s1、s2相加的结果
}
console.log(sum(10,30));                     // 显示的值是40

// 异步API
function getMsg(){
  setTimeout(function(){                     // 设置定时2s后再执行一次回调函数
    return {name:'Bob'}
  },2000)
// 在定时器后面会默认返回undefined
}
console.log(getMsg());                       // 显示内容是undefined
```

扫一扫，看视频

异步API最终输出undefined的原因是定时器使用异步API，不会阻塞后面代码的执行，所以直接在定时器后面返回的是undefined，因为程序中没有在定时器后面写return，所以默认返回了undefined，定时器2s过后，定时器会返回一个对象，但此时的返回值早就已经拿到undefined这一输出了。因此在异步API里是无法通过返回值拿到异步API的执行结果的。

【例4-2】异步API的回调函数

异步API的执行结果是通过回调函数获取的，例4-2的程序代码说明了如何获取异步API的执行结果，其程序代码如下所示：

```
// 例4-2-async.js程序代码
function getMsg(callback) {
  setTimeout(function () {
    // 调用callback可以将对象作为形参传递进去
    // 在匿名函数中用user实参进行接收，就可以拿到执行结果了
    callback({
      name: 'Bob'
    })
  }, 2000)
}

// 传递的匿名函数就是callback形参的实参
getMsg(function (user) {
  console.log(user);                       // 输出的结果是{name:'Bob'}
})
```

扫一扫，看视频

(2)代码执行顺序不一样。同步API从上到下依次执行，前面代码会阻塞后面代码的执行；异步API不会等待API执行完成后再向下执行代码。

4. 同步与异步的执行机制

（1）所有同步任务都在主线程上执行，形成一个执行栈（execution context stack）。

（2）在主线程之外还存在一个任务队列（task queue）。只要异步任务有了运行结果，就在任务队列中放置一个事件。

（3）当执行栈中的所有同步任务执行完毕时，系统就会读取任务队列以确认需要执行的事件。该事件对应的异步任务结束等待状态，进入执行栈开始执行。

（4）主线程不断重复步骤（3）。

4.1.2 文件操作

fs模块（又称文件系统模块）是Node.js官方提供的、用来操作文件及其目录的内置模块，该模块提供一系列方法和属性用来满足用户对文件及其目录的操作需求。

如果要在JavaScript代码中使用fs模块操作文件及其目录，则需要使用以下语句先导入该模块：

```
const fs=require('fs');
```

上面语句把fs模块的所有方法和属性全部导入到项目中，如果仅需要导入读取文件的方法，那么可以使用JavaScript提供的对象解构方法完成，这种对象解构方法导入指定方法所使用的语句如下所示：

```
const { readFile } = require('fs');
```

其中，readFile是用于异步读取文件的方法。如果要使用同步读取文件的方法，那么需要导入readFileSync。需要特别说明的是，在fs模块中，对于文件和目录的操作是分为同步和异步两大类的，具体选择哪一类是根据用户完成功能进行选择的。

1. 读取文件

readFile()是用于异步读取文件内容的方法，其使用方法如下所示：

```
fs.readFile(fileName,function (err,buffer) {
  // 处理代码
})
```

其中，参数fileName是包含路径的文件名；参数function(err,buffer)是回调函数，err存放的是读取文件失败的信息，buffer是存放所读取文件内容的变量。

readFileSync()是用于同步读取文件内容的方法，返回一个字符串。其使用方法如下所示：

```
var text = fs.readFileSync(fileName, 'utf8');
```

其中，第一个参数fileName是包含路径的文件名；第二个参数是用来指定字符集的，此处指定的字符集是utf8。

【例4-3】读取文件内容

在例4-3中，分别使用异步和同步方式读取demo目录中aaa.txt文件的内容，并把读取到的内容显示在控制台中。

例4-3的代码如下所示：

```
// 例4-3-readFile.js程序代码

// 导入fs模块
const fs = require('fs');
```

```
// 异步读取
fs.readFile('demo/aaa.txt',function (err,buf) {

  // 判断读取文件是否出错
  if(err){
    return console.error(err)
  }

  // 异步读取文件没出错，在控制台输出读取的文件内容
  console.log("异步读文件：",buf.toString())
})

// 同步读取文件
let str = fs.readFileSync('demo/aaa.txt','utf8');

// 在控制台输出读取的文件内容
console.log("同步读文件：",str);
```

2. 写入文件

fs模块中将数据写入文件的方法如下所示：

```
fs.writeFile(fileName, data[, options], function (err) {
  // 处理代码
})
fs.writeFileSync(path, data)                // 同步创建文件并写入返回
```

其中，fileName是包含路径的文件名；data是要写入文件的数据；options是配置对象，该对象的属性如下所示：

- encoding：编码格式，默认值为utf8。
- flag：文件系统标志，默认值为w（表示覆盖原来的文件数据），如果值为a，表示向文件中追加数据。

需要说明的是，如果写入的文件不存在，会先创建该文件并写入数据；如果写入的文件中原来就有内容，原来的内容会被覆盖；但如果想追加数据，可以设置flag: 'a'。

另外，function参数是写入完成后被调用的回调函数，该回调函数仅有一个参数err，该参数用于出错时记录出错信息，默认值为null。

【例4-4】向文件写入数据

在例4-4中，先用同步和异步方式向文件中追加数据，再用异步方式读取文件中的内容并显示到控制台上。

例4-4的代码如下所示：

```
// 例 4-4-writeFile.js程序代码

// 导入fs模块
const fs = require('fs');

// 定义向文件中追加的数据
let data = '\n同步追加的内容';
let dataSync='\n异步追加的内容';

// 同步写数据到文件，设置flag为a，表示向文件追加数据
fs.writeFileSync('demo/aaa.txt', data, { flag: 'a' });
```

```
// 异步写数据到文件，设置flag为a，表示向文件追加数据
fs.writeFile('demo/aaa.txt',dataSync , { flag: 'a' },
  err => console.log("err", err)
);

// 异步读取文件内容
fs.readFile('demo/aaa.txt',function (err,buf) {
  if(err){
    return console.error(err)
  }
  console.log("异步读文件：",buf.toString())
})
```

3. 删除文件

fs模块中用于删除文件的语句如下所示：

```
fs.unlink(fileName, function (err) {        // 异步删除文件
  // 处理代码
})
fs.unlinkSync(fileName)                     // 同步删除文件，返回 undefined
```

其中，fileName是包含路径的文件名;function是删除文件完成后被调用的回调函数，该回调函数仅有一个参数err，该参数记录出错的信息，默认值为null。

【例4-5】删除文件

例4-5中用同步和异步方式删除文件。例4-5的代码如下所示：

```
// 例 4-5-deleteFile.js程序代码

// 导入fs模块
const fs = require('fs');

// 同步删除文件
fs.unlinkSync('demo/sync.txt');

// 异步删除文件
fs.unlink('demo/async.txt',
    err => console.log("err", err)
);
```

扫一扫，看视频

4.1.3 目录操作

1. 创建目录

fs模块中用于创建目录的语句如下所示：

```
fs.mkdir(path[, options], function (err) {     // 异步创建目录
  // 处理代码
})

fs.mkdirSync(path[, options])                  // 同步创建目录，返回 undefined
```

其中，参数path是新建文件夹的路径；参数options是配置对象，该对象仅有用于设置是否可以递归创建目录的recursive属性，默认值为 false（不允许）；参数function是创建目录完成后被调用的回调函数，该回调函数仅有一个参数err，该参数是当创建新目录出错时记录出错的信息，

默认值为null。

【例4-6】递归创建目录

mkdir()默认只能在已存在的目录中创建新目录，如果需要在不存在的目录中创建新目录，也就是相当于创建一串目录，这时就需要使用递归方法进行创建。例4-6中先使用同步递归创建目录，再使用异步递归创建目录。例4-6的代码如下所示：

```
// 例4-6-mkdir.js程序代码

// 导入fs模块
const fs = require('fs');

// 同步创建递归文件夹
fs.mkdirSync('./demo/Sync', { recursive: true });

// 异步创建递归文件夹
fs.mkdir('demo/asyn/abc/lb', { recursive: true },
  err => console.log("err", err) // err null
);
```

2. 获取文件（目录）信息状态

fs模块中用于获取文件（目录）信息状态的语句如下所示：

```
fs.stat(path, function (err,stats){        // 异步获取文件信息状态
  // 处理代码
})
fs.statSync(path)                          // 同步获取文件信息状态
```

其中，参数path表示文件路径；function是回调函数，该回调函数有两个参数：err参数是记录出错的信息（默认值为null），stats参数是fs.stat的实例。stats的常用方法有以下几种：

（1）stats.isFile()：如果是文件，则返回true；否则返回false。

（2）stats.isDirectiory()：如果是目录，则返回true；否则返回false。

（3）stats.isBlockDevice()：如果是块设备，则返回true；否则返回false。

（4）stats.isCharacterDevice()：如果是字符设备，则返回true；否则返回false。

（5）stats.isSymbolicLink()：如果是软链接，则返回true；否则返回false。

（6）stats.isFIFO()：如果是FIFO，则返回true；否则返回false。FIFO是UNIX中的一种特殊类型的命令管道。

（7）stats.isSocket()：如果是Socket，则返回true；否则返回false。

（8）stats.size()：文件的大小（单位为字节）。

【例4-7】判断获取的信息是否为目录

在例4-7中，判断获取的信息是否为文件或者目录，并把返回值显示在控制台。

例4-7的代码如下所示：

```
// 例4-7-dirStatus.js程序代码

// 导入fs模块
const fs = require('fs');

// 同步获取demo目录的状态信息
let syncStatus = fs.statSync('demo');
```

```
// 输出获取的状态信息是否为目录，返回值是true
console.log("syncStatus.isDirectory()", syncStatus.isDirectory());

// 输出获取的状态信息是否为文件，返回值是false
console.log("syncStatus.isFile()", syncStatus.isFile());

// 异步获取demo/aaa.txt文件的状态信息
fs.stat('demo/aaa.txt', (err, status) => {
  // 输出获取的状态信息是否为目录，返回值是false
  console.log("status.isDirectory()", status.isDirectory());

  // 输出获取的状态信息是否为文件，返回值是false
  console.log("status.isFile()", status.isFile());
});
```

3. 读取目录内容

fs模块中用于读取目录内容的语句如下所示：

```
fs.readdir(path[, options], function (err,files){     // 异步读取目录内容
  // 处理代码
})
fs.readdirSyn(path[, options])                         // 同步读取目录内容
```

其中，参数path表示文件路径；function回调函数有两个参数：err参数是记录出错的信息（默认值为null），files参数是数组，该数组中的元素是目录的内容。

【例4-8】显示指定目录的内容

在例4-8中，要显示指定目录的文件和目录，首先通过readdir()或者readdirSyn()方法读取文件内容，其内容有两种结果：一种是文件，另一种是目录；然后通过fs.statSync()方法获取状态以判断是文件还是目录；最后再显示文件名和目录名。其运行结果如图4.1所示。

```
管理员: C:\Windows\System32\cmd.exe

C:\1b\4>node 4-8-listDir.js
[ 'aaa.txt', 'asyn', 'hello.txt', 'Sync', 'test.txt' ]
文件1: aaa.txt

目录1: asyn

文件2: hello.txt

目录2: Sync

文件3: test.txt

C:\1b\4>
```

图4.1　显示指定目录的内容

例4-8的代码如下所示：

扫一扫，看视频

```
// 例4-8-listDir.js程序代码

// 导入fs模块
const fs = require('fs');

// 指定要显示的目录
const dirPath = './demo';

// 读取指定目录dirPath下的所有文件和目录
fs.readdir(dirPath, (err, files) => {
```

```
  if (err) {                                   // 判断读取目录内容是否出错
    throw err;                                 // 出错则抛出错误
  }

  // files对象包含指定目录下的所有文件名和目录名，在控制台输出files对象包含的内容
  console.log(files)

  let fileCount=1                              // 文件计数器
  let dirCount=1                               // 目录计数器
  files.forEach(file => {                      // 遍历files数组，file是数组中的每一个元素
    let filePath=dirPath+"/"+file              // 形成完整的文件或目录
    const stats=fs.statSync(filePath)         // 获取文件或目录的状态
   if(stats.isFile()) {                        // 判断当前元素是否为文件
      console.log("文件"+fileCount+": "+file+"\n");       // 是文件，显示文件名
      fileCount++                              // 文件计数器加1
    }
    else {
      console.log("目录"+dirCount+": "+file+"\n");        // 是目录，显示目录名
      dirCount++                               // 目录计数器加1
    }
  });
});
```

4. 删除目录

fs模块中用于删除目录的语句如下所示：

```
fs.rmdir(path,options,function (err) {                    // 异步删除目录
  // 处理代码
})
fs.rmdirSync(path,options)                                // 同步删除目录
```

其中，path参数包含删除的目录的路径；options参数用于指定将影响操作的三个可选参数：

- recursive：一个布尔值，指定是否执行递归目录删除，默认值为false。
- maxRetries：一个整数值，指定Node.js由于任何错误而失败时将尝试执行该操作的次数，在给定的重试延迟后执行操作，默认值为0。如果递归选项设置为false，则忽略此选项。
- retryDelay：一个整数值，指定重试操作之前的等待时间(单位为毫秒)，默认值为100ms。如果递归选项设置为false，则忽略此选项。

【例4-9】删除指定的非空目录

fs.rmdir()和fs.rmdirSync()方法都只能删除空目录，即要删除的目录中不能包含任何文件或目录，如果要删除非空目录，就要先删除指定目录中的子文件或子目录。例4-9的主要思想就是：如果是文件，就直接删除；如果不是文件，就进入子目录并删除该子目录中的所有子文件或子目录。例4-9的代码如下所示：

```
// 例4-9-rmNoNullDir.js程序代码

// 用解构方法导入fs模块中仅在本例使用的方法
const  {readdirSync,statSync,unlinkSync,rmdirSync} = require('fs')

// 封装函数，用于删除非空目录
const removeDir= dirPath=>{
  try {
```

扫一扫，看视频

```
    // 读取文件夹中的内容，返回值是一个数组
    const fileList=readdirSync(dirPath)

    // 在控制台输出读取的文件夹内容
    console.log(fileList)

    // 遍历文件夹
    fileList.forEach(val=>{
      // 输出遍历的元素
      console.log(val)

      // 拼接文件或目录的路径
      let filePath=dirPath+"/"+val

      // 获取文件或目录的状态
      const stats=fs.statSync(filePath)

      // 判断是否为目录
      if(stats.isDirectory()){
        removeDir(filePath)           // 是目录，使用递归方法删除该目录下的文件和目录
      }else{
        fs.unlinkSync(filePath)       // 是文件，直接删除
      }
    })
    rmdirSync(dirPath)                // 删除子目录
  } catch (error) {
    console.log(error)                // 如果出错，显示出错信息
  } finally{
    console.log("指定文件或目录删除结束！！！")
  }
}

// 调用删除非空目录的方法
removeDir("demo")
```

4.1.4 数据流

流是一种优化读取、写入文件的操作，分为可读流、可写流、管道流等。其中，可读流和可写流最为常见。

例如，需要读取一个文本文件到内存中，然后通过编程操作其内容，最后再写入新文件。通常是通过readfile()函数直接将该文件整体读取到内存中，然后通过程序进行一些操作之后，再将其整体写入新文件。这种操作方式对于小文件当然是没有问题的，但是如果是10GB的超大文件，这样做的后果就是计算机内存也要占用10GB，这显然是不可取的，这种需求的解决方式可以通过可读流和可写流来实现。

1. 可读流

建立一个可读流可以将文件分为多个部分，一次仅把一个部分读入内存，且有相应的事件控制这个读取的过程，其中最重要的两个事件是data和end。当目标文件的一个部分读入后触发data事件，当目标文件读入完成时触发end事件。

文件输入流是通过流读取文件的，所需步骤如下：

(1)导入文件模块。

（2）创建一个输入流（从键盘输入或从文件读取）。

（3）设置输入流的字符集（编码格式）。

（4）绑定流事件。

【例4-10】通过数据流方式读取文件

在例4-10中通过数据流方式读取文件，让读者体会可读流的创建以及几种事件的触发定义方式。例4-10的代码如下所示：

```
// 例4-10-readStream.js程序代码

// 导入fs模块
const fs = require('fs');

// 定义读取的变量，初始值是空字符串
let str_data = '';

// 创建读取数据的流，即可读流
let readerStream = fs.createReadStream('demo/hello.txt');

// 设置流的编码格式
readerStream.setEncoding('utf8');

// 给流绑定事件，data事件表示流中有数据读取时触发的事件
readerStream.on('data',function (chunk) {
  str_data += chunk                             // 读取的一部分数据拼接到存储变量
})

// 给流绑定事件，end事件表示读取数据结束时触发的事件
readerStream.on('end',function (){
  console.log("读取的数据是：",str_data)      // 把读取文件内容的存储变量显示到控制台
})

// error事件表示读取数据错误时触发的事件
readerStream.on('error',function (err){
  console.log(err.stack)                        // 显示可读流的出错信息
})
```

扫一扫，看视频

2. 可写流

建立一个可写流会将内存中每一部分内容分多次写入文件。在可写流中有两个主要事件，分别如下：

- error事件：写数据错误时触发的事件。
- finish事件：写数据结束后触发的事件。

【例4-11】通过数据流方式写入文件

在例4-11中通过数据流方式写入文件，让读者体会可写流的创建以及几种事件的触发定义方式。例4-11的代码如下所示：

```
// 例4-11-writeStream.js程序代码

// 导入fs核心模块
var fs=require('fs')

// 创建可写流，把可写流写入文件demo/test.txt，其中demo使用的是相对路径
```

```
var writeStream=fs.createWriteStream('demo/test.txt')

// 写入的内容是Hello Node.js World! ,定义使用utf8的编码格式写入文件
writeStream.write('Hello Node.js World!','utf8')

// 表示写入结束
writeStream.end()

// 当数据写入结束后触发finish事件
writeStream.on('finish',()=>{
  console.log('写入完成')
})

// error事件表示写入数据错误时触发的事件
writeStream.on('error',err=>{
  console.log(err.stack)
})
```

3. 管道流

管道提供了一个输出流到输入流的机制，通常用于从一个流中获取数据并将数据传递到另外一个流中。

【例4-12】通过管道流复制文件

在例4-12中实现将hello.txt文件的内容复制到test.txt文件中。例4-12的代码如下所示：

```
// 例4-12-copyFile.js程序代码

// 导入fs核心模块
var fs=require('fs')

// 创建输入流，从demo/hello.txt文件中读取数据
var readerStream=fs.createReadStream('demo/hello.txt')

// 创建输出流，把输出流写入文件demo/test.txt
var writeStream=fs.createWriteStream('demo/test.txt')

// 把输入流的数据通过管道写入输出流
readerStream.pipe(writeStream)
```

4.2 http模块

4.2.1 基础知识

客户（Client）与服务器（Service）是运行在计算机上的两个进程（正在运行的程序称为进程），其中客户端用于发送（request）请求，而服务器端用于响应（response）请求并返回给客户端请求的相应资源。

一般Web的客户端就是浏览器，用户可以在客户端浏览器的地址栏中输入网站地址进行网页资源的请求，Web服务器响应请求之后返回相关数据，再在客户端浏览器的页面上进行渲染。

常用的Web服务器有Apache、IIS（Internet Information Services，互联网信息服务）等。而http模块是Node.js官方提供的、用来创建Web服务器的模块。通过http模块提供的http.createServer()方法可以把一台普通的计算机变成一台Web服务器，从而对外提供Web资源服务。如果需要使用http模块创建Web服务器，则需要使用以下语句导入http模块：

```
const http = require('http')
```

1. IP地址

在TCP/IP网络中，每个主机都有一个唯一的地址，是通过IP实现的。IP要求在每次与TCP/IP网络建立连接时，每台主机都必须为这个连接分配一个唯一的IP地址，因为在这个IP地址中，不但可以用来识别某一台主机，而且还隐含着网际间的路径信息。需要强调的是，这里所指的主机是指网络上的一个节点，不能简单地理解为一台计算机，实际上IP地址是分配给计算机网络适配器（即网卡）的，一台计算机可以有多个网络适配器，就可以有多个IP地址，一个网络适配器就是一个节点。

2. 域名

在用户与Internet上的某个主机进行通信时，IP地址的表示方法虽然简单，但当要与多个Internet上的主机进行通信时，单纯用数字表示的IP地址非常难于记忆。因此，人们就考虑用一个有意义的名称给主机命名，并且该名称还有助于记忆和识别。于是就产生了“名称—IP地址”的转换方案，只要用户输入一个主机名，计算机就会很快地将其转换成机器能识别的二进制IP地址。例如，Internet或Intranet的某一个主机，其IP地址为211.85.192.1，按照这种域名方式可以用一个有意义的名字www.whpu.edu.cn来代替，这种字符型的地址方案就是域名（Domain Name）。

IP地址和域名是一一对应的关系，这种对应关系存放在DNS（Domain Name Server，域名服务器）上，也就是说域名服务器就是提供IP地址和域名之间的转换服务的服务器。

3. 端口号

通过IP地址可以找到网络上的某台服务器，但这台服务器上可能运行着多个进程，服务器把收到的数据传递给哪个进程就按照端口号进行区分，也就是说端口号是用来区分进程的。通常Web服务器使用的端口号是80。

4.2.2 创建 Web 服务器

通过http模块创建Web服务器的步骤如下：

（1）导入http模块。

（2）创建Web服务器的实例。

（3）为服务器实例绑定request事件，监听客户端的请求。

（4）启动服务器。

【例4-13】创建Web服务器

在例4-13中创建基本的Web服务器，重点在于说明获取Web请求和响应的控制方法，从而使读者理解创建Web服务器的主要步骤。例4-13的代码如下所示：

```
// 例4-13-webServer.js程序代码
```

```
// 加载 http 核心模块
var http = require('http')

// 使用 http.createServer()方法创建一个Web服务器并返回一个Server实例
var server = http.createServer()

// 注册 request 请求事件
// 当客户端向服务器端发送请求后，服务器端就会自动触发request请求事件
// request请求事件被触发后会执行回调处理函数，该函数有两个参数
// （1）request 请求对象：用来获取客户端的一些请求信息，如请求路径等
// （2）response 响应对象:用来给客户端发送响应消息
server.on('request', function (request, response) {

  // http://127.0.0.1:3000/，其在服务器上对应的路径是/，端口号是3000
  // http://127.0.0.1:3000/a，其在服务器上对应的路径是/a
  // http://127.0.0.1:3000/foo/b，其在服务器上对应的路径是/foo/b
  // 输出客户端的请求路径
  console.log('收到客户端的请求了，请求路径是：' + request.url)

  // response 对象有一个write()方法可以用来向客户端发送响应数据
  // write()方法可以使用多次，但是最后一定要使用end()方法结束响应，否则客户端会一直等待
  // 以下代码用于给客户端输出三个响应的字符串
  response.write('Hello')
  response.write(' Node.js')
  response.write(' World !')

  // 使用end()方法告诉客户端数据响应完毕，浏览器可以进行显示
  response.end()
})

// 监听服务器上的3000端口并在控制台中显示相关提示信息
server.listen(3000, function () {
  console.log('服务器启动成功了，可以通过 http://127.0.0.1:3000/ 来进行访问')
})
```

扫一扫，看视频

例4-13在服务器端的运行结果如图4.2所示，需要特别强调的是，在这种客户/服务器的程序机制下，程序一定要先在服务器端运行。

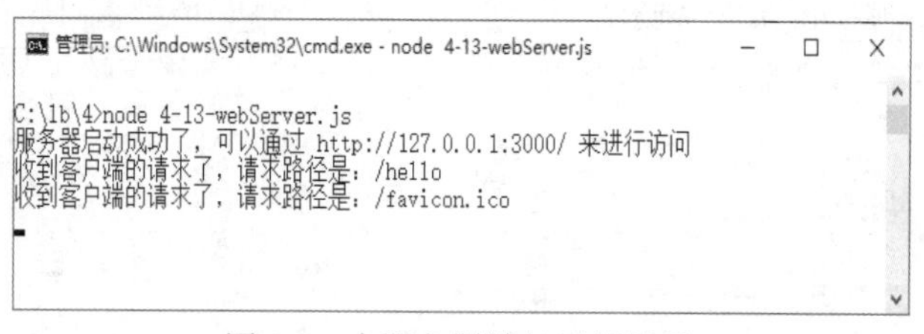

图 4.2　在服务器端的运行结果

例4-13在客户端浏览器上的运行结果如图4.3所示。注意重点理解浏览器地址栏中输入的地址，以及服务器端的响应地址的结果。

图 4.3　在客户端浏览器上的运行结果

4.2.3 根据不同的请求路径进行不同的响应

在例4-13中，Web服务器的响应能力非常弱，无论是什么请求都只能响应“Hello Node.js World!”。如果希望不同的路径请求响应不同的结果，就需要先得到请求的路径，再根据路径给出不同的响应内容。

【例4-14】不同路径的页面响应

在例4-14中，先获取路径，然后使用不同的条件判断语句进行路径判断，根据不同的路径给出不同的响应内容，如果找不到路径，则直接显示“404 Not Found.”。例4-14在客户端浏览器上的运行结果如图4.4所示。

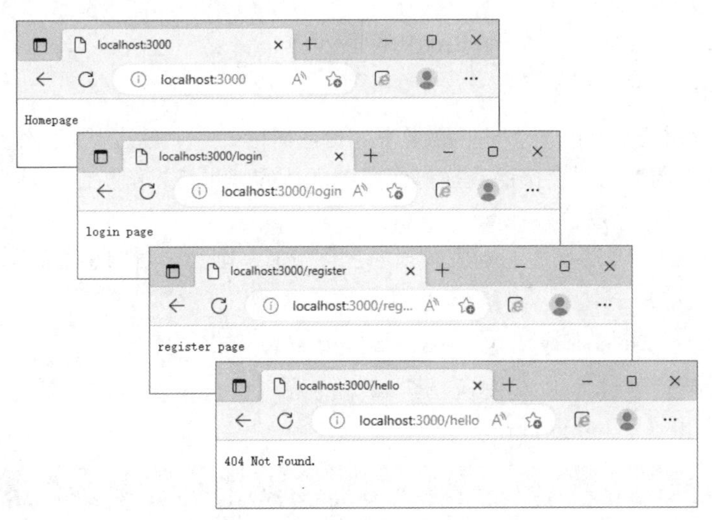

图4.4 在客户端浏览器上的运行结果

例4-14的代码如下所示：

```
// 例4-14-mulPathWebServer.js程序代码

// 加载http核心模块
var http = require('http')

// 使用http.createServer()方法创建 Web 服务器
var server = http.createServer()

// 监听request请求事件，设置请求处理回调函数
server.on('request', function (request, response) {
  console.log('收到请求，请求路径是：' + request.url)
   console.log('请求客户端的地址和端口是：', request.socket.remoteAddress, request.
socket.remotePort)
  // 根据不同的请求路径发送不同的响应结果
  // 获取请求路径：request.url 获取到的是端口号之后的那一部分路径
  // 判断路径处理响应
  var url = request.url

  // 判断是否为根目录，根目录是一个“/”
  if (url === '/') {
    // 响应内容只能是二进制数据或者字符串、数字、对象、数组、布尔值
    response.write('Homepage')         // 是根目录，就返回字符串“Homepage”
```

```
  } else if (url === '/login') {              // 判断是否为“/login”目录
      response.write('login page')            // 是，响应字符串“login page”
    } else if (url === '/register') {         // 判断是否为“/register”目录
      response.write('register page')         // 是，响应字符串“register page”
    } else {
      // 以上地址都不是就响应“404 Not Found.”
      response.write('404 Not Found.')
    }
  response.end()                              // 响应结束
})
// 监听服务器上的3000端口并在控制台中显示相关提示信息
server.listen(3000, function () {
    console.log('服务器启动成功，可以通过 http://127.0.0.1:3000/ 来进行访问')
})
```

4.2.4 解决中文乱码问题

Node.js的Web服务器端默认发送的数据是utf8编码格式，一般的中文操作系统默认的编码格式是GBK，客户端浏览器会按照当前操作系统默认的编码格式解析服务器端发送过来的中文，所以响应内容的中文就会存在乱码问题。

如果从服务器向客户端发送的响应数据中包含中文，则必须对内容的编辑格式进行说明，其说明语句如下所示：

```
res.setHeader('Content-Type', 'text/html; charset=utf-8')
```

也就是说，要设置向客户端发送响应数据的响应头云说明响应类型是html文本（text/html），字符集是utf-8（charset=utf-8）。

【例4-15】显示中文

在例4-15中，向客户端发送响应数据时给出中文。图4.5（a）给出浏览显示的乱码内容，图4.5（b）给出正常的中文内容。例4-15的代码如下所示：

```
// 例4-15-utf8Code.js程序代码

// 加载http核心模块
var http = require('http')

// 使用http.createServer()方法创建一个Web服务器
var server = http.createServer()

// 监听request请求事件，设置请求处理函数
server.on('request', function (request, response) {
  var url = request.url

  // 判断是否为根目录
  if (url === '/') {
    // 设置向客户端响应数据的响应头
    response.setHeader('Content-Type', 'text/html; charset=utf-8')

    // 向客户端输出超级链接，其中包含中文
    response.write('<a href="https://www.whpu.edu.cn">武汉轻工大学</a>')

    // 向客户端响应结束
    response.end()
  } else {
```

扫一扫，看视频

```
    // 向客户端输出页面没找到
    response.write('404 Not Found.')

    // 向客户端响应结束
    response.end()
  }
})

// 监听服务器上的3000端口并在控制台中显示相关提示信息
server.listen(3000, function () {
  console.log('服务器启动成功，可以通过 http://127.0.0.1:3000/ 来进行访问')
})
```

图 4.5　显示中文

4.2.5　图片显示

在上面的几个实例中，从服务器端响应到客户端的都是字符串，如果仅仅是将响应字符串替换成图片，浏览器并不会将图片文件内容解析成想要的页面，必须使用以下语句设置响应头：

```
response.setHeader('Content-Type', 'image/jpeg')
```

另外，还需要使用fs.readFile()方法读取图片文件的内容，再把读取的内容发送给客户端，这样才能把图片文件的内容显示在客户端浏览器上。

【例4-16】显示图片

在例4-16中，向客户端响应数据时发出图片，其运行结果如图4.6所示。

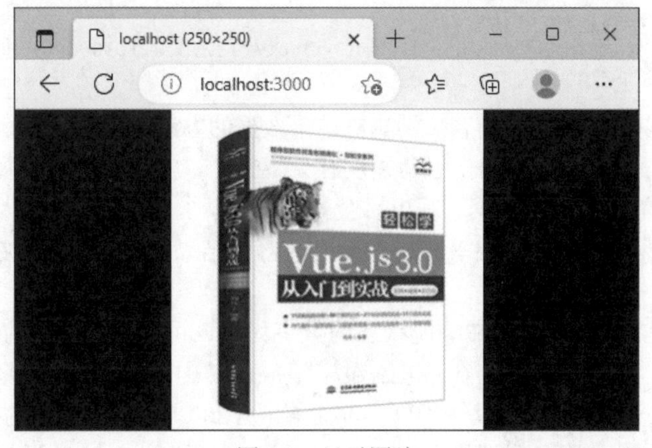

图 4.6　显示图片

例4-16的代码如下所示：

```
// 例4-16-image.js程序代码

// 加载http核心模块
var http = require('http')

// 加载fs核心模块
var fs = require('fs')

// 使用http.createServer()方法创建一个Web服务器
var server = http.createServer()

// 监听request请求事件，设置请求处理函数
server.on('request', function (request, response) {
  var url = request.url

  // 判断是否为根目录
  if (url === '/') {
    // 读取图片文件的内容
    fs.readFile('images/book.jpg', function (err, data) {
      if (err) {
        // 设置显示汉字的格式头
        response.setHeader('Content-Type', 'text/plain; charset=utf-8')
        response.end('文件读取失败，请稍后重试！')
      } else {
        // data 默认是二进制数据，可以通过toString()转换为能识别的字符串
        // response.end()支持两种数据类型，一种是二进制，另一种是字符串
        // 图片不需要指定编码，因为默认编码一般指的是字符编码
        response.setHeader('Content-Type', 'image/jpeg')
        response.end(data)
      }
    })
  } else {
    response.write('404 Not Found.')
    response.end()
  }
})

// 监听服务器上的3000端口并在控制台中显示相关提示信息
server.listen(3000, function () {
    console.log('服务器启动成功，可以通过 http://127.0.0.1:3000/ 来进行访问')
})
```

扫一扫，看视频

通过例4-16可以总结出两种向客户端响应结果数据的方法：

- write()方法：直接写出数据，但是并没有关闭流。
- end()方法：写出最后的数据，写出后会关闭流。

如果没有调用end()和close()，客户端将会一直等待结果。所以客户端在发送网络请求时，都会设置超时时间。

HTTP状态码是用来表示HTTP响应状态的数字代码，可以根据不同的情况向客户端返回不同的状态码。HTTP状态码由3个十进制数字组成，其中第一个十进制数字定义了状态码的类型，分成5类：信息响应（100 ～ 199）、成功响应（200 ～ 299）、重定向（300 ～ 399）、客户端错误（400 ～ 499）和服务器端错误（500 ～ 599）。在程序设计中常见的状态码如下：

- 200：请求成功。

- 301：资源（网页等）被永久转移到其他URL。
- 404：请求的资源（网页等）不存在。
- 500：内部服务器错误。

4.3 URL模块

4.3.1 URL 模块的基本操作

在Node.js中，URL（Uniform Resource Locator，统一资源定位系统）模块用于处理和解析URL地址，URL由4个部分组成：协议、主机、端口、路径。URL的一般语法格式如下所示：

```
protocol :// hostname[:port] / path / [:parameters][?query]#fragment
```

其中，protocol（协议）是指使用的传输协议；hostname（主机名）是指存放资源服务器的主机名或IP地址；port（端口号）是区分主机的进程，一般不同的传输协议都有默认端口号，如http协议的默认端口号为80，如果输入时省略端口号则使用协议的默认端口号；path（路径）是由0或多个“/”符号隔开的字符，用来表示主机上的一个目录或文件地址；parameters（参数）是用于指定特殊参数的可选项，由服务器端程序自行解释；query（查询）是可选项，用于给动态网页传递多个参数，各参数之间用“&”符号隔开并且每个参数的名和值之间用“=”符号隔开。

【例4-17】使用URL模块进行地址解析

在例4-17中设置一个完整的URL地址，然后利用URL模块进行地址解析，让读者体会URL模块中几个方法的具体应用。其运行结果如图4.7所示。

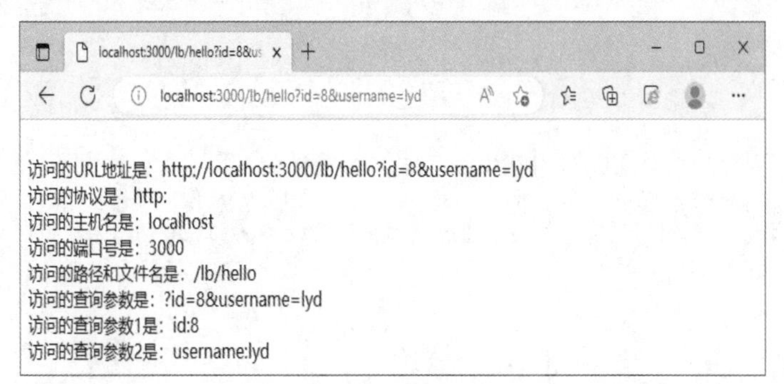

图 4.7 URL 地址的解析结果

例4-17的代码如下所示：

```
// 例4-17-url.js程序代码

// 加载核心模块
var http = require('http')
var url = require('url')

// 使用http.createServer()方法创建Web服务器
var server = http.createServer()
```

扫一扫，看视频

```
// 监听request请求事件，设置请求处理函数
server.on('request', function (request, response) {
  // 如果读取本地图标，那么直接忽略
  if(request.url==='/favicon.ico'){
    return
  }

  // 创建新的URL对象，request.url是客户访问服务器所带的参数
  var urlPath =new URL(request.url,"http://localhost:3000")

  // 显示新创建的URL对象的内容
  console.log(urlPath)

  // 设置客户端在显示数据时使用utf-8的编码方式
  response.setHeader('Content-Type', 'text/html; charset=utf-8')

  // 输出URL对象的几种属性
  response.write('<br>访问的URL地址是：'+urlPath.href)
  response.write('<br>访问的协议是：'+urlPath.protocol)
  response.write('<br>访问的主机名是：'+urlPath.hostname)
  response.write('<br>访问的端口号是：'+urlPath.port)
  response.write('<br>访问的路径和文件名是：'+urlPath.pathname)
  response.write('<br>访问的查询参数是：'+urlPath.search)

  // 定义计数器变量count
  let count=1

  // 遍历参数对象
  for(var [key,value] of urlPath.searchParams){
    response.write('<br>访问的查询参数'+count+'是：'+key+':'+value)
    count++
  }

  // 响应输出结束
  response.end()
})

// 监听服务器上的3000端口并在控制台中显示相关提示信息
server.listen(3000, function () {
  console.log('服务器启动成功，可以通过 http://127.0.0.1:3000/ 来进行访问')
})
```

4.3.2 使用 GET 方法获取用户数据

【例4-18】使用GET方法获取用户数据

例4-18有两个程序，一个是HTML的客户端程序，在该程序中，用户通过表单输入用户名（username）和密码（password）并使用**GET**方法向服务器提交数据；另一个是服务器端程序，该程序接收到客户端数据之后进行数据解析，将获取的用户输入的用户名和密码返回给客户端并在浏览器页面中显示。图4.8（a）是客户端程序访问服务器的运行结果，当用户输入用户名（admin）和密码（123456）后，单击“登录”按钮，将输入信息提交到服务器端程序，经过解析并响应到客户端浏览器的结果如图4.8（b）所示。

（a）　　　　　　　　（b）

图 4.8　使用 GET 方法获取用户数据

例4-18的代码如下所示：

扫一扫，看视频

```
<!--例 4-18-client.js客户端程序代码-->
<!DOCTYPE html>
<html lang="en">
  <head>
    <meta charset="UTF-8">
    <meta http-equiv="X-UA-Compatible" content="IE=edge">
    <meta name="viewport" content="width=device-width, initial-scale=1.0">
    <title>Document</title>
  </head>
  <body>
    <form action="http://localhost:3000/" method="get">
      用户名：<input type="text" name="username"><br>
      密码:<input type="password" name="password"><br>
      <input type="submit" value="登录">
    </form>
  </body>
</html>
-------------------------------------------------------------------------
// 例 4-18-urlQuery.js服务器端程序代码

// 加载核心模块
var http = require('http')
var url = require('url')

// 使用http.createServer()方法创建Web服务器
var server = http.createServer()

// 监听request请求事件，设置请求处理函数
server.on('request', function (req, res) {

  // 如果是读取本地图标，那么直接忽略
  if(req.url==='/favicon.ico'){
    return
  }

  // 设置响应头，响应代码200表示请求成功
  res.writeHead(200,{'Content-Type':'text/html; charset=utf-8'})

  // 读取req.url，请求的参数
  const reqUrl=req.url

  // 将reqUrl字符串变量解析成url对象
  let formValue=url.parse(reqUrl,true).query
```

```
    // 向客户端输出用户输入的用户名和密码
    res.write('用户名: '+formValue.username+"<br>")
    res.write('密码: '+formValue.password)

    // 向客户端响应结束
    res.end()
})

// 监听服务器的3000端口并在控制台中显示相关提示信息
server.listen(3000, function () {
  console.log('服务器启动成功，可以通过 http://127.0.0.1:3000/ 来进行访问')
})
```

4.3.3　使用 POST 方法获取用户数据

POST方法发送数据使用的是事件驱动，其主要事件包括：

- data事件：每次发送数据都会触发的事件。
- end事件：数据发送完毕后触发的事件。

另外，在进行数据解析时会用到querystring核心模块，使用该模块之前必须使用以下语句进行导入：

```
var querystring = require('querystring')
```

再使用querystring的parse()方法把客户端传递的数据变成对象模式后进行操作。

【例4-19】使用POST方法获取用户数据

例4-19有两个程序，一个是HTML的客户端程序，在该程序中，用户通过表单输入用户名（username）和密码（password）并使用**POST**方法向服务器提交数据；另一个是服务器端程序，该程序接收到客户端数据之后进行数据解析，将获取的用户输入的用户名和密码返回给客户端并在浏览器页面中显示。其运行结果如图4.8所示。

例4-19的代码如下所示：

扫一扫，看视频

```
<!--例 4-19-client.js客户端程序代码-->
<!DOCTYPE html>
<html lang="en">
<head>
  <meta charset="UTF-8">
  <meta http-equiv="X-UA-Compatible" content="IE=edge">
  <meta name="viewport" content="width=device-width, initial-scale=1.0">
  <title>Document</title>
</head>
  <body>
    <form action="http://localhost:3000/" method="post">
      用户名: <input type="text" name="username"><br>
      密码:<input type="password" name="password"><br>
      <input type="submit" value="登录">
    </form>
  </body>
</html>
------------------------------------------------------------------------
// 例 4-19-getPostData.js服务器端程序代码

// 加载核心模块
```

```
var http = require('http')
var querystring = require('querystring')

// 使用http.createServer()方法创建Web服务器
var server = http.createServer()

// 监听request 请求事件，设置请求处理函数
server.on('request', function (req, res) {

  // 如果是读取本地图标，那么直接忽略
  if(req.url==='/favicon.ico'){
    return
  }

  // 设置响应头，响应代码200表示请求成功
  res.writeHead(200,{'Content-Type':'text/html; charset=utf-8'})

  // 定义并初始化接收数据的postVal变量
  let postVal=""

  // 注册data事件，把每一次data事件触发后获取的值拼接到postVal变量后
  req.on("data",(chunk)=>{
    postVal+=chunk
  })

  // 注册end事件
  req.on("end",()=>{

    // 把接收的字符串数据变量postVal转换成对象模式
    let urlStr=querystring.parse(postVal)

    // 输出相应的对象数据
    res.write('用户名：'+urlStr.username+"<br>")
    res.write('密码：'+urlStr.password)
    res.end()
  })
})

// 监听服务器的3000端口并在控制台中显示相关提示信息
server.listen(3000, function () {
  console.log('服务器启动成功，可以通过 http://127.0.0.1:3000/ 来进行访问')
})
```

4.4 其他核心模块

4.4.1 Buffer 模块

JavaScript语言起初服务于浏览器平台，其内部主要操作的数据类型是字符串。Node.js的出现使JavaScript也可以编写服务器端口程序，但为了完成输入（input）和输出（output）操作（如文件的读写、网络服务中数据的传输等），需要对二进制数据进行操作，这就需要使用Buffer模块（又称Buffer缓冲区）。

1. Buffer数据的定义

Buffer模块是用来处理二进制数据流的，Buffer实例与数组相似，其大小是固定的，而Buffer是一个全局变量，因此不需要导入。具体定义方法如下所示：

```
// 创建一个长度为 10字节、默认用0填充的Buffer
const buf1 = Buffer.alloc(10);

// 创建一个长度为 10字节且用0x1填充的Buffer
const buf2 = Buffer.alloc(10, 1);

// 创建一个长度为 10字节且未初始化的 Buffer，调用allocUnsafe()方法比调用alloc()方法快
// 但返回的Buffer实例可能包含旧数据，因此需要使用fill()或write()重写
const buf3 = Buffer.allocUnsafe(10);

// 创建一个包含[0x1, 0x2, 0x3]的Buffer
const buf4 = Buffer.from([1, 2, 3]);
```

2. 字符编码

Buffer实例一般用于表示编码字符的序列，如UTF-8、Base64或十六进制编码的数据，通过显式的字符编码，就可以在Buffer实例与普通的JavaScript字符串之间进行相互转换。Node.js目前支持的字符编码方式包括：

（1）ascii：仅支持7位ASCII数据。如果设置去掉高位的话，这种编码是非常快的。

（2）utf8：多字节编码的Unicode字符。

（3）utf16le：2或4个字节，小字节序编码的Unicode字符。

（4）base64：Base64编码。

（5）latin1：一种把Buffer编码成1字节编码的字符串方式。

（6）binary：latin1的别名。

（7）hex：将每个字节编码为两个十六进制字符。

字符编码方式举例如下：

```
// 以ASCII码方式初始化缓冲区，其存储字符串代码'hello world'给变量buf
const buf = Buffer.from('hello world', 'ascii');

// 把buf变量以hex编码方式转换成字符串，其输出68656c6c6f20776f726c64
console.log(buf.toString('hex'));

// 把buf变量以base64编码方式转换成字符串，其输出aGVsbG8gd29ybGQ=
console.log(buf.toString('base64'));
```

3. Buffer的函数

Buffer的函数有很多，下面仅列出几个常用的函数：

（1）byteLength()：返回一个字符串的实际字节长度。

（2）concat([ ])：将多个Buffer对象合并成一个，其入口参数是数组。

（3）isBuffer()：判断某对象是否为Buffer对象。

【例4-20】Buffer对象的基本操作

在例4-20中，先定义4个Buffer对象，然后把这4个Buffer对象进行合并再显示其内容和长度，最后判断其合并后的对象是否为Buffer对象。其运行结果如图4.9所示。

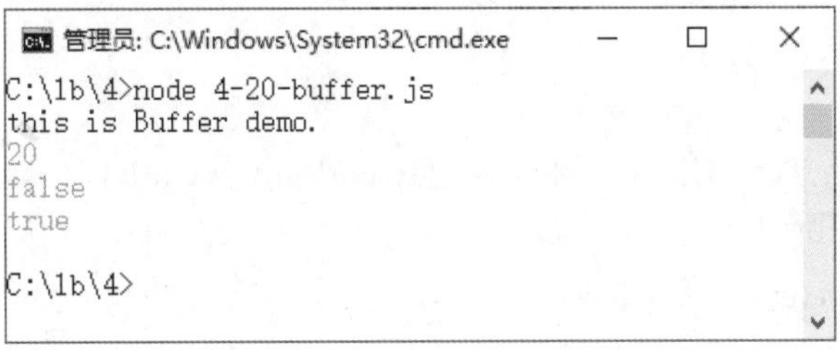

```
C:\1b\4>node 4-20-buffer.js
this is Buffer demo.
20
false
true

C:\1b\4>
```

图 4.9　Buffer 对象的基本操作

例4-20的代码如下所示：

```
// 例4-20-buffer.js程序代码

// 定义4个Buffer对象变量
let buf1=Buffer.from("this")
let buf2=Buffer.from(" is")
let buf3=Buffer.from(" Buffer")
let buf4=Buffer.from(" demo.")

// 合并4个Buffer对象变量
let buffer=Buffer.concat([buf1,buf2,buf3,buf4])

// 输出合并后Buffer对象的值
console.log(buffer.toString())

// 获取合并后Buffer对象的长度并显示
const length=Buffer.byteLength(buffer)
console.log(length)

// 定义一个普通对象
let a={}

// 显示对象a是否为Buffer对象，此处输出false
console.log(Buffer.isBuffer(a))

// 显示对象buffer是否为Buffer对象，此处输出true
console.log(Buffer.isBuffer(buffer))
```

扫一扫，看视频

4.4.2　events 模块

Node.js的大部分核心API都是围绕异步事件驱动架构创建的，在该架构中某些类型的对象（称为“触发器”）触发命名事件，使function对象（称为“监听器”）被调用。

所有能触发事件的对象都是EventEmitter类的实例。当EventEmitter对象触发一个事件时，所有绑定在该事件上的函数都会被同步调用。被调用的监听器返回的任何值都将会被忽略并丢弃。

EventEmitter支持若干个事件监听器，当事件被触发时，注册在这个事件的事件监听器会被依次调用，事件参数作为回调函数参数传递。

1. 注册监听事件

注册监听事件使用如下代码实现：

```
EventEmitter.on(event, listener)
```

其中，参数event是注册的事件名称，可以通过该事件名称触发事件；参数listener是事件被触发后的回调函数。

2. 触发事件

EventEmitter.on()方法绑定的事件是通过EventEmitter.emit()方法触发的，EventEmitter.emit()方法的代码如下所示：

```
EventEmitter.emit(event[,argument])
```

其中，参数event是触发的事件名称；参数argument是可选参数，事件被触发后向回调函数按顺序传递的参数列表。

【例4-21】事件的定义与触发

在例4-21中，先定义一个注册监听的事件，然后分两次触发该事件并在调用过程中传递不同的数据。其运行结果如图4.10所示。

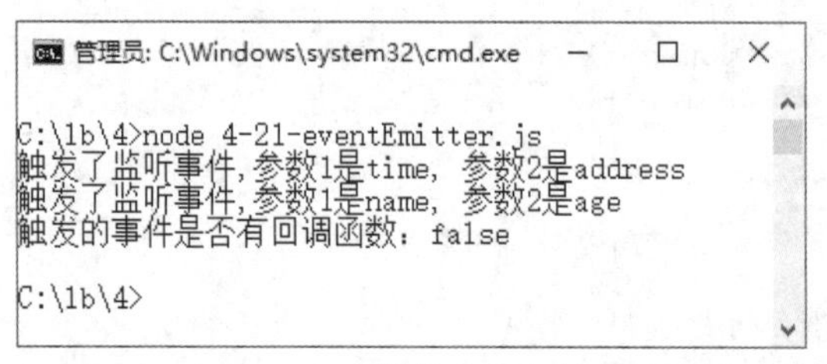

图4.10　事件的定义与触发

例4-21的代码如下所示：

```
// 例4-21-eventEmitter.js程序代码

// 导入events模块，获取events.EventEmitter对象
var EventEmitter = require('events').EventEmitter;

// 实例化EventEmitter对象
var ee = new EventEmitter();

// 注册监听事件someEvents，回调函数中有两个入口参数
ee.on('someEvents', function(a, b) {

  // 输出回调函数的两个入口参数
  console.log("触发了监听事件,参数1是" + a + ", 参数2是"  +  b );
});

// 第1次触发事件someEvents并向所触发事件传入两个参数，分别为time和address
ee.emit('someEvents', 'time', 'address');

// 第2次触发事件someEvents并向所触发事件传入两个参数，分别为name和age
ee.emit('someEvents', 'name', 'age');

// 尝试触发一个未注册的监听事件并返回布尔类型的结果值
var resultB = ee.emit('otherEvents', 'page', 'pagesize');
console.log(`触发的事件是否有回调函数：${resultB}`);
```

扫一扫，看视频

3. 一次性监听

EventEmitter.once()方法可以为事件注册一次性监听，当事件被触发一次后移除该监听事件，后续再次触发将无效，该方法的定义语句如下所示：

```
EventEmitter.once(event, listener)
```

其中，参数event是注册的事件名称；参数listener 是事件被触发后的回调函数。

4.移除指定事件的监听器

EventEmitter.removeListener()方法可以移除指定事件的监听器，需要特别说明的是，要移除的监听器必须是注册过的，该方法的定义语句如下所示：

```
EventEmitter.removeListener(event, listener)
```

其中，参数event是注册的事件名称；参数listener是事件被触发后的回调函数。

【例4-22】事件的监听与移除

在例4-22中，先定义一次性监听的事件someEvents，然后每秒触发一次someEvents事件，以验证someEvents事件仅会被触发一次；再通过一个事件执行两个触发函数，然后分别在不同的时间段把这两个事件触发函数删除。其运行结果如图4.11所示。

```
管理员: C:\Windows\System32\cmd.exe - node 4-22-...
C:\1b\4>node 4-22-eventEmitter.js
test once event
fn1
fn2
fn1
fn2
fn1
fn2
fn2
fn2
fn2
```

图 4.11　事件的监听与移除

例4-22的代码如下所示：

扫一扫，看视频

```
// 例4-22-eventEmitter.js程序代码

// 导入核心模块
const EventEmitter=require("events");
class CustomEvent extends EventEmitter{}
const ce =new CustomEvent()

// 注册一次性监听事件someEvents
ce.once("someEvents",()=>{
    console.log("test once event")
})

// 设定定时器，每秒触发一次someEvents事件，目的是验证once()方法是否仅能被触发一次
setInterval(() => {
  ce.emit('someEvents')
}, 1000);

// 定义第1个事件触发函数fn1
function fn1(){
    console.log('fn1')                // 控制台输出fn1
}
```

```
// 定义第2个事件触发函数fn2
function fn2(){
    console.log("fn2")               // 控制台输出fn2
}

// 注册事件test，并且其回调函数是fn1
ce.on('test',fn1)

// 注册事件test，并且其回调函数是fn2
ce.on('test',fn2)

// 定时0.5s触发一次test事件，该事件会执行两个回调函数,即fn1和fn2
setInterval(() => {
    ce.emit('test')
}, 500);

// 定时1.5s后移除test事件的回调函数fn1
setTimeout(()=>{
    ce.removeListener("test",fn1)
},1500)

// 定时2s后移除test事件的回调函数fn2
setTimeout(()=>{
    ce.removeListener("test",fn2)
},2000)
```

5. 移除指定事件的所有监听器

EventEmitter.removeAllListeners()方法可以移除指定事件的所有监听器，一个事件可以有多个监听器，需要全部移除时可以用此方法，该方法的定义语句如下所示：

```
EventEmitter.removeAllListeners([event])
```

其中，参数event是事件名称，该参数是可选参数。需要特别说明的是，如果不传递参数，将会移除所有的监听事件。

6. 设置最大监听数

EventEmitter.setMaxListeners ()可以给EventEmitter设置最大监听数，该方法的定义语句如下所示：

```
EventEmitter.setMaxListeners(n)
```

其中，参数n是最大监听数。正常情况下可以设置的最大监听数为10个，如果超过了10个，就会发出警告。例如，下面代码设置11个监听就会发出警告：

```
for (var i = 0; i <= 10; i++) {
  ee.on('someEvents',function(){
    console.log('第' + (i + 1) + '个监听');
  });
};
```

【例4-23】设置最大监听数

在例4-23中，设置最大监听数为16并保证Node.js不发出警告，其代码如下所示：

```
// 例4-23-eventEmitter.js程序代码
```

```
// 调用events模块，获取events.EventEmitter对象
var EventEmitter = require('events').EventEmitter;

// 实例化EventEmitter对象
var ee = new EventEmitter();

// 设置最大监听数为16个
ee.setMaxListeners(16);

for (var i = 0; i <= 15; i++) {
  ee.on('someEvents',function(){
    console.log('第'+ (i +1) +'个监听');
  });
};


var listenerEventsArr = ee.listeners('someEvents');

// 输出监听事件数量
console.log(listenerEventsArr.length);
```

4.5 本章小结

Node.js核心模块就是由一系列简洁而高效的JavaScript库组成的，它为Node.js提供了最基本的API，这些核心模块被编译为二进制分发，并在Node.js进程启动时自动加载。本章讲解的核心模块主要有fs模块（文件系统模块）、http模块（Web服务模块）、URL模块（处理和解析URL地址的模块）、其他核心模块（包括Buffer处理二进制数据流模块和events事件处理模块）。要使用Node.js核心或npm模块，首先需要使用require()函数导入并在require()函数中指定模块名称，require()函数将返回对象、函数、属性或任何其他JavaScript类型，具体取决于指定的模块返回的内容，最后就可以利用核心模块提供的功能完成项目指定的任务要求。

4.6 习题

一、说明下面程序在服务器端运行后，客户端浏览器访问该服务器的地址是什么？访问后在客户端浏览器页面上的显示结果是什么？

```
var http = require('http');
http.createServer(function (req, res) {
  res.writeHead(200, {'Content-Type': 'text/html;charset=utf-8'});
  res.end('王者归来');
}).listen(8888);
```

二、说明下面程序代码执行后，控制台中的执行结果。

```
var fs = require('fs');

fs.stat('sample.txt', function(err, stat) {
  if (err) {
    console.log(err);
```

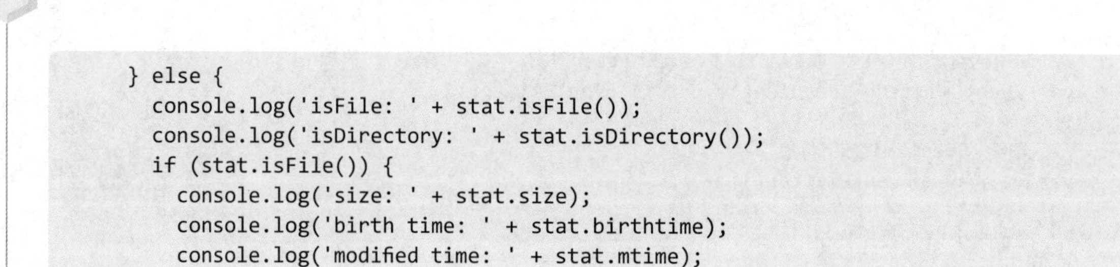

```
    } else {
      console.log('isFile: ' + stat.isFile());
      console.log('isDirectory: ' + stat.isDirectory());
      if (stat.isFile()) {
        console.log('size: ' + stat.size);
        console.log('birth time: ' + stat.birthtime);
        console.log('modified time: ' + stat.mtime);
      }
    }
  });
```

其中sample.txt文件的内容如下所示：

```
Hello Node.js World!
```

4.7 实验　路径解析

一、实验目的

（1）掌握Node.js核心模块的使用方法。

（2）掌握URL模块的主要功能。

（3）掌握HTTP服务的创建与访问方法。

二、实验要求

创建一个HTTP服务器，要求接收到GET请求时响应显示时间的JSON数据。具体要求如下：

（1）如果请求不包含查询参数，则显示当前时间的JSON数据，所响应的JSON数据应该只包含hour、minute和second 3个属性，其在浏览器上的显示结果如图4.12所示。

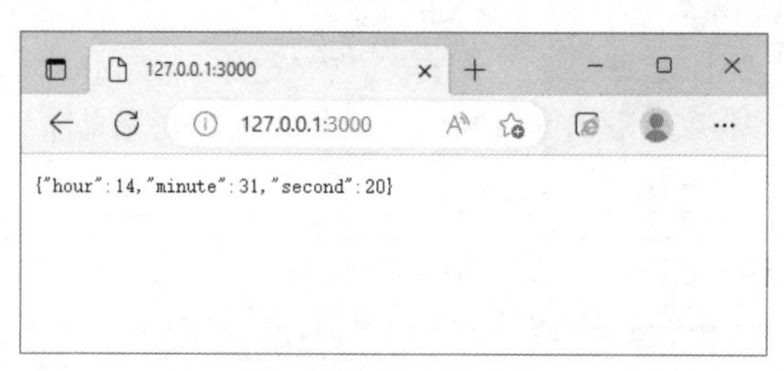

图 4.12　无查询参数

（2）如果请求包含一个路径为/api/parsetime、key为iso、值为ISO格式的时间。例如，访问的路径是：

```
http://127.0.0.1:3000/api/parsetime?iso=2023-04-05T12:10:15.474Z
```

其在浏览器上的显示结果如图4.13所示。

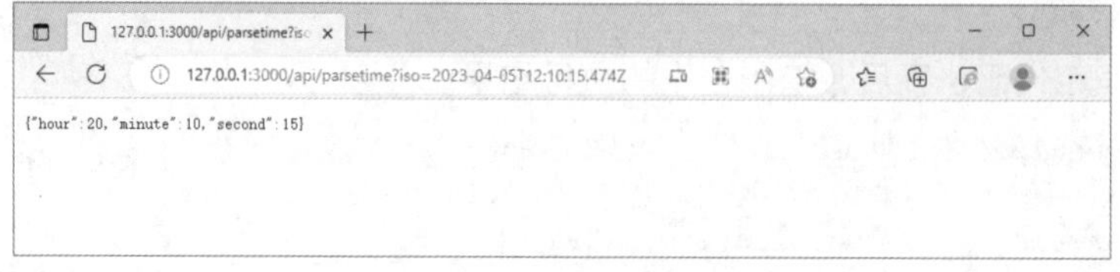

图 4.13　有查询参数 /api/parsetime

（3）如果请求包含一个路径为/api/unixtime、key为iso、值为ISO格式的时间。例如，访问的路径是：

```
/api/unixtime?iso=2023-04-05T12:10:15.474Z
```

返回会包含一个属性，即unixtime，相应值是一个 UNIX时间戳，其在浏览器上的显示结果如图4.14所示。

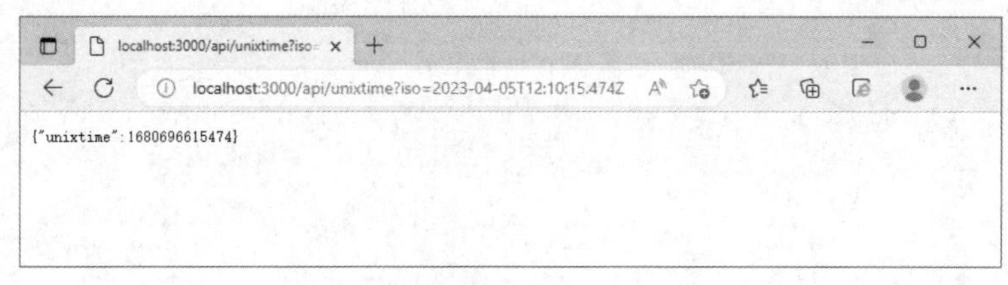

图 4.14　有查询参数 /api/unixtime

第 5 章

Express 框架

学习目标

本章主要讲解 Express 框架的基本概念，重点阐述使用 Express 框架创建 Web 服务器的方法，同时说明 Express 框架下的路由、中间件、跨域处理操作和模板引擎。通过本章的学习，读者应该掌握以下内容：

- 在 Express 框架下创建 Web 服务器。
- Express 框架下的几种路由方法。
- Express 框架下几种中间件的作用。
- Express 框架下的跨域处理操作。
- Express 框架下模板引擎的使用方法。

5.1 初识Express框架

5.1.1 Express 框架简介

Express是一个保持最小规模并且非常灵活的Web服务器端应用程序开发框架，为 Web 和移动应用程序提供了强大的功能。其实Express的本质就是一个npm上的第三方包，可以方便、快速地创建Web服务器或API接口服务器。

1. http模块与Express框架的对比

第4章中讲过的http模块也可以进行Web服务器端程序设计，但http模块使用起来复杂且开发效率低。Express框架是基于内置的http模块进一步封装出来的，能够极大地提高开发效率。http模块与Express框架的关系类似于浏览器中Web API与jQuery的关系，可以简化Web服务器端的编码复杂度。

下面使用http模块和Express框架分别制作向客户端响应“Hello world!”的服务器端代码。

（1）使用http模块在Web服务器中显示“Hello world!”。具体代码如下所示：

```
//  引入http模块
var http = require("http");

// 使用http.createServer()方法创建Web服务器
var app = http.createServer(function(request, response) {
  // 设置响应头
  response.writeHead(200, {"Content-Type": "text/plain"});

  // 响应"Hello world!"，然后结束响应
  response.end("Hello world!");
});

// 监听3000端口，等待用户发起请求
app.listen(3000, "localhost");
```

上面代码的关键是http模块的createServer()方法，表示生成一个HTTP服务器实例。该方法接收一个回调函数，该回调函数的参数分别代表HTTP请求的request对象和HTTP响应的response对象。

（2）Express框架的核心是对http模块的再包装，将上面的代码用Express框架改写后的代码如下所示：

```
//  引入第三方express模块
var express = require('express');

// 创建express实例
var app = express();

// 设置根路由的响应
app.get('/', function (req, res) {

  // 响应"Hello world!"
  res.send('Hello world!');
});
```

```
// 监听3000端口，等待用户发起请求
app.listen(3000);
```

从以上两段代码可以看出，两者非常相近，其中，http是用http.createServer()方法新建一个app实例，Express是用构造方法express()生成一个express实例，两者的回调函数都是相同的。Express框架相当于在http模块之上再加一个中间层。

2. 安装Express框架

假定系统上已经安装Node.js，下面创建应用程序。

第一步需要先创建一个目录（如目录名为myapp），然后进入新创建的目录并将其作为当前工作目录。具体代码如下：

```
mkdir myapp                              // 创建myapp目录
cd myapp                                 // 进入myapp目录
```

第二步对应用程序进行初始化，初始化后会创建一个package.json文件。具体如下：

```
npm init
```

此命令将要求用户输入几个参数，如该应用程序的名称和版本。直接按Enter键接受大部分默认设置即可。其中提示“entry point: (index.js)”是用来指出当前应用程序的入口执行文件的。如果希望采用默认的index.js文件名，只需按Enter键即可；也可输入自定义的入口文件名（如app.js或者其他名称），以上命令的执行结果如图5.1所示。

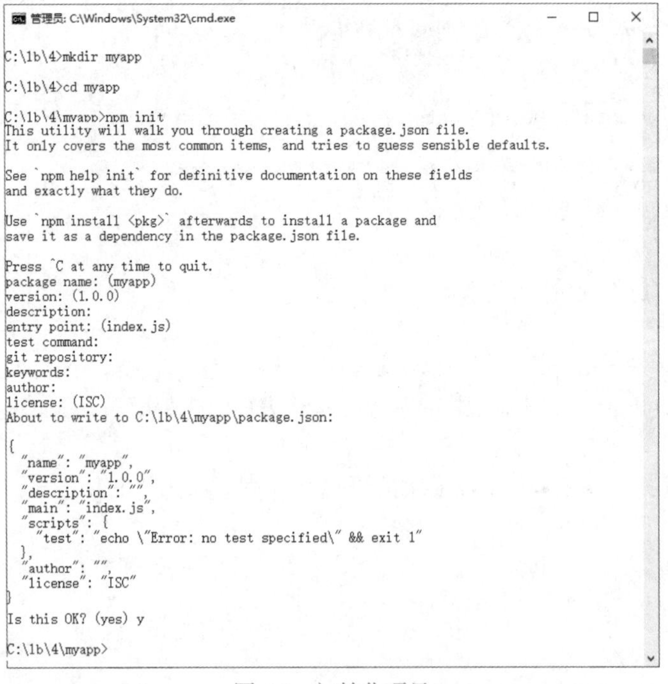

图 5.1　初始化项目

接下来，在myapp目录下安装Express框架并将其保存到依赖列表中，使用的命令如下所示：

```
npm install express --save
```

安装Express框架之后，package.json文件的内容如下所示：

```
// package.json
{
  "name": "myapp",
  "version": "1.0.0",
  "description": "",
  "main": "index.js",
  "scripts": {
    "test": "echo \"Error: no test specified\" && exit 1"
  },
  "author": "",
  "license": "ISC",
  "dependencies": {
    "express":"^4.18.1"
  }
}
```

package.json文件中的dependencies节点指出当前应用程序依赖的第三方包，该节点是生产环境依赖，也就是这里包含的第三方包都会和应用程序一起打包发布。本例中目前仅安装了Express框架，其版本号是4.18.1。

5.1.2 使用 Express 框架创建 Web 服务器

1. 创建Web服务器

（1）导入express，其语句如下所示：

```
const express = require('express')
```

（2）使用express()方法创建Web服务器，其语句如下所示：

```
const app = express()
```

（3）设定不同的路由，每一个路由会有不同响应的返回结果。本例仅设置一个根路由，其语句如下所示：

```
app.get('/', (req, res) => {
  res.send('Hello World!')
})
```

其中，app.get()方法的第一个参数是URL路径，本例中的“/”表示根目录；第二个参数是一个callback回调函数，意味着前端URL请求访问到根目录路径时调用该回调函数。本例中使用箭头函数实现回调函数，其两个参数是req请求对象（包含与请求相关的属性和方法，是从客户端向服务器端传递的对象）和res响应对象（包含与响应相关的属性和方法，是从服务器端向客户端传递的对象）

另外，res.send()方法是向请求的客户端发送HTTP响应消息的，响应消息的内容是由res.send()方法中的参数决定的。

（4）监听指定端口并启动Web服务器，本例监听的端口是3000，其使用的语句如下所示：

```
app.listen(3000, () => {
  console.log(`Example app listening on port ${port}`)
})
```

【例5–1】使用Express框架创建Web服务器

例5-1的代码如下所示：

```
// 例 5-1-basicWebServer.js程序代码

// 引入第三方express模块
var express = require('express');

// 创建express实例
var app = express();

// 设置根路由的响应
app.get('/', function (req, res) {

  // 响应'Hello world!'
  res.send('Hello world!');
});

// 调用app.listen()方法监听指定端口号并启动Web服务器
app.listen(3000);
```

扫一扫，看视频

2. 启动Web服务器

在例5-1中使用Express框架创建基础的Web服务器，启动该服务器的命令如下所示：

```
node 5-1-basicWebServer.js
```

该服务器启动后，在客户端访问http://localhost:3000/地址，在浏览器中将显示“Hello World!”。

5.2 Express路由

5.2.1 基础路由

1. 路由的定义

在Express框架中，路由是指客户端请求与服务器端的响应函数之间的映射关系，路由由3部分组成：

（1）METHOD：请求的类型，如GET类型、POST类型。

（2）PATH：请求的URL地址。

（3）HANDLER：请求的响应函数。

其表现形式如下所示：

```
app.METHOD(PATH,HANDLER)
```

例如，客户端是POST请求，请求的地址是根目录“/”，回调函数响应为“Hello World!”，其语句如下所示：

```
const express = require('express')
const app = express()
app.post('/', (req, res) => {
  res.send('Hello World!')
})
```

例如，客户端是GET请求，请求的地址是user目录，回调函数响应为“Thank you!”，其语句如下所示：

```
const express = require('express')
const app = express()
app.get('/user', (request, response) => {
  response.send('Thank you!')
})
```

每当一个请求到达Web服务器之后需要先经过路由的匹配，只有匹配成功之后，才会调用对应的处理函数。

路由在匹配时会按照顺序进行，只有请求类型和请求的URL地址同时匹配成功，Express框架才会将这次请求转交给对应的回调函数进行处理。

2. 路由回调函数中的request参数

当路由匹配成功调用回调函数时会有两个参数，其中的一个是request参数，通过该参数可以获取客户端向服务器端请求的一些数据。其中：

（1）request.query()：获取GET请求传递过来的参数，返回一个对象。

（2）request.body()：获取POST请求传递过来的数据，返回一个对象。这个方法需要安装第三方中间件。

（3）request.params()：获取GET请求中的路由参数，返回一个对象。

3. 路由回调函数中的response参数

当路由匹配成功调用回调函数时会有两个参数，其中的一个是response参数，通过该参数可以设置服务器端向客户端响应的一些数据。其中：

（1）res.send()：发送给客户端浏览器的数据，会自带响应头。

（2）res.sendFile(path)：发送给客户端浏览器的一个页面。

（3）res.redirect()：路由重定向，会自带状态码。

（4）res.set(key,value)：自定义响应头。

（5）res.status()：设置响应状态码。

【例5-2】多路由Web服务器

例5-2中有两个路由：一个是GET请求（其地址是/listuser）；另一个是POST请求（其地址是/adduser）。具体代码如下所示：

```
// 例5-2-mulRouter.js程序代码

// 引入第三方express模块
var express = require('express');

// 创建express实例
var app = express();

// 定义监听端口变量port，其值初始化为3000
const port = 3000

// 定义路由，方法是GET请求，路由地址是/listuser，回调函数发送一个字符串
app.get('/listuser', (req, res) => {
  res.send('显示用户列表！')
})

// 定义路由，方法是POST请求，路由地址是/adduser，回调函数发送一个字符串
app.post('/adduser', (req, res) => {
```

```
  res.send('增加用户页面！')
})

// 调用 app.listen()方法监听指定端口号并启动Web服务器
app.listen(port, () => {
  console.log(`Example app listening on port ${port}`)
})
```

当使用“node 5-2-mulRouter.js”命令运行服务器后，调用例5-2中的客户端验证程序(5-2-client.html代码)进行验证。具体代码如下所示：

```
<!--例5-2-client.html -->
<!DOCTYPE html>
<html lang="en">
  <head>
    <meta charset="UTF-8">
    <meta http-equiv="X-UA-Compatible" content="IE=edge">
    <meta name="viewport" content="width=device-width, initial-scale=1.0">
    <title>5-2-client.html</title>
  </head>
  <body>
    <a href="http://localhost:3000/listuser">GET请求</a><br><br>
    <form method="post" action="http://localhost:3000/adduser">
      <input type="submit" value="增加用户">
    </form>
  </body>
</html>
```

客户端程序在浏览器上的初始运行结果如图5.2（a）所示，当用户单击“GET请求”超级链接时，显示如图5.2（b）所示的结果；当用户单击“增加用户”按钮时，也就是发送POST请求，显示如图5.2（c）所示的结果。

图 5.2　多路由 Web 服务器

5.2.2　模块化路由

为了便于对路由进行模块化管理，Express框架不建议将路由直接挂载到app上，而是推荐将路由抽离为单独的模块(路由的模块化)，即在另外的JavaScript文件中创建一个路由模块，需要时直接引用即可。将路由抽离为单独模块的步骤如下：

（1）创建路由模块对应的JavaScript文件。
（2）调用express.Router()方法创建路由对象。
（3）在路由对象上挂载具体的路由。
（4）使用module.exports向外共享路由对象。
（5）使用app.use()函数注册路由模块。

【例5-3】模块化路由

在例5-3中定义一个主文件（5-3-app.js），用来导入后台路由文件（5-3-routes/admin.js）和主页路由模块文件（5-3-routes/home.js），在后台路由文件中导入具体的路由文件（5-3-routes/users.js和5-3-routes/goods.js）。例5-3在浏览器中的运行结果如图5.3所示，请读者重点体会URL地址和其在浏览器上的响应结果。

图5.3　模块化路由

主文件（5-3-app.js）的内容如下所示：

```
// 例5-3-app.js程序代码

// 导入express模块
var express=require('express');

// 引入文件模块5-3-routes/admin和5-3-routes/home
var admin =require('./5-3-routes/admin');
var home =require('./5-3-routes/home');

// 创建express实例
var app = express();

// 定义监听端口变量port，其值为3000
const port = 3000

// 设置主页路由为http://localhost:3000/home/
app.use('/home',home);

// 设置管理页面路由为http://localhost:3000/admin/
app.use('/admin',admin);

// 默认路由为http://localhost:3000/
app.use('/',home);

// 调用app.listen()方法监听指定端口号并启动Web服务器
app.listen(port, () => {
  console.log(`Example app listening on port ${port}`)
})
```

主页路由模块文件（5-3-routes/home.js）的内容如下所示：

```
// 例5-3-routes/home.js程序代码
// 导入express模块
const express=require("express")

// 使用express.Router()类创建模块化、可挂载的路由句柄
const router=express.Router()

// 挂载具体的路由，地址为http://localhost:3000/home/
router.get('/home',(req,res)=>{
  res.send("网站的主页文件")
})

// 挂载具体的路由，地址为http://localhost:3000/
router.get('/',(req,res)=>{
  res.send("网站的主页文件")
})

// 向外暴露路由对象
module.exports=router
```

后台路由文件（5-3-routes/admin.js）的内容如下所示：

```
// 例5-3-routes/admin.js程序代码

// 导入 express模块
const express=require("express")

// 使用 express.Router()类创建模块化、可挂载的路由句柄
const router=express.Router()

// 导入具体文件goods.js和users.js
var goods=require('./goods');
var user=require('./users');

// 设置路由http://localhost:3000/admin/
router.get('/',function(req,res){
  res.send('商品和用户管理页面');
});

// 设置路由http://localhost:3000/admin/goods/
router.use('/goods',goods);

// 设置路由http://localhost:3000/admin/users/
router.use('/users',user);

// 暴露这个router模块
module.exports = router;
```

后台商品控制器文件（5-3-routes/goods.js）的内容如下所示：

```
// 例5-3-routes/goods.js

// 导入express模块
const express=require("express")

// 使用express.Router()类创建模块化、可挂载的路由句柄
const router=express.Router()
```

```
// 设置商品根目录路由 http://localhost:3000/admin/goods/
router.get('/',function(req,res){
  res.send('显示商品首页');
});

// 设置增加商品路由 http://localhost:3000/admin/goods/add/
router.get('/add',function(req,res){
  res.send('显示增加商品');
});

// 设置修改商品路由 http://localhost:3000/admin/goods/edit/
router.get('/edit',function(req,res){
  res.send('显示商品 修改');
});

// 设置删除商品路由 http://localhost:3000/admin/goods/delete/
router.get('/delete',function(req,res){
  res.send('显示商品 删除');
});

// 暴露这个router模块
module.exports = router;
```

后台用户控制器文件（5-3-routes/users.js）的内容如下所示：

```
// 例5-3-routes/users.js

// 导入express模块
const express=require("express")

// 使用express.Router()类创建模块化、可挂载的路由句柄
const router=express.Router()

// 设置用户根目录路由 http://localhost:3000/admin/users/
router.get('/',function(req,res){
    res.send('显示用户列表');
});

// 设置增加用户的路由 http://localhost:3000/admin/users/add/
router.get('/add',function(req,res){
  res.send('显示用户 增加');
});

// 设置修改用户的路由 http://localhost:3000/admin/users/edit/
router.get('/edit',function(req,res){
  res.send('显示用户 修改');
});

// 设置删除用户的路由 http://localhost:3000/admin/users/delete/
router.get('/delete',function(req,res){
  res.send('显示用户 删除');
});

// 暴露这个router模块
module.exports = router;
```

5.2.3 静态资源路由

前面讲的基础路由用于为客户端的每个不同请求访问设定不同响应路由，当用户在访问静态资源（如图片文件、HTML文件、CSS样式、JavaScript控制程序等）时，其资源量巨大，不可能做到为每一个静态资源都设置路由，此时通过统一设定静态资源路由即可解决此类需求。

1. 托管单个静态资源

Express框架提供的express.static()方法可以非常方便地创建一个静态资源服务器，以下代码就可以将public目录下的图片文件、CSS文件、JavaScript文件对外开放访问：

```
app.use(express.static('public'));
```

需要说明的是，Express框架在指定的静态目录中查找文件并对外提供资源的访问路径，因此存放静态文件的目录名不会出现在URL中。

【例5-4】托管单个静态资源

在例5-4中，把静态资源的目录public开放出去，并且把静态资源文件都放到public目录中，这样就可以方便用户无障碍地访问这些静态资源文件。在例5-4中建立一个index.html文件，在该文件中导入了index.css和index.js文件，其中在HTML文件中定义div块；在CSS文件中对div块进行样式设定，包括div块的大小、宽度、背景颜色等；在JavaScript文件中控制用户的行为，也就是当用户单击div块后，该元素的背景颜色会发生变化，单击前后网页的运行结果如图5.4所示。

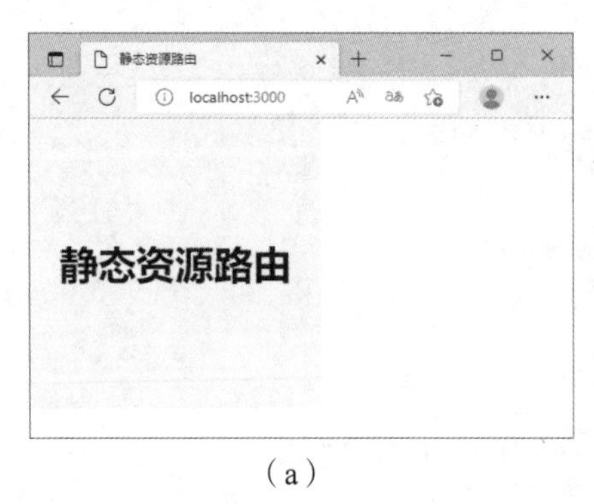

（a）

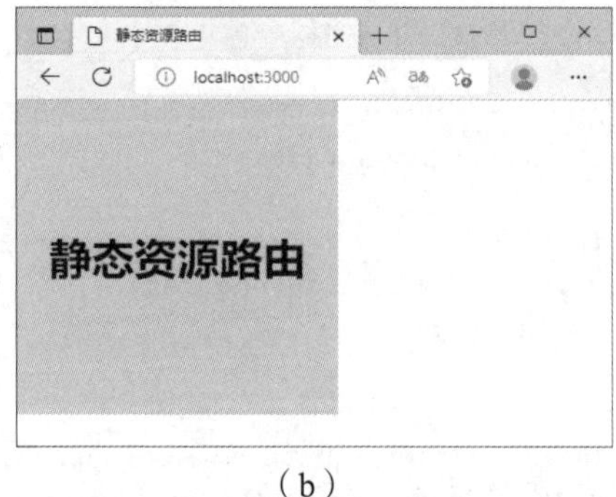

（b）

图5.4 托管单个静态资源

（1）静态资源服务器文件（5-4-expressStatic.js）的内容如下所示：

```
// 例5-4-expressStatic.js程序代码

// 导入express模块
const express=require("express")

// 使用express.Router()类创建模块化、可挂载的路由句柄
const router=express.Router()

// 开放静态资源目录，让用户访问
app.use(express.static('./5-4-public'))

// 调用app.listen ()方法监听指定端口号并启动Web服务器
app.listen('3000',()=>{
```

```
  console.log('express server running at http://127.0.0.1')
})
```

（2）使用如下语句在Node.js中运行5-4-expressStatic.js：

```
node 5-4-expressStatic.js
```

（3）静态HTML文件（index.html）的内容如下所示：

```
<!--index.html-->
<!DOCTYPE html>
<html lang="en">
  <head>
    <meta charset="UTF-8">
    <meta http-equiv="X-UA-Compatible" content="IE=edge">
    <meta name="viewport" content="width=device-width, initial-scale=1.0">
    <title>静态资源路由</title>
    <link href="./index.css" rel="stylesheet" type="text/css">
    <script src="./index.js"></script>
  </head>
  <body>
    <div id="box">静态资源路由</div>
  </body>
</html>
```

（4）静态CSS文件（index.css）的内容如下所示：

```
/*index.css*/
*{
  margin: 0px;
}
#box{
  width: 250px;
  height: 250px;
  background-color:yellow;
  padding: 10px;
  text-align: center;
  line-height: 250px;
  font-size: 36px;
  font-weight: 600;
}
```

（5）静态JavaScript文件（index.js）的内容如下所示：

```
// index.js
window.onload = function () {
  var mybox = document.getElementById('box')
  mybox.onclick = function () {
    mybox.style.backgroundColor='pink'
  }
}
```

2. 托管多个静态资源

为了方便管理，一般把一类静态文件放到一个目录中。例如，把图片文件放到images目录中，把CSS样式文件放到css目录中，把JavaScript行为控制文件放到js目录中，这时就需要托管多个静态资源目录，就要多次调用express.static()函数。具体代码如下所示：

```
app.use(express.static('images'));
app.use(express.static('css'));
```

```
app.use(express.static('js'));
```

访问静态资源文件时，express.static()函数会根据目录的添加顺序查找所需的文件。例如，两个目录中含有相同文件名的index.html，当访问index.html文件时，express.static()函数会以目录中先出现的index.html文件为准。

3. 挂载路径前缀

如果希望在托管的静态资源访问路径之前挂载路径前缀，则可以使用如下语句进行操作：

```
app.use('/files',express.static('files'))
```

通过上面语句的设定就可以访问带有"/files"前缀的地址中的文件。为例5-4中访问静态资源的地址加"/public"路径前缀，其代码修改成如下所示：

```
const express = require('express');
const app= express();
// 开放静态资源目录，让用户访问
app.use('/public',express.static('./5-4-public'))
app.listen('3000',()=>{
  console.log('express server running at http://127.0.0.1')
})
```

其浏览器中输入的地址为

```
http://localhost:3000/public/index.html
```

5.3 中间件

5.3.1 初识中间件

Express是一个自身功能极简并且完全由路由和中间件构成的一个Web开发框架，从本质上来说，一个Express框架就是在调用各种中间件。

浏览器向服务器发送一个请求后，服务器直接通过request对象得到客户端发送的数据，这些数据包括用户输入的数据和浏览器本身的数据。中间要有一个函数对这些数据进行分类处理，处理好后服务器使用request对象调用这些数据，此时处理数据和函数的就是中间件。由此可见中间件有以下几个特点：

（1）封装处理一个完整事件的功能函数。

（2）非内置的中间件需要通过安装后，再使用require()方法导入才可以运行。

其实中间件就是一堆方法，包括接收客户端发来的请求、对请求做出响应、将请求交给下一个中间件继续处理。

中间件主要由两部分构成，分别是中间件方法和请求处理函数。

```
app.get('请求路径','处理函数')          // 接收并处理get请求
app.post('请求路径','处理函数')         // 接收并处理post请求
```

程序可以针对同一个请求设置多个中间件，对同一个请求进行多次处理。在默认情况下，请求从上到下依次匹配中间件，一旦匹配成功，终止匹配。

另外，在中间件函数的形参列表中必须包含next参数。而路由处理函数中只包含req和res参数，并且next参数必须写在最后。下面代码是定义中间件的处理函数：

```
const mw = (req, res, next) => {
  ...
  next()              // next()方法必须在最后调用，将控制权交给下一个中间件
}
```

调用next()方法，将请求的控制权交给下一个中间件，直到遇到结束请求的中间件。next()方法是实现多个中间件不断被调用的关键，表示把控制权转交给下一个中间件或路由。

【例5-5】多中间件路由的用法

当有多个完全相同的路由时，一般会按定义顺序匹配执行路由。在例5-5中，调用中间件的next()方法，顺序执行3条完全相同的路由，其在客户端浏览器的访问结果如图5.5所示。

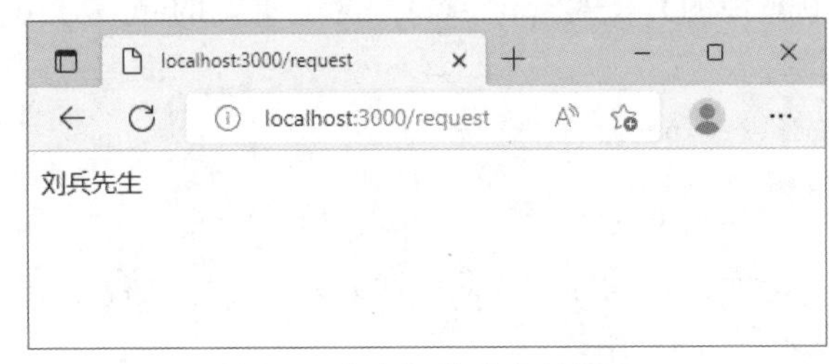

图5.5　多中间件路由的用法

例5-5的代码如下所示：

```
// 例5-5-middleFunction.js程序代码

// 导入express模块
const express=require("express")

// 使用express实例化创建Web服务器
const app = express();

// 第一条被匹配的路由request
app.get('/request',(req,res,next) => {
  // 定义req的name属性
  req.name = '刘兵';

  // 调用next()方法，将控制权交给下一条路由
  next();
})

// 第二条被匹配的路由request
app.get('/request',(req,res,next) => {
  // 定义req的title属性
  req.title = '先生';

  // 调用next()方法，将控制权交给下一条路由
  next();
})

// 第三条被匹配的路由request
app.get('/request',(req,res) => {
  // 向客户端发出字符串的拼接
  res.send(req.name+req.title)
})
```

```
// 调用app.listen()方法监听指定端口号并启动Web服务器
app.listen('3000',()=>{
  console.log('express server running at http://127.0.0.1:3000')
})
```

需要特别说明的是，多个中间件之间共享同一份request和response对象，基于这样的特性可以在上游的中间件中统一为request和response对象添加自定义的属性和方法，以供下游的中间件使用，例5-5就是利用这一特点进行字符串拼接的。

5.3.2 中间件的分类

Express框架调用中间件的方法是app.use()，这里所说的app是指express对象，定义app.use()方法的语句如下所示：

```
var express = require('express');
var app = express();
app.use([path], function(request,response,next){})
```

app.use()方法中的path是路由的URL（默认参数为“/”），其含义是路由到这个path路径时使用这个中间件;function是中间件函数。

1. 全局中间件

客户端发起的任何请求到达服务器之后都会被触发的中间件称为全局中间件(即全局生效的中间件)，app.use(中间件函数)方法可以定义一个全局中间件，其代码如下所示：

```
// 定义常量mw所指向的是一个中间件函数
const mw=function(req,res,next){
  req.content="全局中间件被执行"

  // 把控制权转交给下一个中间件
  next()
}

// 将mw注册为全局中间件
app.use(mw)
```

上述全局中间件还可以将语句进行合并，其定义的语法格式如下所示：

```
app.use(function(req,res,next){
  req.content="全局中间件被执行"
  next()
})
```

【例5-6】全局中间件

在例5-6中建立两条路由，不管客户端访问哪条路由，都会访问显示时间的全局中间件。例5-6中客户端两条路由的访问结果如图5.6所示。

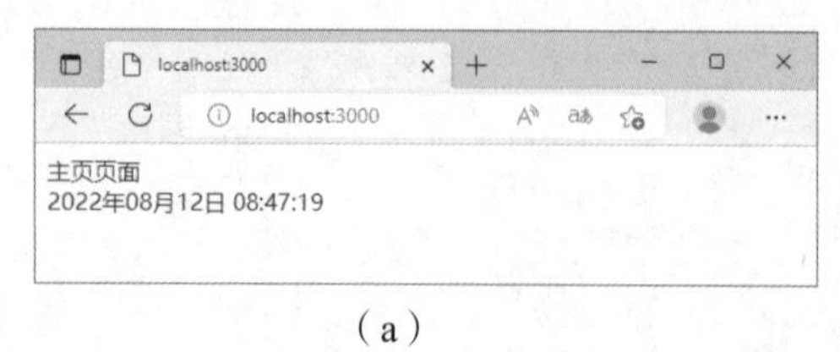

（a）

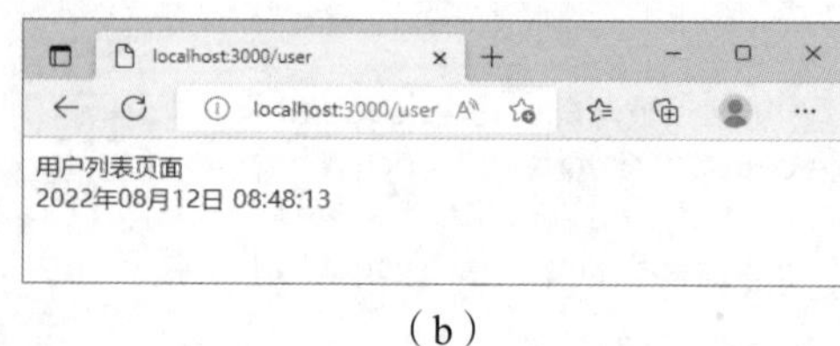

（b）

图5.6 全局中间件

例5-6的代码如下所示：

扫一扫，看视频

```
// 例5-6-allMiddleWare.js程序代码

// 导入express模块
const express=require("express")

// 导入格式化时间的中间件moment
const moment=require('moment')

// 使用express实例化创建Web服务器
const app = express()

// 定义常量mw所指向的是一个中间件函数
const mw = function (req, res, next) {
  // 获取当前时间并按指定的时间格式进行格式化
  req.startTime = moment().format('YYYY年MM月DD日 HH:mm:ss')

  //把流转关系转交给下一个中间件
  next()
}

// 将mw注册为全局中间件
app.use(mw)

// 定义根路由
app.get('/', (req, res) => {
  res.send("主页页面<br>"+ req.startTime )
})

// 定义用户列表路由
app.get('/user', (req, res) => {
  res.send("用户列表页面<br>"+ req.startTime )
})

// 调用 app.listen()方法监听指定端口号并启动Web服务器
app.listen(3000, () => {
  console.log('express server running at http://127.0.0.1:3000')
})
```

另外，app.use()方法可以定义多个全局中间件，当客户端请求到达服务器之后都会按照中间件定义的先后顺序依次进行调用。

【例5-7】多个全局中间件的执行

在例5-7中定义3个全局中间件，当用户客户端发起连接请求时，服务器端会按照定义的顺序依次执行这3个全局中间件，其在服务器端和客户端的执行结果分别如图5.7（a）和图5.7（b）所示。

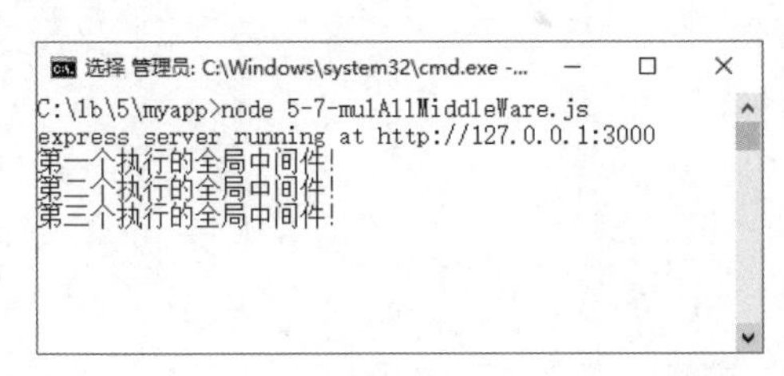

（a）

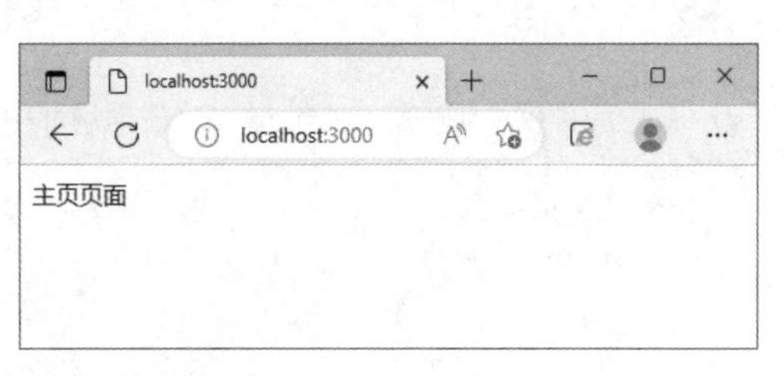

（b）

图5.7　多个全局中间件的执行

例5-7的代码如下所示：

```
// 例5-7-mulAllMiddleWare.js程序代码

// 导入express模块
const express=require("express")

// 使用express实例化创建Web服务器
const app = express();

// 定义第一个中间件，在控制台输出一串字符串，最后把控制权转交给下一个中间件
app.use((req, res, next)=> {
  console.log("第一个执行的全局中间件！")
  next()
})

// 定义第二个中间件，在控制台输出一串字符串，最后把控制权转交给下一个中间件
app.use((req, res, next)=> {
  console.log("第二个执行的全局中间件！")
  next()
})

// 定义第三个中间件，在控制台输出一串字符串，把控制权转交给下一个中间件
app.use((req, res, next)=> {
  console.log("第三个执行的全局中间件！")
  next()
})

// 定义根路由，给客户端浏览器返回一串文字
app.get('/', (req, res) => {
  res.send("主页页面<br>")
})

// 调用 app.listen()方法监听指定端口号并启动Web服务器
app.listen(3000, () => {
  console.log('express server running at http://127.0.0.1:3000')
})
```

扫一扫，看视频

2. 局部中间件

不使用app.use()方法定义的中间件称为局部中间件（即局部生效的中间件），其定义的代码如下所示：

```
// 定义中间件函数mw
const mw =function(req,res,next){
  console.log("这是局部中间件")
  next()
}

// mw中间件仅在当前路由中生效，这就是局部中间件
app.get('/', mw, (req, res) => {
  console.log("客户请求根目录")
  res.send("主页页面<br>")
})
```

另外，还可以在路由中通过以下两种等价的方式使用多个局部中间件：

```
app.get('/', mw1,mw2, (req, res) => {res.send("主页页面<br>")})
```

```
app.get('/',[ mw1,mw2 ], (req, res) => {res.send("主页页面<br>")})
```

其中，mw1和mw2是中间件函数的函数名。

【例5-8】局部中间件

在例5-8中定义两个局部中间件，当客户端发起连接请求后，服务器端将按照定义的顺序依次执行这两个局部中间件，其在服务器端和客户端的执行结果分别如图5.8（a）和图5.8（b）所示。

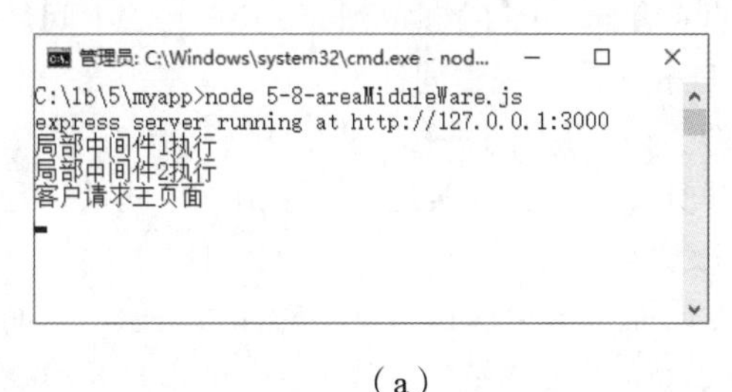

管理员: C:\Windows\system32\cmd.exe - nod...
C:\1b\5\myapp>node 5-8-areaMiddleWare.js
express server running at http://127.0.0.1:3000
局部中间件1执行
局部中间件2执行
客户请求主页面

（a）

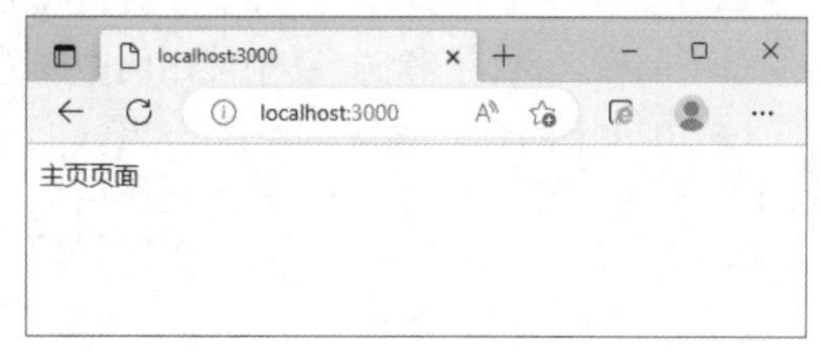

（b）

图5.8　局部中间件

例5-8的代码如下所示：

扫一扫，看视频

```
// 例5-8-areaMiddleWare.js程序代码

// 导入express模块
const express=require("express")

// 使用express实例化创建Web服务器
const app = express();

// 定义第一个中间件，在控制台输出一串字符串，最后把控制权转交给下一个中间件
const mw1=function(req,res,next){
  console.log("局部中间件1执行")
  next()
}

// 定义第二个中间件，在控制台输出一串字符串，最后把控制权转交给下一个中间件
const mw2=function(req,res,next){
  console.log("局部中间件2执行")
  next()
}

// 定义根路由，顺序调用两个中间件函数mw1和mw2
app.get('/', mw1, mw2, (req, res) => {
  console.log("客户请求主页面")
  res.send("主页页面<br>")
})

// 调用 app.listen()方法监听指定端口号并启动Web服务器
app.listen(3000, () => {
  console.log('express server running at http://127.0.0.1:3000')
})
```

在全局中间件和局部中间件的使用过程中应该注意以下几点：

（1）一定要在路由之前注册中间件。

（2）对于客户端发送的请求，可以连续调用多个中间件进行处理。

（3）执行完中间件的业务代码之后，一定要调用next()方法把控制权转交出去。

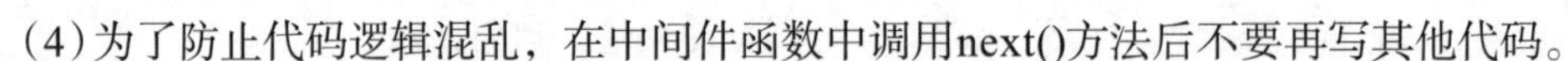

（4）为了防止代码逻辑混乱，在中间件函数中调用next()方法后不要再写其他代码。

（5）连续调用多个中间件时，这些中间件之间共享request和response对象。

3. 中间件的其他分类

中间件为主要的逻辑业务服务，其分为应用级中间件、路由级中间件、错误级中间件、内置中间件和第三方中间件。

（1）应用级中间件。通过app.use()、app.get()或者app.post()绑定到app实例上的中间件称为应用级中间件。例5-6和例5-7中使用的中间件就属于应用级中间件。

（2）路由级中间件。绑定到express.Router()实例上的中间件称为路由级中间件，其用法和应用级中间件没有任何区别，只不过应用级中间件绑定到app实例上，路由级中间件绑定到router实例上。例5-3中使用的中间件就属于路由级中间件。

（3）错误级中间件。错误级中间件的作用是专门捕获整个项目中发生的异常错误，从而防止出现项目异常崩溃的现象。错误级中间件的function处理函数中必须有4个形参，其形参顺序从前到后分别是error、request、response、next。

【例5-9】错误级中间件

在例5-9中人为地抛出错误，然后使用错误级中间件捕获这个异常错误，从而防止程序的崩溃。其在客户端浏览器中的执行结果如图5.9所示。

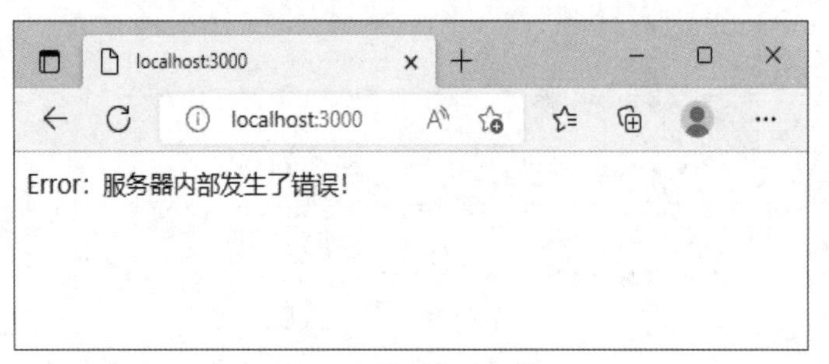

图 5.9　错误级中间件

例5-9的代码如下所示：

```
// 例5-9-throwError.js程序代码

// 导入express模块
const express=require("express")

// 使用express实例化创建Web服务器
const app = express();

// 定义路由
app.get('/', (req, res) => {
  // 人为地抛出错误
  throw new Error('服务器内部发生了错误！')
  res.send('Home page.')
})

// 定义错误级中间件，捕获整个项目的异常错误
app.use((err, req, res, next) => {
  console.log('发生了错误！' + err.message)
  res.send('Error：' + err.message)
```

扫一扫，看视频

```
})

// 调用 app.listen()方法监听指定端口号并启动Web服务器
app.listen(3000, () => {
  console.log('express server running at http://127.0.0.1:3000')
})
```

（4）内置中间件。自Express 4.16.0版本开始，Express框架内置了3个常用的中间件，极大地提高了Express项目的开发效率和体验：

1）express.static：快速托管静态资源的内置中间件，例5-4中使用的中间件就是这类静态资源的内置中间件。

2）express.json：解析JSON格式的请求数据。

3）express.urlencoded：解析URL-encoded格式的请求数据。

【例5-10】内置中间件

在例5-10中，使用express.urlencoded内置中间件解析URL-encoded格式的请求数据，另外注意解析后的数据如何读取并使用，本例使用字符串模板方式显示数据。在客户端浏览器上，发送数据前后的运行结果如图5.10所示。

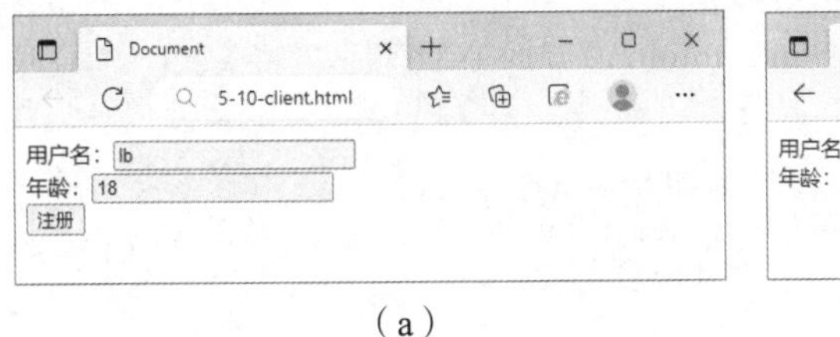

（a）

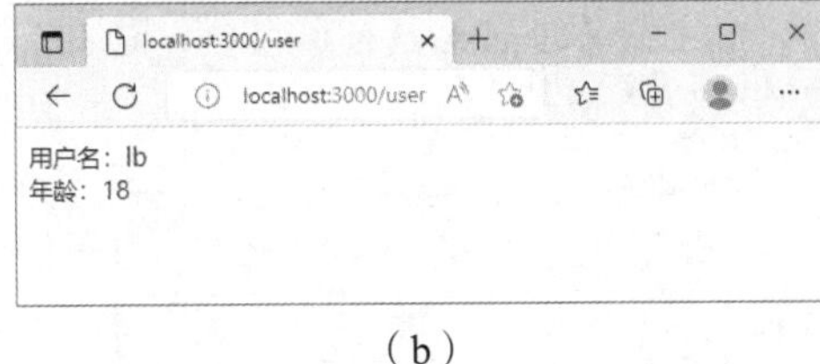

（b）

图5.10　内置中间件

例5-10的服务器端文件的内容如下所示：

```
// 例5-10-expressUrlencoded.js

// 导入express模块
const express=require("express")

// 使用express实例化创建Web服务器
const app = express();

// 注意：除了错误级中间件，其他的中间件必须在路由设置之前进行配置
// 通过 express.json()中间件解析表单中的JSON格式的数据
app.use(express.json())
// 通过 express.urlencoded()中间件解析表单中的URL-encoded 格式的数据
app.use(express.urlencoded({ extended: false }))

// 定义路由/user
app.post('/user', (req, res) => {
  // 在服务器端使用req.body属性接收客户端发送的请求数据
  // 默认情况下，如果不配置解析表单数据的中间件，那么req.body默认等于{}
  console.log(req.body)

  // 给客户端发送响应数据
  res.send(`用户名：${req.body.username}<br>年龄：${req.body.age}`)
})
```

扫一扫，看视频

```
// 定义路由/book
app.post('/book', (req, res) => {
  // 在服务器端可以通过req.body获取JSON格式的表单数据和URL-encoded格式的数据
  console.log(req.body)

  // 给客户端发送响应数据
  res.send('ok')
})

// 调用app.listen()方法监听指定端口号并启动Web服务器
app.listen(3000, function () {
  console.log('Express server running at http://127.0.0.1')
})
```

例5-10的客户端的HTML请求文件的内容如下所示：

```
<!-- 例5-10-client.html客户端程序代码 -->
<!DOCTYPE html>
<html lang="en">
  <head>
    <meta charset="UTF-8">
    <meta http-equiv="X-UA-Compatible" content="IE=edge">
    <meta name="viewport" content="width=device-width, initial-scale=1.0">
    <title>Document</title>
  </head>
  <body>
    <form action="http://localhost:3000/user" method="post">
      用户名：<input type="text" name="username"><br>
      年龄：<input type="text" name="age"><br>
      <input type="submit" value="注册">
    </form>
  </body>
</html>
```

（5）第三方中间件。不是Express框架官方内置的中间件，而是由第三方开发出来的中间件称为第三方中间件。在项目中可以按需下载并配置第三方中间件，从而提高项目的开发效率。

【例5-11】第三方中间件

在例5-11中，使用body-parser第三方中间件解析Ajax请求的JSON数据后，如果用户名和密码正确，就返回登录成功信息；否则就返回登录失败信息。客户端程序使用jQuery的Ajax插件向服务器端发送数据，其在浏览器上发送数据后的运行结果如图5.11所示。

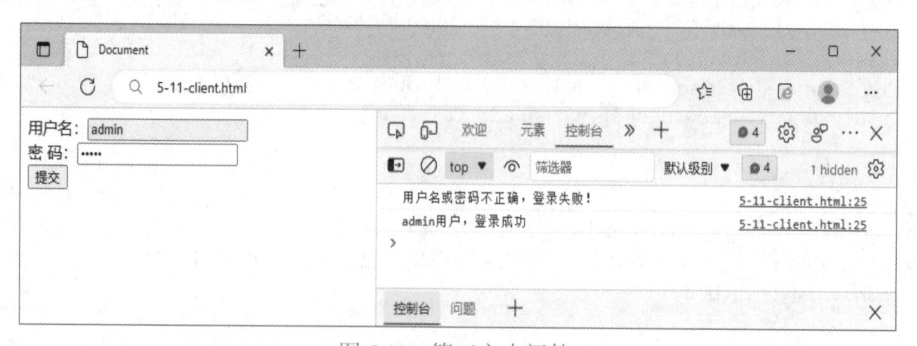

图5.11　第三方中间件

例5-11中的服务器端代码如下所示：

```
// 例5-11-bodyParser.js

// 导入express模块
const express=require("express")

// 使用express实例化创建Web服务器
const app = express();

// 导入body-parser第三方中间件
const bodyParser = require('body-parser')

// 导入跨域中间件cors
const cors=require('cors')

// 一定要在路由之前配置cors这个中间件，从而解决接口跨域的问题
// 挂载第三方跨域中间件
app.use(cors())

// 挂载内置中间件，共享静态目录public
app.use(express.static('public'));

// 挂载参数处理中间件（post），解析application/x-www-form-urlencoded类数据
app.use(bodyParser.urlencoded({ extended: false }));

// 解析parse application/json类数据
app.use(bodyParser.json());

// 定义login路由，方法是get
app.get('/login',(req,res)=>{
  // 获取get方法提交的参数
  let data = req.query;

  // 向客户端发送字符串
  res.send('get data');
});

// 定义login路由，方法是post
app.post('/login',(req,res)=>{
  // 使用req.body属性获取用户提交的数据
  let data = req.body;

  // 判断用户提交的用户名和密码是否正确
  if(data.username === data.password ){
    // 用户名和密码正确就认为登录成功，给用户提示登录成功
    res.send(`${req.body.username}用户，登录成功`);
  }else{
    // 用户名和密码不正确就认为登录失败，给用户提示登录失败
    res.send('用户名或密码不正确，登录失败！');
  }
});

// 调用app.listen()方法，指定端口号并启动Web服务器
app.listen(3000, function () {
  console.log('Express server running at http://127.0.0.1')
})
```

扫一扫，看视频

例5-11中的客户端使用Ajax访问服务器的HTML程序如下所示：

```
<!--例5-11-client.html客户端程序代码-->
<!DOCTYPE html>
<html lang="en">
  <head>
    <meta charset="UTF-8">
    <title>Document</title>
    <script type="text/javascript" src="./js/jquery-3.2.0.min.js"></script>
    <script type="text/javascript">
    $(function(){
      $('#btn').click(function(){
        var obj = {
          username : $('#username').val(),
          password : $('#password').val()
        }
        $.ajax({
          type : 'post',
          url : 'http://localhost:3000/login',
          contentType : 'application/json',
          dataType : 'text',
          data : JSON.stringify(obj),
          success : function(data){
              console.log(data);
          }
        });
      });
    });
    </script>
  </head>
  <body>
    <form action="http://localhost:3000/login" method="get">
      用户名：<input type="text" name="username" id="username"><br>
      密  码：<input type="password" name="password" id="password"><br>
      <input type="button" id="btn" value="提交">
    </form>
  </body>
</html>
```

5.4 跨域处理

5.4.1 跨域的引出

在例5-11中，如果删除灰色底纹的两条跨域处理语句，则在客户端浏览器中不会访问到服务器数据，而是显示跨域问题的错误。

跨域是指浏览器不能执行其他网站的脚本，是由浏览器的同源策略造成的，是浏览器施加的安全限制。非跨域地址调用方法是域名、协议、端口均相同的调用。

需要说明的是，虽然localhost和127.0.0.1都指向本地主机，但也属于跨域。跨域会导致以下问题：

- 无法读取非同源网页的Cookie、LocalStorage和IndexedDB。
- 无法接触非同源网页的DOM。

● 无法向非同源地址发送Ajax请求（可以发送，但浏览器会拒绝接收响应）。

5.4.2 跨域问题的解决方法

CORS（Cross-Origin Resource Sharing，跨域资源分享）是Express框架的一个第三方中间件，通过安装和配置CORS中间件可以很方便地解决跨域问题。使用步骤如下：

（1）安装CORS中间件，使用的语句如下所示：

```
npm install cors --save
```

（2）在程序代码中导入CORS中间件，使用的语句如下所示：

```
const cors = require("cors")
```

（3）注册中间件，使用的语句如下所示：

```
app.use(cors())
```

【例5-12】测试用户名是否被占用

在例5-12中，用户使用Ajax从客户端向服务器端请求某个用户名是否可用，当用户名输入文本框失去焦点时触发请求事件。在此例中仅定义一个用户名数组，在这个用户名数组中出现的用户名都是被占用的。其在浏览器中的运行结果如图5.12所示。

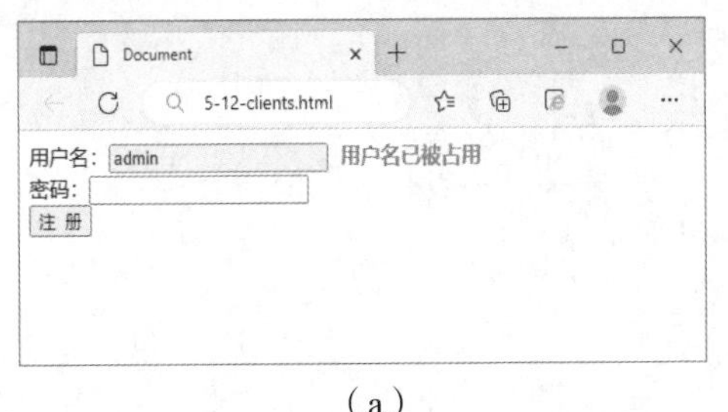

（a）

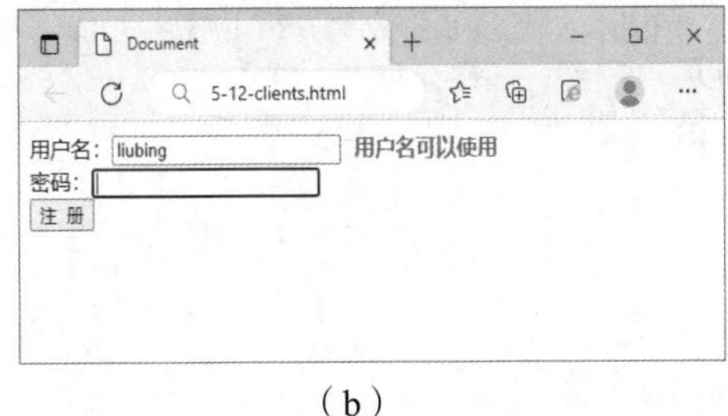

（b）

图5.12　测试用户名是否被占用

例5-12的服务器端代码如下所示：

```
// 例5-12-userUsed.js程序代码

// 导入express模块
const express=require("express")

// 使用express实例化创建Web服务器
const app = express();

// 定义已被占用的用户名数组
let nameSet=['admin','hello','lb']

// 导入body-parser第三方中间件
const bodyParser = require('body-parser')

// 导入跨域中间件cors
const cors=require('cors')

// 一定要在路由之前配置cors中间件，从而解决接口跨域的问题，挂载第三方跨域中间件
app.use(cors())
```

```
// 挂载内置中间件，共享静态目录public
app.use(express.static('public'));

// 挂载参数处理中间件（post），解析application/x-www-form-urlencoded类数据
app.use(bodyParser.urlencoded({ extended: false }));

// 解析parse application/json类数据
app.use(bodyParser.json());

// 定义POST方法的路由login
app.post('/login',(req,res)=>{
  // 使用req.body属性获取用户提交的数据
  let data = req.body;

  // 使用数组的some()方法判断用户名在已用的用户名数组中是否存在
  let flag=nameSet.some(user=>user === data.username)
  if(flag){
    res.send("true");           // 如果用户名存在，则返回数据true，表示已被占用
  }else{
    res.send("false");          // 如果用户名不存在，则返回数据false，表示可以使用
  }
});

// 调用app.listen()方法，指定端口号并启动Web服务器
app.listen(3001, function () {
  console.log('Express server running at http://127.0.0.1')
})
```

例5-12的客户端访问服务器的HTML程序如下所示：

```
<!--例5-12-client.html客户端程序代码-->
<!DOCTYPE html>
<html>
<head>
  <meta charset="UTF-8">
  <meta http-equiv="X-UA-Compatible" content="IE=edge">
  <title>Document</title>
  <style>
    #uname {                    /*设置<span>标记样式*/
      color: red;
      font-size: 16px;
      font-weight: 600;
      margin-left: 10px;
    }
  </style>
  <script type="text/javascript" src="./js/jquery-3.2.0.min.js"></script>
  <script type="text/javascript">
    $(function () {
      $('#username').blur(function () {         // 当用户输入框失去焦点时触发的事件
        var obj = {
          username: $('#username').val()       // 读取输入的用户名
        }
        $.ajax({                                // jQery的ajax()方法
          type: 'post',                         // 数据发送方法为post
          url:'http://localhost:3001/login',   // 发送到服务器的地址
          contentType: 'application/json',       // 发送到服务器数据的类型
          dataType: 'text',                      // 从服务器返回的数据的类型
          data: JSON.stringify(obj),             // 向服务器发送的数据
```

```
            success: function (data) {             // Ajax请求成功的事件触发函数
              console.log(data)                    // data是返回的数据
              if(data==='true'){                   // 返回数据是true，表示用户名已被占用
                $('#uname').html('用户名已被占用') // 在<span>标记中写入“用户名已被占用”
                $('#uname').css("color","red")     // 修改<span>标记的文本颜色为红色
              } else{
                $('#uname').css("color","green")  // 修改<span>标记的文本颜色为绿色
                $('#uname').html('用户名可以使用') // 在<span>标记中写入“用户名可以使用”
              }
            }
          });
        });
      });
    </script>
  </head>
  <body>
    <form action="http://localhost:3000/register" method="post">
      用户名：<input type="text" name="username" id="username">
              <span id="uname"></span><br>
      密码：<input type="password" name="pwd"><br>
      <input type="submit" value="注  册">
    </form>
  </body>
  </html>
```

5.5 模板引擎

5.5.1 基础知识

1. 预备知识

在开发过程中，客户端程序向Web服务器端发送请求获取数据一般会使用3种方式，分别是XMLHttpRequest(XHR)、Fetch和jQuery实现的Ajax。其中，XMLHttpRequest和Fetch是浏览器的原生API，jQuery的Ajax其实封装了XHR。

XMLHttpRequest和jQuery的Ajax存在回调地狱的问题，所以Fetch是最好的选择。由于Fetch API是基于Promise设计的，有些旧版的浏览器不支持Promise，因为其返回值是Promise对象。Fetch使用的示例代码及说明如下所示：

```
fetch("访问地址URL",{参数}).then(res=>{ // 第一个.then 接收到的是请求头的相关信息
  // 获取的是一个状态码，在控制台中输出res以进行验证
  console.log(res)

  // 用JSON格式读取出来
  return res.json()

}).then(res=>{                           // 第二个.then是请求回来的真正数据
    // 想要获取响应数据，需在第一个.then中将响应数据转为json再返回给第二个.then
    // 在第二个.then中获取值，在控制台中输出res以进行验证
    console.log(res)
  })
.catch(err=>{                            // 请求错误时执行
```

```
    console.log(err)
})
```

2. 展示从服务器端返回的数据

【例5-13】用JavaScript展示从服务器端返回的数据

在例5-13中，客户端浏览器使用fetch()方法请求Web服务器并把Web服务器返回的数据使用JavaScript语句生成新的<li></li>节点渲染到客户端浏览器上。其在客户端浏览器中的显示结果如图5.13所示。

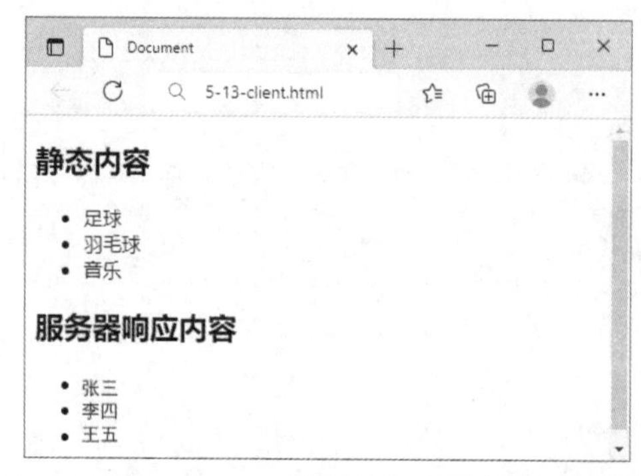

图5.13　用JavaScript展示从服务器端返回的数据

例5-13的服务器端的代码如下所示：

```
// 例5-13-fetchServer.js服务器端程序代码

// 导入express模块
const express=require("express")

// 使用express实例化创建Web服务器
const app = express();

// 设置监听端口号变量，此处定义为3000
const port = 3000

// 导入跨域中间件cors
const cors=require('cors')

// 挂载第三方跨域中间件
app.use(cors())

// 定义list路由并在该路由的响应函数中发送数组数据给客户端
app.get('/list', (req, res) => {
  res.send(['张三','李四','王五'])
})

// 调用 app.listen()方法，指定端口号并启动Web服务器
app.listen(port, () => {
  console.log(`Example app listening on port ${port}`)
})
```

扫一扫，看视频

例5-13的客户端的代码如下所示：

```
<!--例5-13-client.html客户端程序代码-->
<!DOCTYPE html>
<html lang="en">
```

```
  <head>
    <meta charset="UTF-8">
    <meta http-equiv="X-UA-Compatible" content="IE=edge">
    <meta name="viewport" content="width=device-width, initial-scale=1.0">
    <title>Document</title>
    <script>
      fetch("http://localhost:3000/list").then(res=>res.json())
      .then(res=>{
        console.log(res)
        render(res)
      })
      function render(data){
        var list=data.map(item=>`<li>${item}</li>`)
        console.log(list.join(""))
        var oul=document.querySelector(".myLi")
        oul.innerHTML=list.join("")
      }
    </script>
  </head>
  <body>
  <h2>静态内容</h2>
    <ul>
      <li>足球</li>
      <li>羽毛球</li>
      <li>音乐</li>
    </ul>
    <h2>服务器响应内容</h2>
      <ul class="myLi">
      </ul>
  </body>
</html>
```

以上这种从服务器获取数据，再利用JavaScript把这些数据显示到客户端浏览器中指定位置的方式非常麻烦，而且数据响应过程不灵活。在Node.js中使用模板引擎可以很好地解决这个问题，此时的客户端HTML文件就像一个模板，通过一些类似于占位符的变量等待服务器的数据填充，这样模板就非常容易对数据进行控制了。

5.5.2 模板引擎简介

1. 什么是模板引擎

模板引擎是为了使用户界面与业务数据内容分离而产生的，可以生成特定格式的文档。在网站中使用模板引擎会生成一个标准的HTML文档，即将模板文件和服务器端发送来的数据通过模板引擎生成一个HTML代码文件。

2. EJS模板引擎

EJS（Effective JavaScript）是一个简单高效的模板语言，通过数据和模板可以生成HTML标记文本。可以说EJS是一个JavaScript库，EJS可以同时运行在客户端和服务器端，客户端直接引入文件即可，服务器端用npm包安装。EJS模板引擎的使用需要以下5个步骤。

（1）下载安装，使用的语句如下所示：

```
npm install ejs --save
```

（2）配置模板引擎，使用的语句如下所示：

```
app.set("view engine" , "ejs");
```

（3）配置模板的存放目录，使用的语句如下所示：

```
app.set("views","模板目录")
```

（4）在模板目录下创建模板文件，模板文件的文件后缀名是.ejs，如listUser.ejs。

（5）使用模板引擎需要通过response对象来渲染此模板，使用的语句如下所示：

```
response.render('模板名称', 数据对象)
```

3. EJS模板引擎的常用标签

（1）<% %>：流程控制标签。

（2）<%= %>：输出变量表达式内容的标签。

（3）<%- %>：输出标签（HTML会被浏览器解析）。

（4）<%# %>：注释标签。

（5）%：对标记进行转义。

（6）<%- include(path) %>：引入path代表引入其他模板的路径。

【例5-14】模板引擎的使用

在例5-14中，向Web服务器发起请求，Web服务器响应请求并把用户需要的模板数据下发到客户端。其在浏览器中的运行结果如图5.14所示。

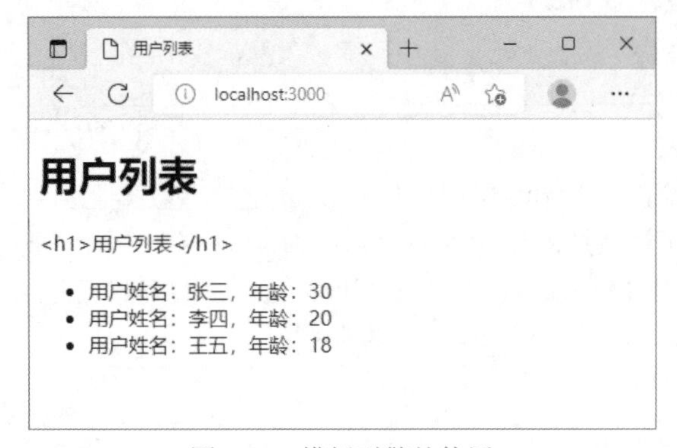

图 5.14　模板引擎的使用

例5-14的服务器端的代码如下所示：

```
// 例5-14-ejsServer.js服务器端程序代码

// 导入express模块
const express=require("express")

// 使用express实例化创建Web服务器
const app = express();

// 设置监听端口号变量，此处定义为3000
const port = 3000

// 配置模板引擎，指定模板的文件目录是views
app.set('views', './views')
app.set('view engine', 'ejs')
```

```
// 定义根目录
app.get('/', (request, response) => {

  // 为模板引擎准备数据，此处定义的是一个字符串和一个对象数组
  const title = '<h1>用户列表</h1>'
  const person = [
    {name: '张三', age: 30},
    {name: '李四', age: 20},
    {name: '王五', age: 18}
  ]

  // 指定解析模板为listusers
  // 其含义是使用views目录下的listusers.ejs解析此处下发的对象数据{title,person}
  response.render('listusers', {title,person})
})

// 调用 app.listen()方法，指定端口号并启动Web服务器
app.listen(port, () => {
  console.log(`Example app listening on port ${port})
})
```

例5-14中的模板引擎文件的代码如下所示：

```
<!--模板文件：views/listusers.ejs的程序代码-->
<!DOCTYPE html>
<html lang="en">
  <head>
    <meta charset="UTF-8">
    <meta http-equiv="X-UA-Compatible" content="IE=edge">
    <meta name="viewport" content="width=device-width, initial-scale=1.0">
    <title>用户列表</title>
  </head>
  <body>
    <%- title %>
    <%= title %>
    <ul>
      <% for (let i=0; i < person.length; i++) { %>
        <li>
          用户姓名：<%- person[i].name %>，年龄：<%- person[i].age %>
        </li>
      <% } %>
    </ul>
  </body>
</html>
```

5.6 本章小结

Express是一个简洁而灵活的Node.js Web应用框架，提供一系列强大特性帮助用户创建各种Web应用。Express框架不对Node.js已有的特性进行二次抽象，而是在其基础之上扩展Web应用所需的功能。本章主要讲解如何在Express框架下创建Web服务器、使用中间件响应HTTP 请求、定义路由表用于执行不同的 HTTP 请求动作、跨域问题的解决方法、如何通过向模板传递参数动态渲染HTML页面。

5.7 习题

一、选择题

1. 使用Express框架创建Web服务器首先需要导入（　　）。

A. http　　B. express　　C. route-link　　D. Koa

2. 下面程序代码访问的端口号是（　　）。

```
var express = require('express');
var app = express();
app.get('/', function (req, res) {
 res.send('Hello world!');
});
app.listen(3000);
```

A. 80　　B. 3000　　C. 8080　　D. 8081

3. 下面代码中next()方法必须在最后调用，将控制权交给（　　）。

```
const mw = (req, res, next) => {
  ...
  next()
}
```

A. 上一个中间件　　B. 下一个中间件
C. 父级中间件　　D. 子级中间件

4. Express框架下的跨域中间件是（　　）。

A. cors　　B. body-parser　　C. Koa　　D. express

5. EJS模板引擎中用于输出变量表达式内容的标签是（　　）。

A. <% %>　　B. <%= %>　　C. <%# %>　　D. <%- %>

二、程序阅读

1. 阅读程序并回答问题。

```
const express = require('express')
const app = express()
app.use((req, res, next) => {
    var time = new Date();
    req.startTime = time
    next()
})
app.get('/', (req, res) => {
    res.send('Home page.' + req.startTime)
})
app.get('/user', (req, res) => {
    res.send('User page.' + req.startTime)
})
app.listen(80, () => {
  console.log('http://127.0.0.1')
})
```

（1）访问根路由的URL地址是什么？访问后浏览器中的显示结果是什么？

（2）访问user路由的URL地址是什么？访问后浏览器中的显示结果是什么？

（3）在本程序中app.use()语句的作用是什么？

2. 阅读程序并回答问题。

```
var express = require('express');
var app = express();
app.get('/', function (req, res) {
   console.log("主页 GET 请求");
   res.send('Hello GET');
})
app.get('/del_user', function (req, res) {
   console.log("/del_user 响应 DELETE 请求");
   res.send('删除页面');
})
app.get('/list_user', function (req, res) {
   console.log("/list_user GET 请求");
   res.send('用户列表页面');
})
var server = app.listen(8081, function () {
  console.log("Web服务器已启动！！！")
})
```

（1）程序中定义了几条路由？每条路由的访问地址是什么？

（2）当用户单击下面超链接语句后，返回到浏览器的结果是什么？

```
<a href='http://localhost:8081/'>测试路由</a>
```

5.8 实验　获取用户提交的数据

一、实验目的

（1）掌握Express框架的安装及基本使用方法。

（2）掌握在Express框架下获取用户提交数据的方法。

（3）掌握Express框架创建Web服务器的基本方法。

（4）掌握路由守卫的实现方式。

二、实验要求

使用Express框架制作Web服务器，要求如下：

（1）在表单中先通过GET方法提交两个参数（username、age），然后在服务器端使用server.js文件内的 process_get路由接收用户输入的数据，最后返回JSON格式的数据。

（2）在表单中先通过POST方法提交两个参数（username、age），然后在服务器端使用server.js文件内的 process_post路由接收用户输入的数据，最后返回JSON格式的数据。

客户端表单的运行结果如图5.15所示，当用户输入数据并单击“提交”按钮后，服务器端响应的内容如图5.16所示。

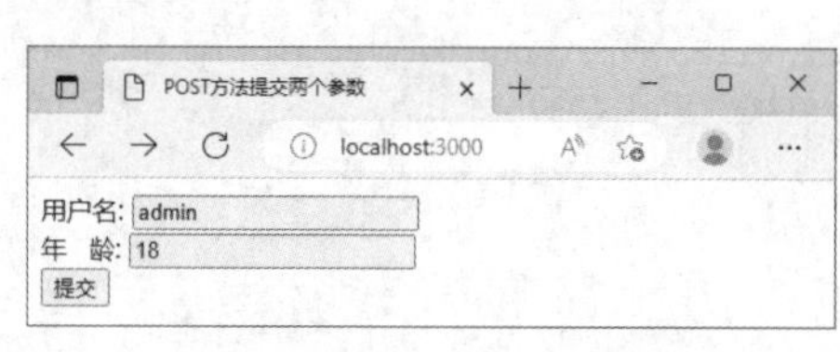

图 5.15　客户端表单

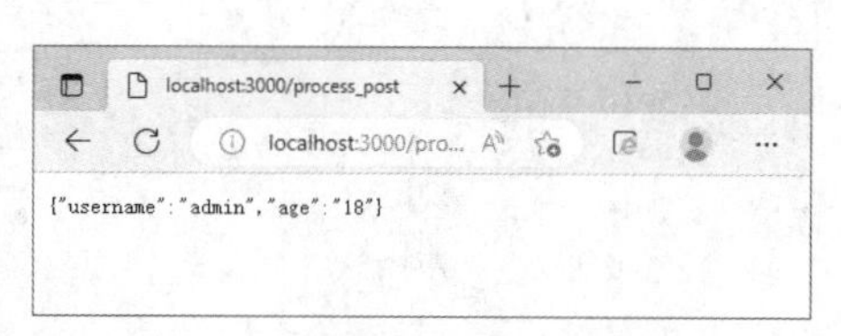

图 5.16　服务器端响应的内容

第 6 章

数据存储

学习目标

本章主要讲解 MongoDB 数据库的增、删、改、查等基本操作。通过本章的学习，读者应该掌握以下内容：

- NoSQL 的基本概念。
- MongoDB 数据库的基本操作指令。
- MongoDB 数据库的连接方法。

6.1 NoSQL的基础

6.1.1 NoSQL 简介

1. NoSQL的引出

NoSQL（Not only SQL）是指非关系型数据库，是非传统关系型数据库的数据库管理系统的统称。

常用的MySQL、SQL Server这样的关系型数据一般用来存储重要信息，应对普通的业务是没有问题的。但是，随着互联网的高速发展，传统的关系型数据库在应对超大规模、超大流量以及高并发等项目时难以完成，这种情况下可以使用NoSQL来完成这种超大规模数据的存储。例如，谷歌、Facebook每天为用户收集万亿比特的数据，这些数据存储不需要固定的模式，无需多余操作就可以横向扩展。

NoSQL一词最早出现于1998年，是Carlo Strozzi开发的一个轻量、开源、不提供SQL功能的关系型数据库。2009年，Last.fm的Johan Oskarsson发起了一次关于分布式开源数据库的讨论，来自Rackspace的Eric Evans再次提出了NoSQL的概念，这时的NoSQL主要是指非关系型、分布式、不提供ACID的数据库设计模式。其中，ACID是指数据库管理系统在写入或更新资料的过程中，为保证事务是正确可靠的所必须具备的4个特性：原子性（Atomicity，又称不可分割性）、一致性（Consistency）、隔离性（Isolation，又称独立性）、持久性（Durability）。

对NoSQL最普遍的解释是“非关联型的”，强调“键/值”存储和文档数据库的优点，而不是单纯地反对RDBMS（Relational Database Management System，关系型数据库管理系统）。

2. NoSQL和关系型数据库的区别

（1）存储方式。关系型数据库是表格式的，因此存储在表的行和列中，很容易关联协作存储，易于提取数据；而NoSQL数据库则与其相反，是大块地组合在一起，通常存储在数据集之中，就像文档、键/值对或者图结构。

（2）存储结构。关系型数据库对应的是结构化数据，数据表都预先定义了结构（列的定义），结构描述了数据的形式和内容，这一点对数据建模至关重要，虽然预定义结构带来了可靠性和稳定性，但是修改这些数据比较困难；而NoSQL数据库基于动态结构，适用于非结构化数据，因此NoSQL数据库是动态结构，可以很容易地适应数据类型和结构的变化。

（3）存储规范。关系型数据库的数据存储为了更高的规范性，把数据分割为最小的关系表以避免重复，获得精简的空间利用，关系型数据库虽然管理起来很清晰，但是当单个操作涉及多张表时数据管理就显得有点麻烦；而NoSQL数据存储在数据集之中，数据可能会重复，并且单个数据库很少被分隔开而是被存储成一个整体，这样整块数据更加便于读写。

（4）存储扩展。关系型数据库是纵向扩展，如果想要提高处理能力，就要使用速度更快的计算机。因为数据存储在关系表中，操作的性能瓶颈可能涉及多张表，需要通过提升计算机性能来克服。虽然有很大的扩展空间，但是最终会达到纵向扩展的上限；而NoSQL数据库是横向扩展的，其存储是分布式的，可以通过给资源池添加更多的普通数据库服务器来分担负载。这一点可能是关系型数据库与非关系型数据库之间最大的区别。

（5）查询方式。关系型数据库通过结构化查询语言SQL操作数据库，SQL支持数据库的创建（Create）、更新（Update）、读取（Retrieve）和删除（Delete）等操作，功能非常强大，是业界的标准用法，而NoSQL查询以块为单元操作数据，使用的是UnQL（Unstructured Query Language，非结构化查询语言），是没有标准的。关系型数据库表中主键的概念对应NoSQL中存储文档的ID键。

（6）事务。关系型数据库遵循ACID规则，而NoSQL数据库遵循BASE原则，其中BASE是指基本可用（Basically Available）、软/柔性事务（Soft-State）、最终一致性（Eventual Consistency）。由于关系型数据库的数据是强一致性的，所以对事务的支持很好，并且支持对事务原子性细粒度控制，易于回滚事务；而NoSQL数据库是在CAP（一致性、可用性、分区容忍度）中任选两项，因为在基于节点的分布式系统中很难全部满足，所以对事务的支持不是很好，虽然也可以使用事务，但是并不是NoSQL的闪光点。

（7）性能。关系型数据库在维护数据的一致性和高并发性时其读写性能比较差，在面对海量数据时效率非常低；而NoSQL存储的格式都是“键/值”类型的，对于数据的一致性是弱要求的并且存储在内存中。另外，NoSQL无需SQL的解析，提高了读/写性能。

（8）授权方式。关系型数据库通常有SQL Server、MySQL、Oracle；主流的NoSQL数据库有Redis、Memcached、MongoDB。大多数的关系型数据库都是付费的且价格高昂，而NoSQL数据库通常都是开源的。

6.1.2 NoSQL 数据库

在过去几年中，关系型数据库一直是数据持久化的唯一选择，数据工作者考虑的也只是在这些传统数据库中做筛选，甚至是做一些默认的选择。例如，使用.NET的一般会选择SQL Server；使用Java的可能会偏向Oracle；使用Python的则会选择PostgreSQL或MySQL等。

主要原因是过去很长的一段时间内关系型数据库的健壮性已经在多数应用程序中得到验证，可以使用这些传统数据库良好地控制并发操作和事务等。关系型数据库存在的问题主要包括：

（1）阻抗不匹配（Impedance Mismatch）。Python、Ruby、Java、.Net等语言有一个共同的特性——面向对象；而MySQL、PostgreSQL、Oracle以及SQL Server这些数据库同样有一个共同的特性——关系型数据库。这里就涉及到了“Impedance Mismatch”这个术语，即存储结构是面向对象的，但是数据库是关系的，所以在每次存储或者查询数据时都需要进行转换。

（2）应用程序规模的变大。网络应用程序的规模日渐变大就需要存储更多的数据、服务更多的用户以及需要更多的计算能力。为了应对这种情形就需要不停地扩展，扩展分为两类：一种是纵向扩展，即购买更好的机器、更多的磁盘、更多的内存等；另一种是横向扩展，即购买更多的机器组成集群。在巨大的规模下纵向扩展发挥的作用并不是很大。首先单机器性能提升需要巨额的开销并且有着性能上限，在谷歌和Facebook这种规模下，永远不可能使用一台机器支撑所有的负载。鉴于这种情况就需要新的数据库，因为关系型数据库并不能很好地运行在集群上。于是就有了以谷歌、Facebook、亚马逊这些试图处理更多传输所引领的NoSQL纪元。

NoSQL大体上可以分为4个种类，即Key-Value（键/值）、Document-Oriented（面向文档）、Wide Column Store Column-Family（列存储）以及Graph-Oriented（图）。

1. 键/值数据库

键/值数据库就像在程序设计语言中使用的哈希表，可以通过键添加、查询或者删除数据，由于使用主键访问，所以会获得不错的性能及扩展性。主要产品有Riak、Redis、Memcached、亚马逊的Dynamo、Project Voldemort。

适用的场景包括存储用户信息(如会话、配置文件、参数、购物车等)，这些信息一般都和ID(键)挂钩。

2. 面向文档数据库

面向文档数据库会将数据以文档的形式存储。每个文档都是自包含的数据单元，是一系列数据项的集合。每个数据项都有一个名称与对应的值，值可以是简单的数据类型(如字符串、数字和日期等)，也可以是复杂的类型(如有序列表和关联对象)。数据存储的最小单位是文档，同一个表中存储的文档属性可以是不同的，数据可以使用XML、JSON等多种形式存储。主要产品有MongoDB、CouchDB、RavenDB。

适用的场景包括：

(1)日志。企业环境下，每个应用程序都有不同的日志信息。面向文档数据库并没有固定的模式，所以可以使用它存储不同的信息。

(2)分析。鉴于它的弱模式结构，不改变模式就可以存储不同的度量方法及添加新的度量。

3. 列存储数据库

列存储数据库将数据存储在列族(column family)中，一个列族存储是常被一起查询的相关数据。例如，有一个Person类，通常会查询姓名和年龄而不是薪资，这种情况下，姓名和年龄就会被放入一个列族，而薪资则会被放入另一个列族。主要产品有Cassandra、HBase。

适用的场景包括：

(1)日志。因为可以将数据存储在不同的列中，每个应用程序可以将信息写入自己的列族。

(2)博客平台。将信息存储到不同的列族中。例如，标签可以存储在一个列族中，类别可以存储在一个列族中，文章则可以存储在另一个列族中。

4. 图数据库

图数据库允许将数据以图的方式存储。实体会被作为顶点，而实体之间的关系则会被作为边。主要产品有Neo4J、Infinite Graph、OrientDB。

适用的场景包括：

(1)一些关系性强的数据。

(2)推荐引擎。如果将数据以图的形式表现，那么将会非常有利于推荐的制定。

6.2 MongoDB

6.2.1 MongoDB 概述

1. 什么是MongoDB

MongoDB是用C++语言编写的，是NoSQL数据库的一种，是介于关系型数据库与非关系型数据库之间的一种数据库，是一个基于分布式文件存储的开源数据库系统，可以在高负载的情况下添加更多的节点以保证服务器性能。MongoDB旨在为Web应用提供可扩展的高性能数

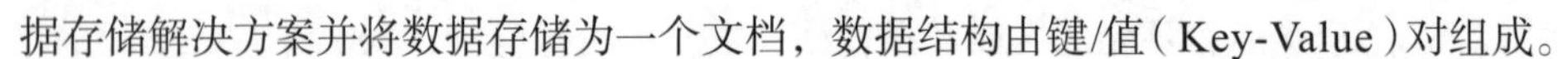

据存储解决方案并将数据存储为一个文档，数据结构由键/值（Key-Value）对组成。

MongoDB文档类似于JSON对象，字段值可以包含其他文档、数组及文档数组。MongoBD是由大数据时代的3V［Volume（海量）、Variety（多样）、Velocity（实时）］与互联网需求的三高（高并发、高可扩、高性能）激发而产生的。

2. MongoDB的基本概念

（1）数据库。MongoDB的单个实例可以容纳多个独立的数据库，每一个都有自己的集合和权限，不同数据库也放置在不同的文件中。

数据库通过名字来标识，数据库名可以是满足以下条件的任意UTF-8字符串：

- 不能是空字符串（""）。
- 不能含有' '（空格）、.、$、/、\和\0（空字符）等字符。
- 应全部小写。
- 最多64字节。

（2）文档。文档是一个键/值对。MongoDB的文档不需要设置相同的字段，而且相同的字段也不需要相同的数据类型，这与关系型数据库有很大的区别，也是MongoDB非常突出的特点。例如，一个简单的文档如下所示：

```
{
  "name":"张三",
  "age":18
}
```

需要说明的是，文档中的键/值对是有序的，并且文档中不能有重复的键，文档中的键是字符串，而文档中的值不仅可以是使用双引号的字符串，还可以是其他几种类型的数据（甚至可以是整个嵌入的文档）。

（3）集合。集合就是MongoDB文档组，类似于RDBMS中的数据表。集合存在于数据库中，集合没有固定的结构，这意味着对集合可以插入不同格式和类型的数据，但通常情况下插入集合的数据都会有一定的关联性。例如，将以下不同数据结构的文档插入集合：

```
{
  "name":"张三"
},
{
  "name":"李四"
  "age":20
},
{
  "name":"王五"
  "age":18,
  "gender":"male"
}
```

（4）MongoDB常用的数据类型。在表6.1中列出了MongoDB数据库常用的数据类型。

表 6.1　MongoDB 数据库常用的数据类型

数据类型	描　述
String	字符串，存储数据常用的数据类型。在 MongoDB 中仅允许 UTF-8 编码的字符串
Integer	整型数值，用于存储数值
Boolean	布尔值，用于存储布尔值（真 / 假）

数据类型	描　述
Double	双精度浮点值，用于存储浮点值
Min/Max	keys 将一个值与 BSON（二进制的 JSON）元素的最低值和最高值相对比
Arrays	用于将数组、列表、多个值存储为一个键
Timestamp	时间戳，记录文档修改或添加的具体时间
Object	用于内嵌文档
Null	用于创建空值
Symbol	符号，该数据类型基本上等同于字符串类型，不同的是一般用于采用特殊符号类型的语言
Date	日期时间，用 UNIX 时间格式存储当前日期或时间
Object	对象 ID，用于创建文档的 ID
Binary	二进制数据
Code	代码类型，用于在文档中存储 JavaScript 代码
Regular	正则表达式类型

6.2.2 MongoDB 的安装与配置

MongoDB服务器提供可用于32位和64位系统的预编译二进制包，可以从MongoDB官网下载并安装，其下载页面如图6.1所示。

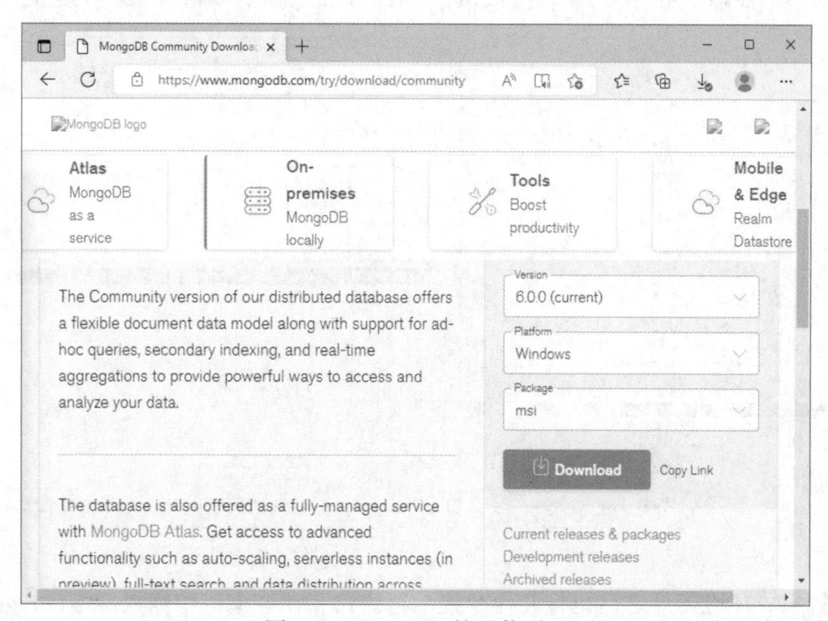

图 6.1　MongoDB 的下载页面

当MongoDB服务器被安装到设备上后，必须使用Shell工具才能对该服务器进行访问，其

下载页面如图6.2所示。

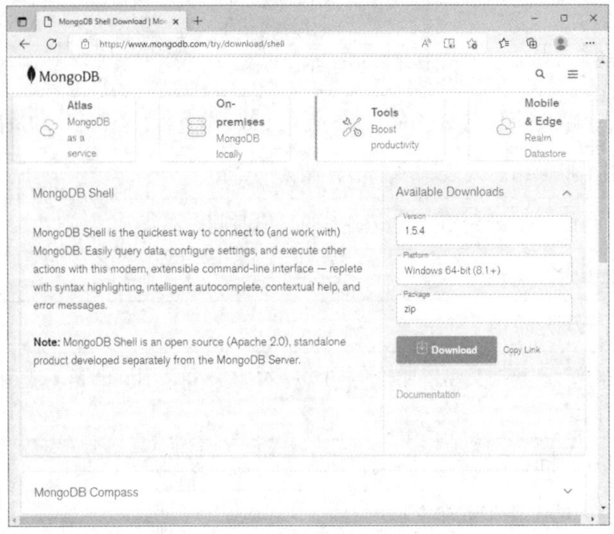

图6.2　MongoDB Shell的下载页面

当把Shell工具下载完成后，再将该工具的压缩文件解压，将解压出来的bin目录添加到环境变量中。其操作方法如下：

（1）执行“开始”→“设置”→“系统”→“关于”→“系统信息”→“高级设置”→“高级”→“环境变量”命令，打开如图6.3所示的窗口；也可以右击“我的电脑”图标，在弹出的快捷菜单中执行“属性”命令，在打开的窗口中单击“高级设置”按钮，打开如图6.3所示的窗口。

（2）在图6.3中单击“系统变量”中的Path变量，然后单击系统变量下的“编辑”按钮，打开如图6.4所示的窗口，再单击“新建”按钮，并把Shell工具的bin目录加入环境变量。

图6.3　环境变量

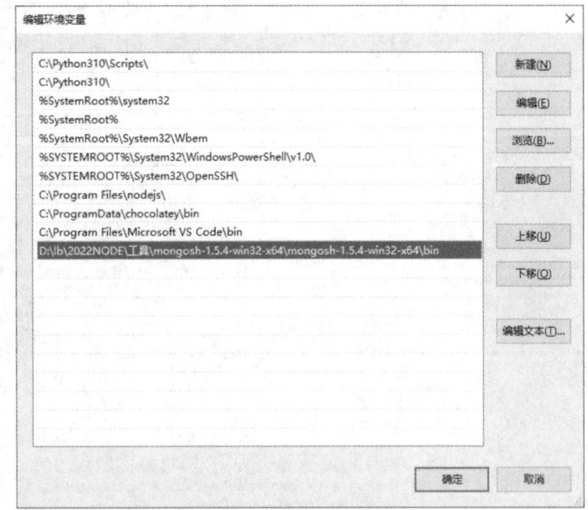

图6.4　编辑环境变量

（3）设置完成环境变量之后，打开命令提示符窗口。在该窗口中输入命令mongosh即可连接到MongoDB数据库，如图6.5所示。

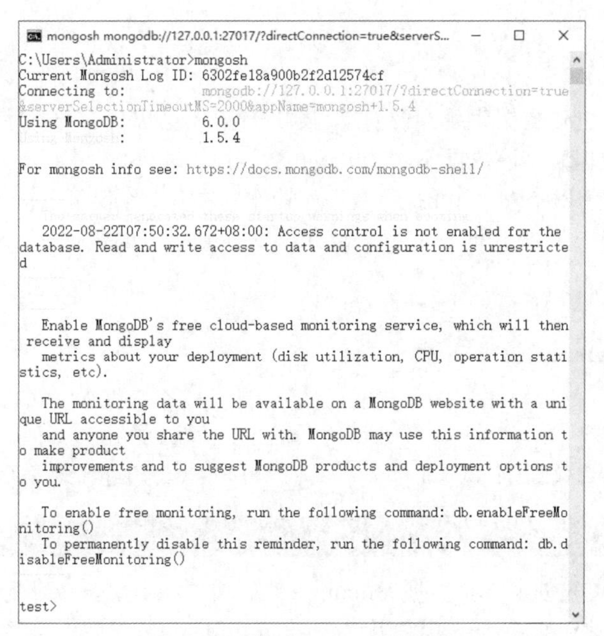

图 6.5　连接 MongoDB 数据库

如果需要使用视图工具管理MongoDB数据库，可以下载NoSQL Manager for MongoDB Professional等类似的视图管理工具。NoSQL Manager for MongoDB Professional的下载页面如图6.6所示。

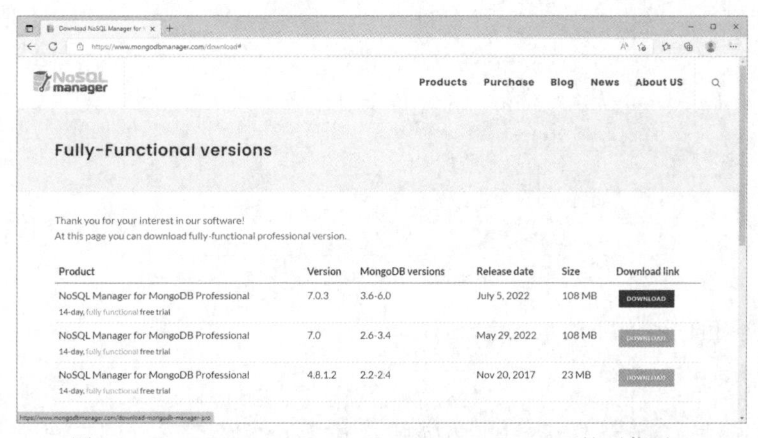

图 6.6　NoSQL Manager for MongoDB Professional 的下载页面

6.2.3　MongoDB 的常用操作指令

1. 管理数据库

（1）显示数据库。显示当前正在操作的数据库可以使用如下指令：

```
db
```

查看当前已创建数据库列表可以使用如下指令：

```
show dbs
```

（2）切换/创建数据库。如果数据库不存在，则创建，否则进入该数据库，使用的指令如下所示：

```
use 数据库名
```

需要说明的是，创建数据库后，新创建的数据库并不会出现在数据库列表中，只有在新创建的数据库中添加数据后，该数据库才会出现在数据库列表中。

在MongoDB中使用内置句柄db执行数据库操作，许多操作仅可以被应用到一个数据库中，因此在对某个数据库执行操作时，需要将db句柄切换到指定的数据库，可以用以下指令进行数据库的切换：

```
use 数据库名
db = db.getSiblingDB('数据库名')
```

（3）删除数据库。要从MongoDB的Shell工具中删除一个数据库，可以使用以下指令：

```
use 数据库                                    // 切换到指定要删除的数据库
db.dropDatabase('数据库名')                    // db句柄代表要删除的数据库
```

【例6-1】数据库的管理

在MongoDB中首先创建一个数据库demo，然后增加一个集合（否则无法显示），再显示当前所有的数据库（列表中含有demo数据库），接着删除demo数据库；再显示当前所有的数据库（列表中已经不包含demo数据库）。其在Shell工具中的运行命令及显示结果如图6.7所示。

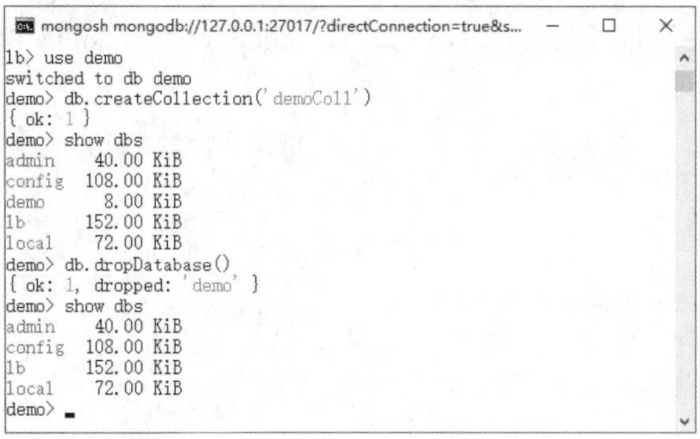

```
mongosh mongodb://127.0.0.1:27017/?directConnection=true&s...
lb> use demo
switched to db demo
demo> db.createCollection('demoColl')
{ ok: 1 }
demo> show dbs
admin    40.00 KiB
config  108.00 KiB
demo      8.00 KiB
lb      152.00 KiB
local    72.00 KiB
demo> db.dropDatabase()
{ ok: 1, dropped: 'demo' }
demo> show dbs
admin    40.00 KiB
config  108.00 KiB
lb      152.00 KiB
local    72.00 KiB
demo>
```

图6.7　管理数据库

例6-1中使用的指令如下所示：

```
// 例6-1 数据库管理指令

// 切换当前数据库为demo，如果数据库不存在，就创建demo数据库
use demo

// 在当前数据库中创建集合demoColl，这样使用show dbs命令才能显示出demo数据库
db.createCollection('demoColl')

// 显示所有数据库，验证已创建demo数据库
show dbs

// 删除当前数据库
db.dropDatabase()

// 显示所有数据库，验证demo数据库已删除
show dbs
```

扫一扫，看视频

2. 管理集合

（1）显示当前数据库的集合。在数据库操作中经常需要查看数据库包含的集合列表，如验证集合的存在、找出集合的名称等。显示当前数据库的集合列表的指令如下所示：

```
show collections
```

（2）创建集合。在MongoDB数据库中创建集合之后才可以向集合中存储文档。要创建一个集合，需要在数据库句柄db中调用createCollection(name,[options])，其语句如下所示：

```
db.createCollection(name,[options])
```

其中，name参数是新创建集合的名字;options参数是一个对象，该对象的主要参数有以下几种：

- capped：是否启用集合限制，如果启用，表示该集合是一个封顶集合，不会超过size属性指定的最大规模，默认为不启用。
- size：限制集合使用空间的大小，默认为没有限制。
- max：集合中的最大条数限制，默认为没有限制。
- autoIndexId：是否使用_id作为索引，默认为使用。

（3）获取集合对象。获取集合对象可以使用以下两种指令：

```
db.getCollection('集合名')
db.<集合名>
```

然后可以通过该对象对该集合及该集合中的文档进行操作。

（4）集合的其他常用指令。

db.getCollectionInfos()：查看当前数据库中所有集合的信息。

db.<集合名>.remove({})：清空指定集合下的所有文档。

db.<集合名>.drop()：删除指定集合。

db.<集合名>.count()：查询当前集合的数据文档条数。

【例6-2】集合管理

例6-2首先显示当前数据库中的所有集合，然后创建一个数据集合myColl，最后删除新创建的数据集合。其在Shell工具中的运行命令及显示结果如图6.8所示。

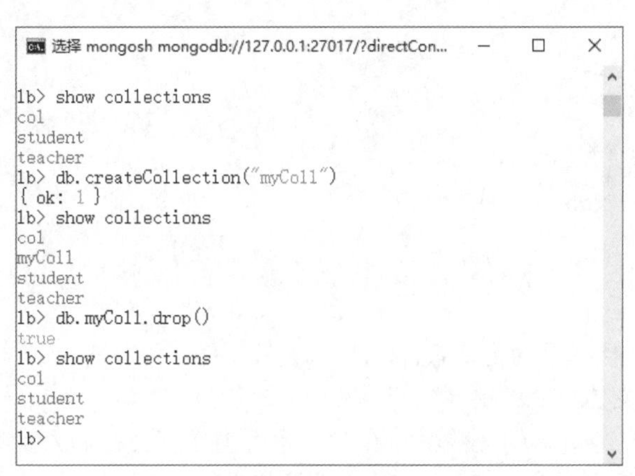

图6.8　集合管理

例6-2中使用的指令如下所示：

```
// 例6-2数据集合管理指令
```

```
// 显示当前数据库中的所有集合
show collections

// 创建新数据集合myColl
db.createCollection("myColl")

// 显示当前数据库中的所有集合，验证myColl被创建
show collections

// 删除myColl集合
db.myColl.drop()

// 显示当前数据库中的所有集合，验证myColl被删除
show collections
```

3. 管理文档

(1)插入文档。向集合中插入一个文档，可以使用下面的指令实现：

```
db.<集合名>.insertOne(对象参数)
```

其中，"对象参数"是以一个大括号包含起来的键/值对。需要说明的是，如果集合不存在，则插入操作将创建新集合，再将文档插入到新集合中。例如，向myColl集合增加一个姓名是"张三"、年龄是18的文档，其使用的指令如下所示：

```
db.myColl.insertOne({name:'张三',age:18})
```

如果需要一次性向集合中插入多个文档，其使用的指令如下所示：

```
db.<集合名>.insertMany(对象参数)
```

其中，"对象参数"是由多个大括号包含起来的键/值对。

(2)查看文档。查看集合中的文档内容使用的指令如下所示：

```
db.<集合名>.find({条件},{定义显示的字段})
```

例如，查看myColl集合的所有文档使用的指令如下所示：

```
db.myColl.find()
```

(3)更新文档。update()方法用于更新现有文档中的值，其语法格式如下所示：

```
db.<集合名>.update(
  <query>,
  <update>,
  {
    upsert: <boolean>,
    multi: <boolean>,
    writeConcern: <document>
  }
)
```

其中的参数说明如下：

- query是更新文档指令的更新条件。
- update是更新文档指令的更新内容。
- upsert用来定义当更新的文档不存在时，是否当作新文档插入到集合中，当值为true时表示插入；当值为false时表示不插入(默认值为false)。
- multi用来表示只更新找到的第一条记录，当值为true时，则把按条件查出来的多条记录全部更新(默认值为false)。

● writeConcern用来定义抛出异常的级别。

例如，修改myColl集合中姓名是“张三”的文档的年龄为20，使用的指令如下所示：

```
db.myColl.update({name:'张三'},{$set:{age:20}})
```

上例中的$set用来指定一个键的值，如果这个键不存在，则创建。上例中的语句只会修改第一条发现的文档，如果要修改多条相同的文档，则需要设置multi参数为 true，使用的指令如下所示：

```
db.myColl.update({name:'张三'},{$set:{age:20}},{multi:true})
```

（4）删除文档。remove()方法用来删除集合中的文档，在执行remove()方法前，先执行find()方法判断执行的条件是否正确，其语法格式如下所示：

```
db.<集合名>.remove(
  <query>,
  {
    justOne: <boolean>,
    writeConcern: <document>
  }
)
```

其中，参数query表示删除文档的条件；justOne为可选项，如果设为true或1，则只删除一个文档；writeConcern为可选项，抛出异常的级别。例如，删除集合中年龄为20且第一个找到的文档，使用的指令如下所示：

```
db.myColl.remove({age:20},{justOne:true})
```

如果删除集合中年龄为20的所有文档，使用的指令如下所示：

```
db.myColl.remove({age:20})
```

【例6-3】文档管理

在例6-3中，首先向myColl集合插入两个文档，然后列出myColl集合中的所有文档以验证是否正确插入了文档，再把姓名是“张三”的文档的年龄修改为20，最后删除年龄是20的第一个文档。其运行结果如图6.9所示。

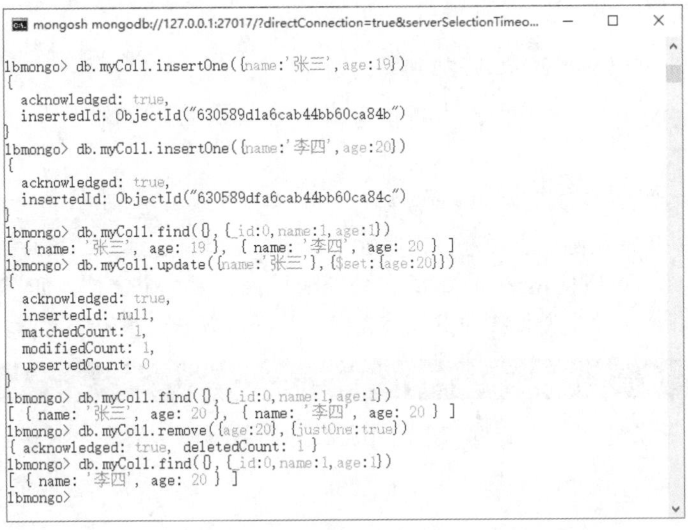

```
mongosh mongodb://127.0.0.1:27017/?directConnection=true&serverSelectionTimeo...

lbmongo> db.myColl.insertOne({name:'张三',age:19})
{
  acknowledged: true,
  insertedId: ObjectId("630589d1a6cab44bb60ca84b")
}
lbmongo> db.myColl.insertOne({name:'李四',age:20})
{
  acknowledged: true,
  insertedId: ObjectId("630589dfa6cab44bb60ca84c")
}
lbmongo> db.myColl.find({},{_id:0,name:1,age:1})
[ { name: '张三', age: 19 }, { name: '李四', age: 20 } ]
lbmongo> db.myColl.update({name:'张三'},{$set:{age:20}})
{
  acknowledged: true,
  insertedId: null,
  matchedCount: 1,
  modifiedCount: 1,
  upsertedCount: 0
}
lbmongo> db.myColl.find({},{_id:0,name:1,age:1})
[ { name: '张三', age: 20 }, { name: '李四', age: 20 } ]
lbmongo> db.myColl.remove({age:20},{justOne:true})
{ acknowledged: true, deletedCount: 1 }
lbmongo> db.myColl.find({},{_id:0,name:1,age:1})
[ { name: '李四', age: 20 } ]
lbmongo>
```

图 6.9　文档管理

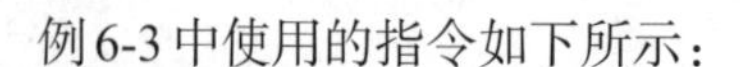
例6-3中使用的指令如下所示：

扫一扫，看视频

```
// 例6-3文档管理

// 向myColl集合插入两个文档
db.myColl.insertOne({name:'张三',age:19})
db.myColl.insertOne({name:'李四',age:20})

// 显示myColl集合中的所有文档，目的是验证之前插入的两个文档是否成功
// 其中_id:0表示不显示文档中id属性的内容，name:1,age:1表示显示name和age属性
db.myColl.find({},{_id:0,name:1,age:1})

// 把姓名是"张三"的文档的年龄修改为20
db.myColl.update({name:'张三'},{$set:{age:20}})

// 显示myColl集合中的所有文档，目的是验证之前更新的文档操作是否成功
db.myColl.find({},{_id:0,name:1,age:1})

// 删除年龄是20的第一个文档
db.myColl.remove({age:20},{justOne:true})

// 显示myColl集合中的所有文档，目的是验证之前删除文档的操作是否成功
db.myColl.find({},{_id:0,name:1,age:1})
```

6.3 文档查询

6.3.1 基本查询

MongoDB使用find()方法进行文档查询。find()方法中可以设置两个参数，并且两个参数以逗号分隔，其中第一个参数是查询条件，第二个参数是返回的字段，_id默认返回。其语法格式如下所示：

```
db.<集合名>.find({条件},{定义显示的字段})
```

例如，查询myColl集合中年龄为19的文档，并且仅返回name字段，使用的指令如下所示：

```
db.myColl.find({age:19},{_id:0,name:1})
```

把返回的结果集使用游标进行遍历，把游标看作一个指针，通常初始时游标指向查询结果第一个文档的前面，可以使用haveNext()方法判断是否有下一个文档，如果有，则返回true，否则返回false；next()方法把游标指向下一个文档，这样可以依次遍历结果集。

【例6-4】基本查询与遍历集合的文档

在例6-4中，首先进行基本查询，再使用游标遍历数据库中的集合。其运行结果如图6.10所示。

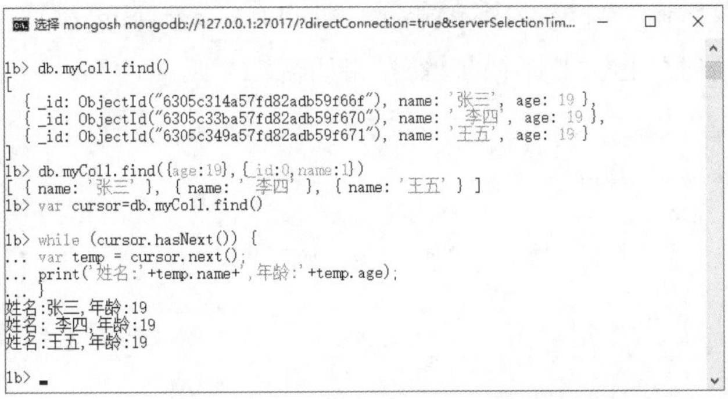
选择 mongosh mongodb://127.0.0.1:27017/?directConnection=true&serverSelectionTim...
lb> db.myColl.find()
[
{ _id: ObjectId("6305c314a57fd82adb59f66f"), name: '张三', age: 19 },
{ _id: ObjectId("6305c33ba57fd82adb59f670"), name: ' 李四', age: 19 },
{ _id: ObjectId("6305c349a57fd82adb59f671"), name: '王五', age: 19 }
]
lb> db.myColl.find({age:19},{_id:0,name:1})
[{ name: '张三' }, { name: ' 李四' }, { name: '王五' }]
lb> var cursor=db.myColl.find()
lb> while (cursor.hasNext()) {
... var temp = cursor.next();
... print('姓名:'+temp.name+',年龄:'+temp.age);
... }
姓名:张三,年龄:19
姓名: 李四,年龄:19
姓名:王五,年龄:19
lb>

图 6.10　基本查询与遍历集合的文档

例6-4中使用的指令如下所示：

```
// 例6-4基本查询与遍历集合的文档
// 查询myColl集合中的所有文档
db.myColl.find()

// 查询年龄是19的所有文档，仅显示name属性的值
db.myColl.find({age:19},{_id:0,name:1})

// 创建游标cursor，其值指向myColl集合第一个文档的前面
var cursor=db.myColl.find()

// 使用游标遍历myColl集合，并使用指定格式输出
while (cursor.hasNext()) {                     // 是否有下一个文档
  var temp = cursor.next();                    // 有，把游标移动到该文档
  print('姓名:'+temp.name+',年龄:'+temp.age);  // 输出游标所指文档的内容
}
```

扫一扫，看视频

6.3.2　条件查询

1. 条件操作符

条件操作符用于比较两个表达式并从MongoDB集合中获取数据。MongoDB中的条件操作符有：

（1）$gt：大于。

（2）$lt：小于。

（3）$gte：大于等于。

（4）$lte：小于等于。

（5）$ne：不等于。

例如，查询年龄等于19的人员姓名和年龄：

```
db.myColl.find({age:19},{_id:0,name:1,age:1})
```

例如，查询年龄大于18并且小于65的人员姓名和年龄：

```
db.myColl.find({age:{$gt:18,$lt:65}},{_id:0,name:1,age:1})
```

例如，查询年龄小于18或者大于65的人员姓名和年龄：

```
db.myColl.find({$or:[{age:{$lt:18}},{age:{$gt:65}}]},{_id:0,name:1,age:1})
```

例如，查询姓名是“李四”，并且年龄小于18或者大于65的人员所有信息：

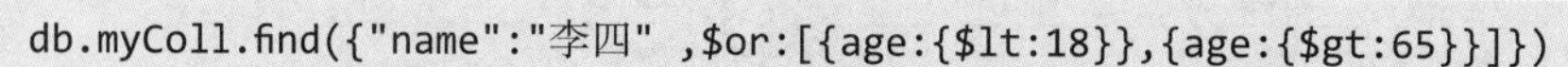

```
db.myColl.find({"name":"李四" ,$or:[{age:{$lt:18}},{age:{$gt:65}}]})
```

上述几条查询语句在Shell工具中的运行结果如图6.11所示。

```
mongosh mongodb://127.0.0.1:27017/?directConnection=true&serverSelectionTimeout...

lb> db.myColl.find()
[
  { _id: ObjectId("6305c314a57fd82adb59f66f"), name: '张三', age: 38 },
  { _id: ObjectId("6305c33ba57fd82adb59f670"), name: '李四', age: 16 },
  { _id: ObjectId("6305c349a57fd82adb59f671"), name: '王五', age: 19 },
  { _id: ObjectId("6305d79ba57fd82adb59f672"), name: '赵四', age: 66 }
]
lb> db.myColl.find({age:19},{_id:0,name:1,age:1})
[ { name: '王五', age: 19 } ]
lb> db.myColl.find({age:{$gt:18,$lt:65}},{_id:0,name:1,age:1})
[ { name: '张三', age: 38 }, { name: '王五', age: 19 } ]
lb> db.myColl.find({$or:[{age:{$lt:18}},{age:{$gt:65}}]},{_id:0,name:1,age:1})
[ { name: '李四', age: 16 }, { name: '赵四', age: 66 } ]
lb> db.myColl.find({"name":"李四",$or:[{age:{$lt:18}},{age:{$gt:65}}]})
[ { _id: ObjectId("6305c33ba57fd82adb59f670"), name: '李四', age: 16 } ]
lb>
```

图6.11　条件查询

2. 特定类型的查询

（1）存在查询。判断文档中的某个字段是否存在的操作符是$exists。例如，查询当前数据库的myColl集合中的age字段存在的文档，可以使用如下语句实现：

```
db.myColl.find({"age":{$exists:true}},{_id:0,name:1,age:1})
```

（2）取模。取模的操作符是$mod。例如，查询当前数据库的myColl集合中age字段的值对5取模后等于1的数据文档，可以使用如下语句实现：

```
db.myColl.find({"age":{$mod:[5,1]}},{_id:0,name:1,age:1})
```

（3）包含或者不包含。包含的操作符是$in，不包含的操作符是$nin。例如，查询当前数据库的myColl集合中的name字段包含在["王五","赵四"]数组中的文档，可以使用如下语句实现：

```
db.myColl.find({"name":{$in:["王五","赵四"]}},{_id:0,name:1,age:1})
```

例如，查询当前数据库的myColl集合中的name字段不包含在["王五","赵四"]数组中的文档，可以使用如下语句实现：

```
db.myColl.find({"name":{$nin:["王五","赵四"]}},{_id:0,name:1,age:1})
```

上例还可以使用$not（反匹配）操作符实现，使用的语句如下所示：

```
db.myColl.find({"name":{$not:{$in:["王五","赵四"]}}},{_id:0,name:1,age:1})
```

上述几条查询语句的运行结果如图6.12所示。

```
mongosh mongodb://127.0.0.1:27017/?directConnection=true&serverSelectionTimeoutMS=...
lb> db.myColl.find()
[
  { _id: ObjectId("6305c314a57fd82adb59f66f"), name: '张三', age: 38 },
  { _id: ObjectId("6305c33ba57fd82adb59f670"), name: '李四', age: 16 },
  { _id: ObjectId("6305c349a57fd82adb59f671"), name: '王五', age: 19 },
  { _id: ObjectId("6305d79ba57fd82adb59f672"), name: '赵四', age: 66 },
  { _id: ObjectId("63072b2ea668b330fe33a6b3"), name: '刘大状' }
]
lb> db.myColl.find({"age":{$exists:true}},{_id:0,name:1,age:1})
[
  { name: '张三', age: 38 },
  { name: '李四', age: 16 },
  { name: '王五', age: 19 },
  { name: '赵四', age: 66 }
]
lb> db.myColl.find({"age":{$mod:[5,1]}},{_id:0,name:1,age:1})
[ { name: '李四', age: 16 }, { name: '赵四', age: 66 } ]
lb> db.myColl.find({"name":{$in:["王五","赵四"]}},{_id:0,name:1,age:1})
[ { name: '王五', age: 19 }, { name: '赵四', age: 66 } ]
lb> db.myColl.find({"name":{$nin:["王五","赵四"]}},{_id:0,name:1,age:1})
[ { name: '张三', age: 38 }, { name: '李四', age: 16 }, { name: '刘大状' } ]
lb> db.myColl.find({"name":{$not:{$in:["王五","赵四"]}}},{_id:0,name:1,age:1})
[ { name: '张三', age: 38 }, { name: '李四', age: 16 }, { name: '刘大状' } ]
lb>
```

图6.12　特定类型的查询

3. 模糊查询

前面学习的查询都是精确查询或者范围查询，如果要查询的字段值不是特别精确，可以使用模糊查询，在MongoDB中，模糊查询使用正则表达式实现，有关正则表达式的定义和使用方法可以查阅2.8节。

在MongoDB中，“/正则表达式/”表示启用正则表达式。例如，查询当前数据库的myColl集合的name字段中包含“四”的数据文档，可以使用如下语句实现：

```
db.myColl.find({"name":/四/},{_id:0,name:1,age:1})
```

例如，查询当前数据库的myColl集合的name字段中开头是“王”的数据文档，可以使用如下语句实现：

```
db.myColl.find({"name":/^王/},{_id:0,name:1,age:1})
```

例如，查询当前数据库的myColl集合的name字段中结尾是“四”的数据文档，可以使用如下语句实现：

```
db.myColl.find({"name":/四$/},{_id:0,name:1,age:1})
```

例如，查询当前数据库的myColl集合的name字段中第二个字是“四”的数据文档，可以使用如下语句实现：

```
db.myColl.find({"name":/^.{1}四/},{_id:0,name:1,age:1})
```

上述几条查询语句在Shell工具中的运行结果如图6.13所示。

```
mongosh mongodb://127.0.0.1:27017/?directConnection=true&serverSelectionTim...
lb> db.myColl.find()
[
  { _id: ObjectId("6305c314a57fd82adb59f66f"), name: '张三', age: 38 },
  { _id: ObjectId("6305c33ba57fd82adb59f670"), name: '李四', age: 16 },
  { _id: ObjectId("6305c349a57fd82adb59f671"), name: '王五', age: 19 },
  { _id: ObjectId("6305d79ba57fd82adb59f672"), name: '赵四弟', age: 66 },
  { _id: ObjectId("63072b2ea668b330fe33a6b3"), name: '刘四妹' },
  { _id: ObjectId("630815c00178ba4657104fa6"), name: '刘小四' }
]
lb> db.myColl.find({"name":/四/},{_id:0,name:1,age:1})
[
  { name: '李四', age: 16 },
  { name: '赵四弟', age: 66 },
  { name: '刘四妹' },
  { name: '刘小四' }
]
lb> db.myColl.find({"name":/^王/},{_id:0,name:1,age:1})
[ { name: '王五', age: 19 } ]
lb> db.myColl.find({"name":/四$/},{_id:0,name:1,age:1})
[ { name: '李四', age: 16 }, { name: '刘小四' } ]
lb> db.myColl.find({"name":/^.{1}四/},{_id:0,name:1,age:1})
[ { name: '李四', age: 16 }, { name: '赵四弟', age: 66 }, { name: '刘四妹' } ]
lb>
```

图 6.13　模糊查询

4. 控制返回数据

limit(n)方法用于读取查询数据结果文档中指定的前n个文档，而skip(n)用于跳过查询数据结果文档中指定的前n个文档。

例如，显示当前数据库的myColl集合中的前3个文档，可以使用如下语句实现：

```
db.myColl.find({},{_id:0,name:1,age:1}).limit(3)
```

例如，跳过当前数据库的myColl集合中的前3个文档，然后显示后面的所有文档，可以使用如下语句实现：

```
db.myColl.find({},{_id:0,name:1,age:1}).skip(3)
```

例如，显示当前数据库的myColl集合中的第2～5个文档(此示例在实际查询应用中一般是分页返回数据文档），可以其使用如下语句实现：

```
db.myColl.find({},{_id:0,name:1,age:1}).skip(1).limit(4)
```

上述几条查询语句在Shell工具中的运行结果如图6.14所示。

```
选择 mongosh mongodb://127.0.0.1:27017/?directConnection=true&serverSelectio...
lb> db.myColl.find()
[
  { _id: ObjectId("6305c314a57fd82adb59f66f"), name: '张三', age: 38 },
  { _id: ObjectId("6305c33ba57fd82adb59f670"), name: '李四', age: 16 },
  { _id: ObjectId("6305c349a57fd82adb59f671"), name: '王五', age: 19 },
  { _id: ObjectId("6305d79ba57fd82adb59f672"), name: '赵四弟', age: 66 },
  { _id: ObjectId("63072b2ea668b330fe33a6b3"), name: '刘四妹' },
  { _id: ObjectId("630815c00178ba4657104fa6"), name: '刘小四' }
]
lb> db.myColl.find({},{_id:0,name:1,age:1}).limit(3)
[
  { name: '张三', age: 38 },
  { name: '李四', age: 16 },
  { name: '王五', age: 19 }
]
lb> db.myColl.find({},{_id:0,name:1,age:1}).skip(3)
[ { name: '赵四弟', age: 66 }, { name: '刘四妹' }, { name: '刘小四' } ]
lb> db.myColl.find({},{_id:0,name:1,age:1}).skip(1).limit(4)
[
  { name: '李四', age: 16 },
  { name: '王五', age: 19 },
  { name: '赵四弟', age: 66 },
  { name: '刘四妹' }
]
lb>
```

图 6.14　控制返回数据

5. 排序与统计

排序使用sort()函数，1表示升序，–1表示降序。其语法格式如下所示：

```
db.<集合名>.find().sort({字段1:1, 字段2: -1},…)
```

例如，显示当前数据库的myColl集合中的所有文档并按年龄降序排序，可以使用如下语句实现：

```
db.myColl.find({},{_id:0,name:1,age:1}). sort({age:-1})
```

另外统计数量使用count()函数。其语法格式如下所示：

```
db.<集合名>.find().count()
```

例如，显示当前数据库的myColl集合中的年龄大于18的文档个数，可以使用如下语句实现：

```
db.myColl.find({age:{$gt:18}}).count()
```

消除某字段的重复值需要使用distinct()方法对数据进行去重。其语法格式如下所示：

```
db.<集合名>.distinct("去重字段",{查询条件})
```

例如，查询当前数据库的myColl集合中有哪些不同年龄的文档，可以使用如下语句实现：

```
db.myColl.distinct("age")
```

例如，查询当前数据库的myColl集合中年龄大于18的有哪些不同年龄的文档，可以使用如下语句实现：

```
db.myColl.distinct("age",{age:{$gt:18}})
```

上述几条查询语句的运行结果如图6.15所示。

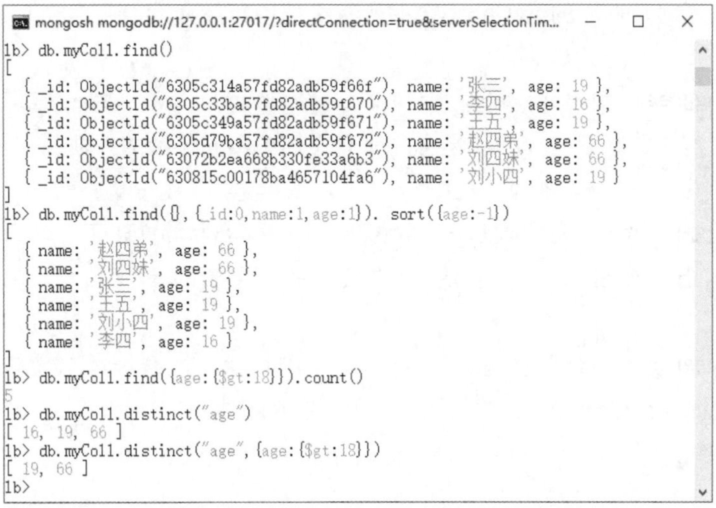

```
mongosh mongodb://127.0.0.1:27017/?directConnection=true&serverSelectionTim...
1b> db.myColl.find()
[
  { _id: ObjectId("6305c314a57fd82adb59f66f"), name: '张三', age: 19 },
  { _id: ObjectId("6305c33ba57fd82adb59f670"), name: '李四', age: 16 },
  { _id: ObjectId("6305c349a57fd82adb59f671"), name: '王五', age: 19 },
  { _id: ObjectId("6305d79ba57fd82adb59f672"), name: '赵四弟', age: 66 },
  { _id: ObjectId("63072b2ea668b330fe33a6b3"), name: '刘四妹', age: 66 },
  { _id: ObjectId("630815c00178ba4657104fa6"), name: '刘小四', age: 19 }
]
1b> db.myColl.find({},{_id:0,name:1,age:1}). sort({age:-1})
[
  { name: '赵四弟', age: 66 },
  { name: '刘四妹', age: 66 },
  { name: '张三', age: 19 },
  { name: '王五', age: 19 },
  { name: '刘小四', age: 19 },
  { name: '李四', age: 16 }
]
1b> db.myColl.find({age:{$gt:18}}).count()
5
1b> db.myColl.distinct("age")
[ 16, 19, 66 ]
1b> db.myColl.distinct("age",{age:{$gt:18}})
[ 19, 66 ]
1b>
```

图 6.15　排序与统计

6.3.3　聚合查询

聚合查询主要用于处理数据并返回计算结果。聚合查询将来自多个文档的值组合在一起，按条件分组后再进行一系列操作(如求和、平均值、最大值、最小值)以返回单个结果。

MongoDB通过聚合管道将MongoDB文档在一个管道处理完毕后将结果传递给下一个管道处理。聚合框架中常用的几个操作如下：

(1) $project：修改输入文档的结构。可以用来重命名、增加或删除域，也可以用来创建计算结果以及嵌套文档。

(2) $match：过滤数据，只输出符合条件的文档。$match使用MongoDB的标准查询操作。

(3) $limit：限制MongoDB聚合管道返回的文档数。

(4) $skip：在聚合管道中跳过指定数量的文档并返回其他文档。

(5) $unwind：将文档中的某一个数组类型字段拆分成多条，每条包含数组中的一个值。

(6) $group：将集合中的文档分组，可用于统计结果。

(7) $sort：将输入文档排序后输出。

管道聚合语句的语法格式如下所示：

```
db.<集合名>.aggregate([
  {$match:{<query>}},
  {$group:{<field1>, <field2>}}
])
```

其中，field1是分类字段;field2是含各种统计操作符的数值型字段，而统计操作符主要包括：

- $sum：计算总和。
- $avg：计算平均值。
- $min：计算最小值。
- $max：计算最大值。
- $push：在结果文档中插入值到一个数组中。
- $first：根据资源文档的排序获取第一个文档数据。
- $last：根据资源文档的排序获取最后一个文档数据。

例如，查询当前数据库的myColl集合的所有文档中年龄最大的是多少，其实现语句如下所示：

```
db.myColl.aggregate([{$group: {_id: null, personAge: {$max:'$age'}}}])
```

例如，统计当前数据库的myColl集合的所有文档中不同年龄的人数各有多少，其实现语句如下所示：

```
db.myColl.aggregate([{$group:{_id:"$age",num_total:{$sum:1}}}])
```

例如，显示当前数据库的myColl集合的最后一个文档的age字段值，其实现语句如下所示：

```
db.myColl.aggregate([{$group: {_id: null, lastDocument: {$last:'$age'}}}])
```

上述几条查询语句在Shell工具中的运行结果如图6.16所示。

```
mongosh mongodb://127.0.0.1:27017/?directConnection=true&serverSelectionTimeoutM...
lb> db.myColl.find()
[
  { _id: ObjectId("6305c314a57fd82adb59f66f"), name: '张三', age: 19 },
  { _id: ObjectId("6305c33ba57fd82adb59f670"), name: '李四', age: 16 },
  { _id: ObjectId("6305c349a57fd82adb59f671"), name: '王五', age: 19 },
  { _id: ObjectId("6305d79ba57fd82adb59f672"), name: '赵四弟', age: 66 },
  { _id: ObjectId("63072b2ea668b330fe33a6b3"), name: '刘四妹', age: 66 },
  { _id: ObjectId("630815c00178ba4657104fa6"), name: '刘小四', age: 19 }
]
lb> db.myColl.aggregate([{$group: {_id: null, personAge: {$max:'$age'}}}])
[ { _id: null, personAge: 66 } ]
lb> db.myColl.aggregate([{$group:{_id:"$age",num_total:{$sum:1}}}])
[
  { _id: 16, num_total: 1 },
  { _id: 66, num_total: 2 },
  { _id: 19, num_total: 3 }
]
lb> db.myColl.aggregate([{$group: {_id: null, lastDocument: {$last:'$age'}}}])
[ { _id: null, lastDocument: 19 } ]
lb>
```

图 6.16　聚合查询

6.4 MongoDB数据库的基本操作

6.4.1 连接 MongoDB

在Node.js应用程序中访问MongoDB数据库的第一步就是要在应用程序的项目目录中安装MongoDB的驱动模块。

由于Node.js采用模块化架构，把MongoDB的Node.js驱动程序添加到一个项目仅需要一个简单的npm命令。在项目的根目录下使用以下语句安装MongoDB驱动模块：

```
npm install mongodb --save
```

如果在项目的根目录下不存在node_modules目录，就会自动创建该目录，而MongoDB驱动模块就安装在此目录下。

当MongoDB驱动模块安装成功后，Node.js的应用程序文档就可以使用下面的语句来导入对MongoDB数据库的操作：

```
require('mongodb')
```

导入MongoDB驱动模块后，用户可以使用该模块中的MongoClient对象访问MongoDB数据库，创建该对象使用的语句如下所示：

```
const MongoClient = require('mongodb').MongoClient;
```

再调用MongoClient对象的connect()方法连接MongoDB数据库，connect()方法的语法格式如下所示：

```
MongoClient.connect(connString, options, callback)
```

（1）参数connString是用来指出连接数据库的字符串，其语法格式如下所示（其参数说明见表6.2）：

```
mongodb://username:password@host:port/database?opations
```

表 6.2　connString 字符串的参数说明

选　项	说　明
mongodb://	指定字符串使用 mongodb 的连接格式
username	身份验证时使用的用户名，可选参数
password	身份验证时使用的密码，可选参数
host	MongoDB 服务器主机名或者域名，可以用多个 host:port 组合连接多个 MongoDB 服务器。例如，mongodb://host1:270017, host2://270017, host3:270017/testDB
port	连接 MongoDB 服务器时使用的端口，默认值为 27017
database	要连接的数据库的名字，默认值为 admin
options	连接时所使用选项的键 / 值对，可以在 dbOpt 和 serverOpt 参数上指定这些选项

例如，连接MongoDB数据库使用的用户名是mongodb、密码是test、数据库名是mymongodb，其连接字符串如下所示：

```
mongodb://mongodb:test@localhost:27017/mymongodb
```

（2）参数options是可以包含db、server、rplSet和mongos属性的一个对象。

（3）参数callback是连接完成后的回调函数。该回调函数有两个参数，第一个参数是连接不成功的错误，第二个参数是连接成功的db对象。如果出现错误，则db对象实例为null；否则可以用db对象访问MongoDB数据库，因为连接已经建立并验证通过。

连接MongoDB数据库的基本语句如下所示：

```
const MongoClient = require('mongodb').MongoClient;
const url = "mongodb://localhost:27017/";
MongoClient.connect(url, function (err, db) {
  // 对数据库的一些操作
});
```

6.4.2　显示数据文档

本小节将介绍如何通过客户端浏览器将MongoDB数据库的myColl集合中的文档以表格的形式显示。首先讲解不带客户端的、仅在服务器端读取数据库数据的操作，重点理解连接和操作MongoDB数据库的基本方法。

【例6-5】读取数据

在例6-5中，MongoDB数据库的myColl集合中的文档会显示在服务器的控制台中。本例中MongoDB数据库的myColl集合中的数据如图6.17所示。通过Node.js程序把数据库中年龄为19的数据文档显示在控制台中，显示结果如图6.18所示。

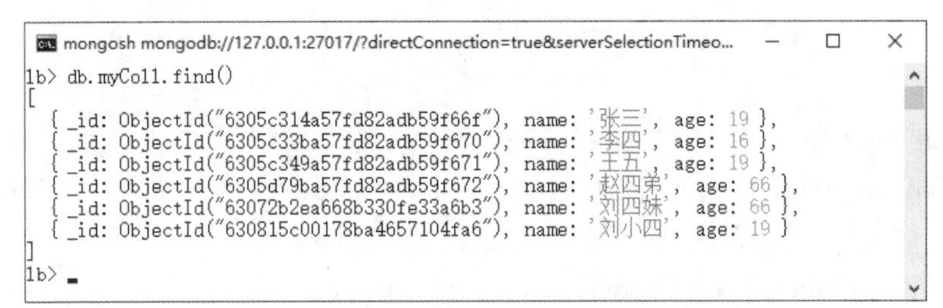

图 6.17　集合中的原始文档

```
管理员: C:\Windows\System32\cmd.exe
C:\lb\6>node 6-5-readMongoDB.js
[
  {
    _id: new ObjectId("6305c314a57fd82adb59f66f"),
    name: '张三',
    age: 19
  },
  {
    _id: new ObjectId("6305c349a57fd82adb59f671"),
    name: '王五',
    age: 19
  },
  {
    _id: new ObjectId("630815c00178ba4657104fa6"),
    name: '刘小四',
    age: 19
  }
]

C:\lb\6>
```

图 6.18　年龄为 19 的数据文档

例6-5的代码如下所示：

扫一扫，看视频

```
// 例6-5-readMongoDB.js程序代码

// 导入mongodb并获得MongoClient类的对象变量
var MongoClient = require('mongodb').MongoClient;

// 定义连接MongoDB服务器URL地址的字符串变量
var url = "mongodb://localhost:27017/";

// 使用MongoClient对象连接MongoDB服务器
MongoClient.connect(url, function(err, db) {

  // 如果有错误，抛出错误
  if (err) throw err;

  // 定义使用的MongoDB数据库为lb
  var dbo = db.db("lb");

  // 返回myColl集合中年龄为19的数据文档
  // collection()方法表示在数据库中的哪个集合进行查询
  // find()方法中的参数是年龄等于19
  dbo.collection("myColl"). find({age:19}).toArray(function(err, result) {
      if (err) throw err;
      console.log(result);                          // 控制台输出查询的结果
      db.close();                                   // 关闭数据库
  });
});
```

6.4.3 通过 Ajax 访问 MongoDB 数据库

Fetch API提供了一个JavaScript接口，用于访问和操纵HTTP的管道，另外还提供了一个全局的fetch()方法，该方法提供了一种简单、合理的方式来跨网络异步获取资源。fetch()方法的功能与XMLHttpRequest基本相同，但有3个主要差异：

（1）fetch()方法使用Promise，不使用回调函数，因此大大简化了写法。

（2）fetch()方法采用模块化设计，API分散在多个对象上（Response对象、Request对象、Headers对象）；而XMLHttpRequest的API设计并不是很好，其输入、输出、状态都在同一个接口管理，容易写出非常混乱的代码。

（3）fetch()方法通过数据流（Stream对象）处理数据，可以分块读取，有利于提高网站性能表现和减少内存占用，对于请求大文件或者网速慢的场景相当有用。

在用法上，fetch()方法接收一个URL字符串作为参数，默认向该网址发出GET请求，返回Promise对象，其基本用法如下所示：

```
fetch(url)
  .then(...)
  .catch(...)
```

使用下面的语句从服务器获取JSON数据：

```
fetch('https://api.github.com/users/ruanyf')
  .then(response => response.json())
  .then(json => console.log(json))
  .catch(err => console.log('Request Failed', err));
```

其中，fetch()方法接收到的response响应是一个Stream对象；response.json()是一个异步操作，含义是取出所有内容并将其转为JSON对象。

【例6-6】通过Ajax访问MongoDB数据库

在例6-6中，使用客户端浏览器通过Ajax访问MongoDB中的数据并在浏览器中显示出来，其显示结果如图6.19所示。此处需要说明的是，在Node.js中使用了模板引擎对从服务器端返回的数据进行展示，在模板引擎中，Ajax的使用方法是读者需要重点关注的。

用户列表

用户名	年龄
张三	19
李四	16
王五	19
赵四弟	66
刘四妹	66
刘小四	19

图 6.19　访问 MongoDB 数据库在浏览器中的显示结果

例6-6的服务器端代码如下所示：

```
// 例6-6-listUser.js程序代码

// 导入express模块并生成express的实例对象app
const express = require('express')
```

扫一扫，看视频

```
const app = express()

// 设定监听的服务器端口号为3000
const port = 3000

// 导入跨域处理的中间件
const cors = require('cors')

// 导入mongodb中间件并获得MongoClient类的对象变量
const MongoClient = require('mongodb').MongoClient;

// 定义连接MongoDB服务器的URL地址
const url = "mongodb://localhost:27017/";

// 挂载跨域中间件
app.use(cors())

// 配置模板引擎EJS，指定模板的文件目录是ejs
app.set('views', './ejs')
app.set('view engine', 'ejs')

// 定义list路由，该路由的访问方法是get
app.get('/list', (req, res) => {

  // 连接url变量指定的数据库，连接成功后返回结果存储在db变量中，出错则将错误存储在err变量中
  MongoClient.connect(url, function (err, db) {
    // 连接错误，抛出错误
    if (err) throw err;

    // 定义访问的数据库是lb
    var dbo = db.db("lb");

    // 返回myColl集合中所有数据文档并转换成数组
    dbo.collection("myColl").find({}).toArray(function (err, result) {
      if (err) throw err;          // 查询出错，抛出错误
      res.send(result)             // 返回查询结果
      db.close();                  // 关闭数据库
    });
  });
})

// 定义根路由，该路由的访问方法是get
app.get('/', (request, response) => {

  // 为模板引擎准备数据，此处定义的是一个字符串和一个对象数组
  const title = '用户列表'

  // 指定解析模板为listusers
  // 其含义是使用ejs目录下的listUserClient.ejs解析此处下发的对象数据{title}
  response.render('listUserClient', { title})
})

// 监听指定端口，启动Web服务器
app.listen(port, () => {
  console.log(`Example app listening on port ${port}`)
})
```

客户端模板引擎是把用户返回的数据先展示出来，再用fetch()方法调用Node.js的响应程序把返回的结果展示在浏览器中。客户端的代码如下所示：

```
<!-- 客户端 ejs/listUserClient.html程序代码 -->
<!DOCTYPE html>
<html>
<head>
  <meta charset="UTF-8">
  <meta http-equiv="X-UA-Compatible" content="IE=edge">
  <meta name="viewport" content="width=device-width, initial-scale=1.0">
  <title>用户列表</title>
  <script>
    fetch("http://localhost:3000/list")
      .then(res=>res.json())
     .then(res=>{
        console.log(res)
        render(res)
      })
    function render(data){
      // 把返回的数据转换成指定的格式
      var listTable=data.map(item=>

        // 下面使用的是字符串模板，其变量展示方法是${变量名}
        `<tr>
          <td>${item.name}</td>
          <td>${item.age}</td>
        </tr>`)

      // 获取表格对象的变量
      var oul=document.querySelector(".myTable")

      // 把转换好的JSON数组转换成字符串并追加到表格尾部
      oul.innerHTML+=listTable.join("")

    }
</script>
</head>
<body>
  <table border="1" class="myTable" width="80%" style="margin:0 auto ;">
    <caption><h2><%= title %></h2></caption>
    <tr>
      <th>用户名</th>
      <th>年龄</th>
    </tr>
  </table>
</body>
</html>
```

6.5 本章小结

NoSQL泛指非关系型数据库，而MongoDB数据库是非关系型数据库的典型代表。MongoDB是面向集合存储并易于存储对象类型的数据，支持动态查询、支持完全索引、使用高效的二进制数据存储，包括大型对象(如视频等)。本章详细说明了MongoDB数据库的基本概念和基本操作方法，主要包括MongoDB数据库的安装与配置方法、常用操作指令、基本查询、条件查询、聚合查询、使用Node.js访问MongoDB数据库的操作步骤等。学好MongoDB数据库的基本操作对于后续章节通过不同的框架访问MongoDB数据库有很大帮助。

6.6 习题

一、选择题

1. 下面（　　）是非关系型数据库。

A. SQL Server　　B. MySQL　　C. Oracle　　D. MongoDB

2. MongoDB将数据存储为一个（　　）。

A. 记录　　B. 文档　　C. 文本　　D. 没有限制

3. 显示当前正在操作数据库的指令是（　　）。

A. db　　B. use　　C. show　　D. dir

4. 文档查询使用（　　）方法。

A. emit()　　B. find()　　C. update()　　D. inserted()

5. 在MongoDB中使用“(　　)”表示启用正则表达式。

A. //正则表达式　　B. /正则表达式/　　C. *正则表达式*　　D. --正则表达式

6. 查询当前数据库的myColl集合中name字段以“兵”字结尾的数据使用的正则表达式是（　　）。

A. /兵?/　　B. /兵^/　　C. /兵*/　　D. /兵$/

二、MongoDB 数据库指令解读

1. 写出下面要求所对应的指令。

（1）查询所有记录。

（2）查询age≥18并且age≤65的数据。

（3）查询name字段中包含“艺”的数据。

（4）查询name字段中以“王”开头的数据。

（5）查询指定列name、age的数据。

（6）按照年龄排序。

（7）查询第5条数据。

（8）查询10条以后的数据。

（9）查询第5～10条数据。

（10）查询某个结果集的记录条数。

2. 写出下面指令所对应的含义。

```
db.users.save({name: 'zhangsan', age: 25, sex: 'man'});
db.users.update({age: 25}, {$set: {name: 'changeName'}}, false, true);
db.users.update({name: 'Lisi'}, {$inc: {age: 50}}, false, true);
db.users.remove({age: 132});
db.users.findAndModify({
   query: {age: {$gte: 25}},
   sort: {age: -1},
   update: {$set: {name: 'a2'}, $inc: {age: 2}},
        remove: true
});
```

6.7 实验 MongoDB数据库的基本操作

一、实验目的

（1）掌握MongoDB数据库的安装配置方法。

（2）掌握MongoDB数据库文档的增、删、改、查。

（3）掌握MongoDB数据库的综合查询。

二、实验内容

MongoDB数据库的基本操作，具体要求如下：

（1）切换当前数据库为testDB，如果不存在就创建testDB数据库。

（2）在当前数据库中创建集合demoColl。

（3）显示所有数据库，验证已创建的testDB数据库。

（4）向demoColl集合插入两个文档：

1）用户名：李四；年龄:20。

2）用户名：王五；年龄:18。

（5）显示demoColl集合中的所有文档，目的是验证之前插入的两个文档是否成功。

要求：不显示文档中id属性的内容，仅显示用户名和年龄属性。

（6）把姓名是“王五”的文档的年龄修改为28。

（7）删除年龄是20的第一个文档。

（8）删除当前数据库。

（9）显示所有数据库，验证数据库是否已删除。

第 7 章

数据访问

学习目标

本章主要讲解 Mongoose 工具的基本概念，重点阐述使用 Mongoose 工具对 MongoDB 数据库进行增、删、改、查、模块化、数据校验等基本操作。通过本章的学习，读者应该掌握以下内容：

- 使用 Mongoose 连接数据库的方法。
- 使用 Mongoose 对数据库的文档进行维护。
- Mongoose 的高级操作。

7.1 使用Mongoose访问数据库

7.1.1 Mongoose 简介

Mongoose是在Node.js异步环境下对MongoDB数据库进行便捷操作的对象模型工具，是Node.js对MongoDB数据库访问的驱动程序，能提供数据验证、查询构建、业务逻辑钩子函数等功能，可以对存储在MongoDB数据库中的数据文档进行建模，是一种基于模式的解决方案。使用Mongoose的好处有以下几点：

（1）可以为数据文档创建一个模式结构。

（2）可以对模型中的对象或文档进行验证。

（3）应用程序数据可以通过类型强制转换成对象模型。

（4）可以使用中间件与应用业务逻辑挂钩。

（5）在某些方面Mongoose比Node.js对MongoDB原生驱动程序的使用更容易一点。

1. 安装Mongoose

安装Mongoose的命令如下所示：

```
npm install mongoose --save
```

2. 导入Mongoose并连接数据库

导入Mongoose中间件的语句如下所示：

```
const mongoose=require('mongoose')
```

连接MongoDB数据库的语句如下所示：

```
mongoose.connect('mongodb://localhost/数据库名')
```

如果访问数据库需要使用用户名和密码进行验证才能访问，那么使用的语句如下所示：

```
mongoose.connect('mongodb://用户名：密码@localhost/数据库名')
```

例如，连接MongoDB数据库服务器的名为lb的数据库且无用户名和密码验证要求的语句如下所示：

```
mongoose.connect('mongodb://localhost/lb')
```

创建底层Connection对象就可以在Mongoose模块的collection属性中访问。Connection对象提供了对数据库的连接、底层的数据库对象和表示集合的Model对象的访问。

3. 定义Schema

数据库中的Schema是数据库对象的集合。Schema是Mongoose里会用到的一种数据模式，可以理解为表结构的定义。也就是说，Schema会映射到MongoDB数据库中的一个collection集合中，不具备操作数据库的能力。例如，定义一个集合的Schema可以使用以下语句实现：

```
var MyCollSchema==mongoose.Schema({
  name:String,
  age:Number
})
```

对于模式中的每个字段都需要定义一个特定的值类型，这些值类型包括：

（1）NULL：空值或者不存在的字段，如{"x" : null}。

（2）Boolean：布尔值，有true和false，如{"x" : true}。

（3）Number：数值，客户端默认使用64位浮点型数值，如{"x" : 3.14} 或 {"x" : 3}。对于整型值，包括NumberInt（4 字节符号整数）或NumberLong（8 字节符号整数），如{"x" : NumberInt("3")}。

（4）String：字符串，使用UTF-8编码格式，如{"x" : "中文"}。

（5）Regular Expression：正则表达式，语法与JavaScript的正则表达式相同，如{"x" : /[cba]/}。

（6）Array：数组，使用“[ ]”表示，如{"x" : ["a", "b", "c"]}。

（7）Object：内嵌文档，文档的值是嵌套文档，如{"a" : {"b" : 3}}。

（8）BinaryData：二进制数据，是一个任意字节的字符串。如果要将非UTF-8字符保存到数据库中，二进制数据是唯一的选择。

（9）Data：日期，如{"x" : new Date()}。

4. 创建数据模型Model

Model是由Schema生成的模型，可以对数据库进行操作。创建模型可以使用mongoose.model()方法，该方法可以传入3个参数，其语法格式如下所示：

```
mongoose.model(模型名称，Schema，数据库集合名称)
```

需要说明的是，如果传入两个参数，这个模型（如Users）会和模型名称相同的数据库中的集合（如Users）建立连接。

下面是创建数据模型的实例，这个模型将可以操纵myColl集合，其语句如下所示：

```
var MyColl=mongoose.model('MyColl',studentSchema,'myColl')
```

【例7–1】读取数据

例7-1将MongoDB数据库的myColl集合中的文档显示在控制台中。其运行结果如图7.1所示。

```
管理员: C:\Windows\System32\cmd.exe

C:\1b\7>node 7-1-readData.js
[
  {
    _id: new ObjectId("6305c314a57fd82adb59f66f"),
    name: '张三',
    age: 19
  },
  {
    _id: new ObjectId("6305c33ba57fd82adb59f670"),
    name: '李四',
    age: 16
  },
  {
    _id: new ObjectId("6305c349a57fd82adb59f671"),
    name: '王五',
    age: 19
  },
  {
    _id: new ObjectId("6305d79ba57fd82adb59f672"),
    name: '赵四弟',
    age: 66
  },
  {
    _id: new ObjectId("63072b2ea668b330fe33a6b3"),
    name: '刘四妹',
    age: 66
  },
  {
    _id: new ObjectId("630815c00178ba4657104fa6"),
    name: '刘小四',
    age: 19
  }
]

C:\1b\7>
```

图7.1　通过Mongoose读取数据库中的数据文档

例7-1的代码如下所示：

```
// 例7-1-readData.js程序代码

// 导入Mongoose中间件
const mongoose=require('mongoose')

// 建立MongoDB数据库进行连接
mongoose.connect('mongodb://127.0.0.1:27017/lb')

// 定义与集合myColl相对应的Schema
// Schema中的对象和数据库集合中的字段需要一一对应，本例中对应的是myColl集合
var studentSchema=mongoose.Schema({
  name:String,                    // 定义name字段，字符串类型
  age:Number                      // 定义age字段，数值类型
})

// 定义数据库模型，操作MongoDB数据库中的myColl集合
var MyColl=mongoose.model('MyColl',studentSchema,'myColl')

// 查询myColl集合的数据
MyColl.find({},function(err,doc){
  if(err){
    // 如果读取数据有错误，则输出错误
    console.log(err);
    return
  }

  // 在控制台输出myColl集合中的数据文档
  console.log(doc)

  // 关闭数据库连接
  mongoose.disconnect()
})
```

扫一扫，看视频

如果需要查找指定条件的数据文档，则要使用find()方法，该方法的第一个参数是查询条件。另外，如果需要显示集合中的指定字段，第二个参数是给出的需要显示字段的列表，其中需要显示的字段属性值设置为1，不需要显示的字段属性值设置为0。

在例7-1中，如果需要增加条件“年龄等于19”且仅显示字段“姓名和年龄”，则可以把例7-1-readData.js文件中的find()方法修改成如下语句：

```
MyColl.find({"age":19},{_id:0,name:1,age:1}, function (err, docs) {
  if (err) {
    console.log(err);             // 如果读取数据文档有错误，则输出错误
    return
  }
  console.log(doc)                // 在控制台输出myColl集合中的数据文档
  mongoose.disconnect()           // 关闭数据库连接
})
```

7.1.2 添加数据文档

利用Model对象的create()方法，或者新创建Document对象的save()方法把数据文档添加到MongoDB数据库中。

（1）create()方法在定义的数据库模型上被调用，其使用的语句如下所示：

```
var student=new MyColl({
```

```
// 实例化Document对象，MyColl是定义的数据库模型
})
// 执行create()方法，增加数据文档；MyColl是定义的数据库模型
// student是上面创建的对象实例；callback是回调函数，该函数仅有err参数
MyColl.create(student,callback)
```

（2）save()方法在已创建的Document对象上被调用，其使用的语句如下所示：

```
var student=new MyColl({
// 实例化Document对象，MyColl是定义的数据库模型
})
// 执行save方法，增加数据文档
student.save(callback)
```

【例7-2】增加数据文档

在例7-2中，使用create()方法和save()方法向myColl集合中添加数据文档，读者应理解调用create()方法和save()方法的不同之处。程序运行之后，数据库中的数据文档如图7.2所示，可以看出增加了两个数据文档。

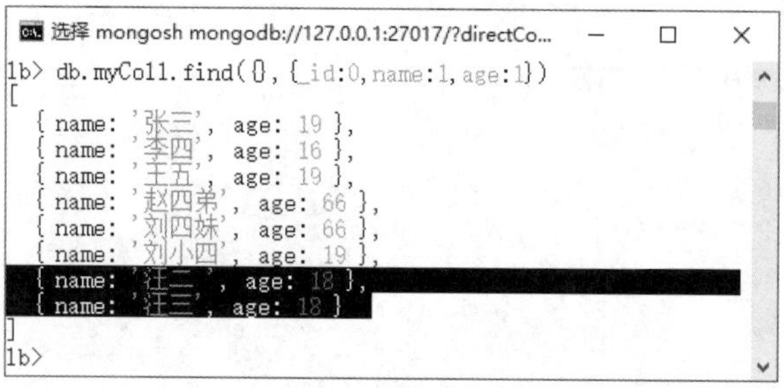

```
选择 mongosh mongodb://127.0.0.1:27017/?directCo...
lb> db.myColl.find({},{_id:0,name:1,age:1})
[
  { name: '张三', age: 19 },
  { name: '李四', age: 16 },
  { name: '王五', age: 19 },
  { name: '赵四弟', age: 66 },
  { name: '刘四妹', age: 66 },
  { name: '刘小四', age: 19 },
  { name: '汪二', age: 18 },
  { name: '汪三', age: 18 }
]
lb>
```

图7.2　增加数据文档

例7-2的代码如下所示：

扫一扫，看视频

```
// 例7-2-addData.js程序代码
const mongoose = require('mongoose')
mongoose.connect('mongodb://127.0.0.1:27017/lb')
var studentSchema = mongoose.Schema({
  name: String,
  age: Number
})
var MyColl = mongoose.model('MyColl', studentSchema, 'myColl')

// 实例化Model用于创建增加的数据文档
var student=new MyColl({
  name:'汪二',
  age:18
})

// 使用“集合模型.create()”方法增加数据文档
MyColl.create(student,function(err){
  if(err){
    console.log(err);
    return
  }
  console.log("create方法添加数据文档成功")
})
```

```
// 实例化Model用于创建增加的数据文档
var student1=new MyColl({
  name:'汪三',
  age:18
})

// 使用save()方法增加数据文档
student1.save(function(err){
  if(err){
    console.log(err);
    return
  }
  console.log("save方法添加数据文档成功")
  mongoose.disconnect()
  })
```

insertMany()方法可以一次性增加多个数据文档，其语法格式如下所示：

```
集合模型.insertMany(文档数组，回调函数 )
```

【例7-3】一次增加多个数据文档

在例7-3中使用insertMany()方法向集合中一次添加多个数据文档，读者应重点理解这种插入数据文档的使用方法。程序运行之后数据库中的数据文档如图7.3所示，可以看出增加了3个数据文档。

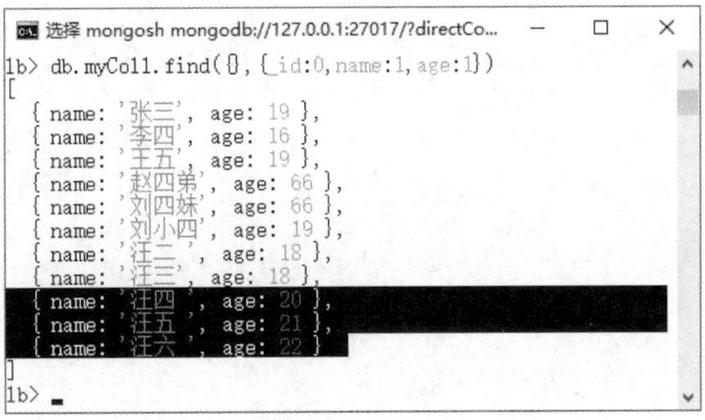

```
选择 mongosh mongodb://127.0.0.1:27017/?directCo...
lb> db.myColl.find({},{_id:0,name:1,age:1})
[
  { name: '张三', age: 19 },
  { name: '李四', age: 16 },
  { name: '王五', age: 19 },
  { name: '赵四弟', age: 66 },
  { name: '刘四妹', age: 66 },
  { name: '刘小四', age: 19 },
  { name: '汪二 ', age: 18 },
  { name: '汪三', age: 18 },
  { name: '汪四 ', age: 20 },
  { name: '汪五 ', age: 21 },
  { name: '汪六 ', age: 22 }
]
lb> 
```

图7.3　一次增加多个数据文档

例7-3的代码如下所示：

```
// 例7-3-addMulData.js程序代码
const mongoose = require('mongoose')
mongoose.connect('mongodb://127.0.0.1:27017/lb')
var studentSchema = mongoose.Schema({
  name: String,
  age: Number
})
var MyColl = mongoose.model('MyColl', studentSchema, 'myColl')

// 定义增加3个数据文档的对象数组
var students=[{
  name:'汪四 ',
  age:20
},{
  name:'汪五 ',
  age:21
```

扫一扫，看视频

```
},{
  name:'汪六 ',
  age:22
}]

// 一条语句增加多个数据文档，students是多个数据文档的数组，onInsert是回调函数
MyColl.insertMany(students, onInsert);

// 增加数据文档之后的回调函数onInsert
// 参数err是插入数据文档出错的信息，参数docs是数据文档插入成功后的相关信息
function onInsert(err, docs) {
  if (err) {
    console.log(err);                    // 如果读取数据文档有错误，则输出错误
    return
  } else {
    console.info('%d个数据文档被成功加入! ', docs.length);
    mongoose.disconnect()                // 关闭数据库
  }
}
```

用户在实例化Model创建增加数据文档时，不用输入有些字段的数据，直接使用默认数据添加文档即可。在例7-2和例7-3中定义Schema时，可以把Schema修改成如下所示的语句：

```
var studentSchema = mongoose.Schema({
  name: String,
  age: {
    type:Number,                    // 设定age字段的类型是Number
    default:18                      // 设定age字段的默认值是18
  }
})
```

如果在实例化Model时使用如下语句：

```
var student1=new MyColl({
  name:'汪三',
})
```

则在执行增加数据文档时age字段的默认值是18。

7.1.3 更新数据文档

Model对象的updateOne()方法可以对指定条件的第一个数据文档进行修改；而updateMany()方法可以对符合条件的所有数据文档进行修改。其语法格式如下所示：

```
集合Model.updateOne({条件}, {修改字段的值}, 回调函数)
```

或者

```
集合Model.updateMany({条件}, {修改字段的值}, 回调函数)
```

【例7–4】更新数据文档

在例7-4中使用updateOne()方法将集合中姓名为“李四”的年龄改成20，然后用updateMany()方法将集合中年龄为18的所有数据文档修改成年龄为19。集合中的原始数据文档如图7.4（a）所示，程序运行之后数据库中的数据文档如图7.4（b）所示。

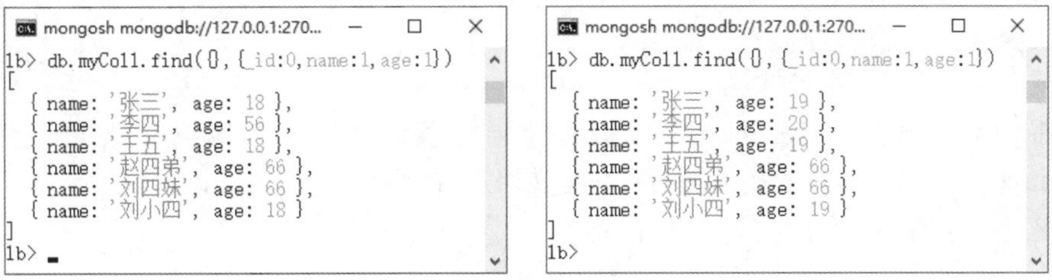

```
mongosh mongodb://127.0.0.1:270...
lb> db.myColl.find({}, {_id:0,name:1,age:1})
[
  { name: '张三', age: 18 },
  { name: '李四', age: 56 },
  { name: '王五', age: 18 },
  { name: '赵四弟', age: 66 },
  { name: '刘四妹', age: 66 },
  { name: '刘小四', age: 18 }
]
lb>
```

（a）

```
mongosh mongodb://127.0.0.1:270...
lb> db.myColl.find({}, {_id:0,name:1,age:1})
[
  { name: '张三', age: 19 },
  { name: '李四', age: 20 },
  { name: '王五', age: 19 },
  { name: '赵四弟', age: 66 },
  { name: '刘四妹', age: 66 },
  { name: '刘小四', age: 19 }
]
lb>
```

（b）

图 7.4　数据文档更新前后的数据对比

例7-4的代码如下所示：

扫一扫，看视频

```
// 例7-4-updateData.js程序代码
const mongoose = require('mongoose')
mongoose.connect('mongodb://127.0.0.1:27017/lb')
var studentSchema = mongoose.Schema({
  name: String,
  age: Number
})
var MyColl = mongoose.model('MyColl', studentSchema, 'myColl')

// 将姓名为“李四”的文档的年龄修改为20
MyColl.updateOne(
  {"name":"李四"},                              // 修改的条件
  {"age":20},                                   // 修改的属性及其属性值
  function onUpdate(err, docs) {                // 修改的回调函数
    if (err) {
      console.log(err);                         // 如果更新数据文档有错误，则输出错误
      return
    } else {
      console.info('%d个数据文档被成功修改！', docs.modifiedCount);
      console.log(docs)
    }
  }
)

// 把年龄为18的所有数据文档都修改成年龄为19
MyColl.updateMany(
  {"age":18},                                 // 修改的条件
  {"age":19},                                 // 修改的属性及其属性值
  function onUpdate(err, docs) {              // 修改的回调函数
    if (err) {
      console.log(err);                       // 如果更新数据文档有错误，则输出错误
      return
    } else {
      console.info('%d个数据文档被成功修改！', docs.modifiedCount);
      console.log(docs)
      mongoose.disconnect()
    }
  }
)
```

7.1.4 删除数据文档

Model对象的deleteOne()方法可以对符合指定条件的第一个数据文档进行删除；而deleteMany()方法可以对符合条件的所有数据文档进行删除。其语法格式如下所示：

```
集合Model.deleteOne({条件}, 回调函数)
```

或者

```
集合Model.deleteMany({条件}, 回调函数)
```

【例7-5】删除数据文档

在例7-5中使用deleteOne()方法将集合中姓名是“李四”的数据文档删除，然后用deleteMany()方法将集合中年龄为66的所有数据文档删除。集合中的原始数据文档如图7.5(a)所示，程序运行之后数据库中的数据文档如图7.5（b）所示。

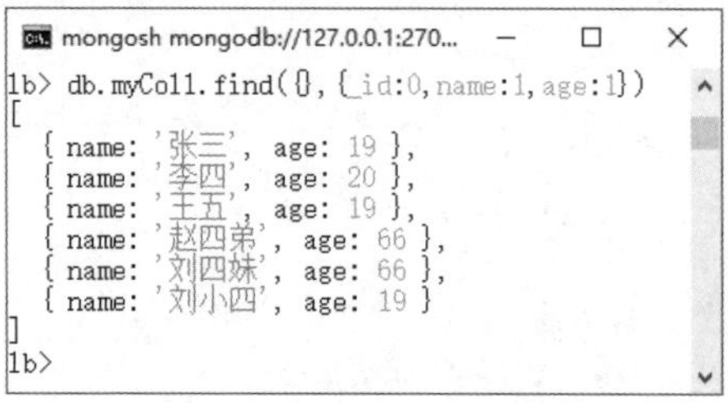

```
mongosh mongodb://127.0.0.1:270...
lb> db.myColl.find({}, {_id:0,name:1,age:1})
[
  { name: '张三', age: 19 },
  { name: '李四', age: 20 },
  { name: '王五', age: 19 },
  { name: '赵四弟', age: 66 },
  { name: '刘四妹', age: 66 },
  { name: '刘小四', age: 19 }
]
lb>
```

（a）

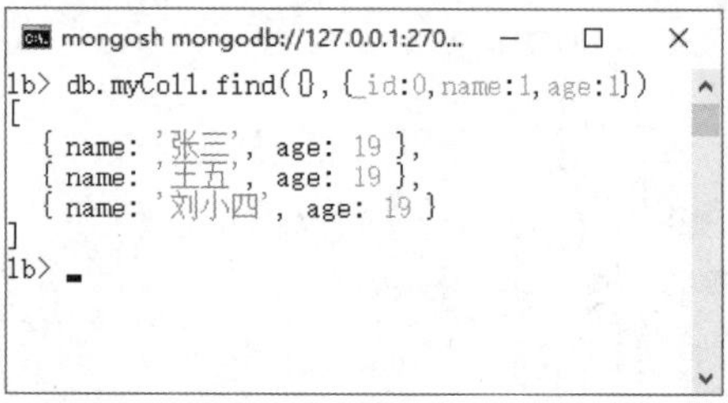

```
mongosh mongodb://127.0.0.1:270...
lb> db.myColl.find({}, {_id:0,name:1,age:1})
[
  { name: '张三', age: 19 },
  { name: '王五', age: 19 },
  { name: '刘小四', age: 19 }
]
lb>
```

（b）

图7.5　数据文档删除前后的数据对比

例7-5的代码如下所示：

```
// 例7-5-deleteData.js程序代码
const mongoose = require('mongoose')
mongoose.connect('mongodb://127.0.0.1:27017/lb')
var studentSchema = mongoose.Schema({
  name: String,
  age: Number
})
var MyColl = mongoose.model('MyColl', studentSchema, 'myColl')

// 将姓名为“李四”的数据文档删除
MyColl.deleteOne(
  {"name":"李四"},                    // 数据文档的删除条件是姓名为“李四”
  function onDelete(err, docs) {      // 回调函数
    if (err) {
      console.log(err);               // 如果删除数据文档有错误，则输出错误
      return
    } else {
      console.info('%d个数据文档被成功删除！', docs.deletedCount);
      console.log(docs)
    }
  }
)

// 将年龄为66的所有数据文档删除
MyColl.deleteMany(
```

扫一扫，看视频

```
  {"age":66},                                  // 数据文档的删除条件是年龄为66
  function onDelete(err, docs) {               // 回调函数
    if (err) {
      console.log(err);                        // 如果删除数据文档有错误，则输出错误
      return
    } else {
      console.info('%d个数据文档被成功删除！', docs.deletedCount);
      console.log(docs)
      mongoose.disconnect()
    }
  }
)
```

7.2 Mongoose进阶

7.2.1 Mongoose 的模块化

例7-1～例7-5中对数据库进行增、删、改、查等操作的程序的前几条语句是相同的，可以对这些语句进行模块化。模块化的一般做法是在项目中创建一个model目录，在此目录中添加一些标准操作的模块化程序，如连接数据库（model/db_connect.js）、定义数据库模型（model/myColl.js）等。

【例7-6】模块化数据查询

在例7-6的model目录中先定义连接数据库（db_connect.js）模块，然后定义数据库模型（myColl.js）模块，再使用这两个模块进行数据的查询。本例主要是让读者体验Mongoose的模块化对程序编写的简便性，同时也是让读者学习查询语法的基本使用方法。

（1）连接数据库（model/db_connect.js）模块。

```
// model/db_connect.js程序代码，用于连接数据库

// 导入mongoose
const mongoose = require('mongoose')

// 连接自定义的lb数据库
mongoose.connect('mongodb://127.0.0.1:27017/lb',function(err){
  if (err) {
    console.log(err)                         // 如果连接出错，则显示错误
    return
  }
  console.log('数据库连接成功！');           // 如果连接成功，则显示“数据库连接成功！”
})

// 暴露mongoose变量，以供外部代码使用
module.exports=mongoose
```

扫一扫，看视频

（2）定义数据库模型（model/myColl.js）模块。

```
// model/myColl.js程序代码，用于定义MongoDB数据库中集合模型对应的Schema

// 导入数据库连接模块
```

```
var mongoose=require('./db_connect')

// 定义与集合模型对应的Schema，Schema要求对象和数据库里的字段一一对应
var studentSchema=mongoose.Schema({
    name:String,                              // 定义name字段，其字段类型为字符串
    age: {                                    // 定义age字段
        type:Number,                          // age字段的类型为数值
        default:18                            // age字段的默认值是18
    }
})

// 将模型与数据库中的集合进行对应
var MyColl=mongoose.model('MyColl',studentSchema,'myColl')

// 暴露MyColl变量，以供外部代码使用
module.exports=MyColl
```

（3）查询lb数据库myColl集合中的所有文档（7-6-structFind.js）。

```
// 例7-6-structFind.js程序代码

// 导入数据库模型模块
var MyColl=require('./model/myColl')

// 使用find()方法查询集合中的所有文档
MyColl.find(
  {},                                        // 条件为空，表示查询所有文档
  {_id:0,name:1,age:1},                      // 选择显示的字段，此处定义仅显示姓名和age字段
  function(err,docs){
    if (err) {
      console.log(err)
      return
    }
    console.log(docs)                        // 在控制台中输出查询的所有结果
  }
)
```

例7-6查询lb数据库的myColl集合中的所有数据文档的运行结果如图7.6所示。

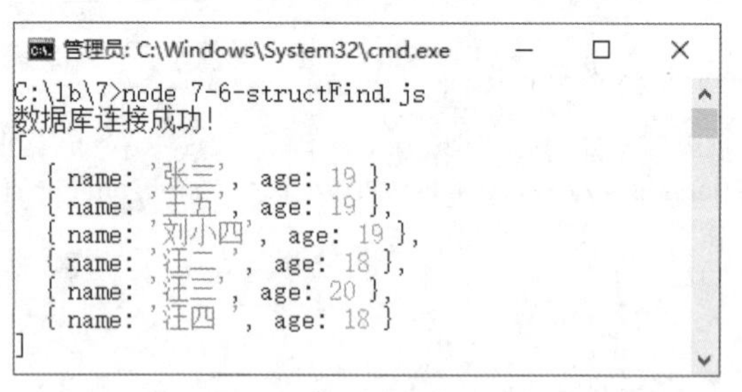

图7.6　模块化数据查询

7.2.2　预定义模式修饰符

Mongoose提供预定义模式修饰符对增加的数据文档进行一些格式化。这些预定义模式修饰符主要包括lowercase、uppercase、trim。例如，预定义模式中定义姓名时加上trim，表示去除姓名字符串两边的空格；预定义模式中定义姓名时加上lowercase（或者uppercase），表示姓名字符串全部小写（或者大写）。

例如，在lb数据库的myColl集合中，增加数据文档时把姓名字符串全部改为大写并删除姓名字符串的前后空格，其Schema的定义方式如下所示：

```
var studentSchema=mongoose.Schema({
  name:{                                  // 定义name字段
    type:String,                          // 类型是字符串类型
    trim:true,                            // 预定义要删除姓名字符串前后的空格
    uppercase:true                        // 预定义姓名是英文全部改为大写再进行存储
  },
  age: {                                  // 定义age字段
    type:Number,                          // 类型是数值类型
    default:18                            // 默认值是18
  }
})
```

【例7-7】预定义模式修饰符验证

用上面定义的Schema替换例7-6中定义的Schema，然后定义需要增加的数据文档，其中姓名使用英文且前后带有空格，年龄使用默认值，其定义语句如下所示：

```
var student=new MyColl({
  name:'   Tom Cat   '
})
```

用上面定义的实例在例7-7中利用预定义模式修饰符增加一个数据文档，其运行之后，增加的数据文档是图7.7中的最后一个数据文档，注意定义的数据文档与最后存储的数据文档的区别。

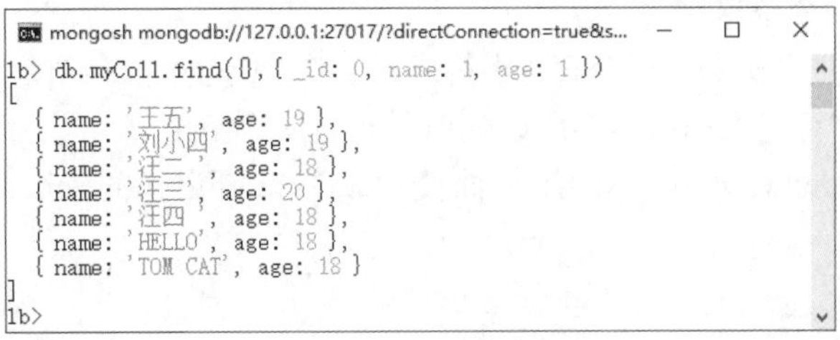

```
mongosh mongodb://127.0.0.1:27017/?directConnection=true&s...
lb> db.myColl.find({}, { _id: 0, name: 1, age: 1 })
[
  { name: '王五', age: 19 },
  { name: '刘小四', age: 19 },
  { name: '汪二 ', age: 18 },
  { name: '汪三 ', age: 20 },
  { name: '汪四 ', age: 18 },
  { name: 'HELLO', age: 18 },
  { name: 'TOM CAT', age: 18 }
]
lb>
```

图7.7　预定义模式修饰符验证

例7-7的代码如下所示：

```
// 例7-7-predefineModel.js程序代码
var MyColl = require('./model/myColl')

// 数据文档的实例化
var student = new MyColl({
  // 定义的姓名前后有空格且仅首字母大写，本例中最后存储的是姓名前后没有空格且所有字母大写
  name:'   Tom Cat   ',
})

// 使用save()方法向数据库中增加数据文档
student.save(function(err){
  if(err){
    console.log(err);
    return
  }
  console.log("save方法添加数据文档成功！")
})
```

扫一扫，看视频

7.2.3 自定义模式修饰符

除了7.2.2小节中说明的Mongoose预定义模式修饰符以外，Mongoose还提供set修饰符在增加数据文档时对数据文档进行自定义格式化，也可以通过get修饰符在获取实例数据文档时对数据文档进行格式化。一般在实际项目中建议使用set修饰符，而不使用get修饰符。

例如，在lb数据库的myColl集合中，把name字段全部改为大写并删除姓名字符串中的所有空格，其Schema的定义方式如下所示：

```
var studentSchema=mongoose.Schema({
  name:{                                    // 定义name字段
    type:String,                            // 类型是字符串类型
    trim:true,                              // 预定义要删除姓名字符串前后的空格
    set(parmas){                            // 增加数据文档时对name字段进行自定义模式处理
      // parmas可以获取name字段的值，然后使用return返回在数据库中实际保存的值
      return parmas.replace(/\s*/g,""); // 用正则表达式替换name字段值的所有空格
    }
  },
  age: {                                    // 定义age字段
    type:Number,                            // 数值类型
    default:18                              // 默认值是18
  }
})
```

其中正则表达式“/\s*/g”的含义如下所示：

- /：正则表达式的开始和结束。
- \s：匹配任意一个空白符。
- *：重复0次或更多次的前一个直接字符或元字符，此处的前一个是元字符（空格，即\s）。
- g：查找整个字符串中的所有匹配，也就是查找所有空格。

如果使用7-7-predefineModel.js调用上面使用set修饰符定义的Schema，则生成数据文档的结果如下所示：

```
{ name: 'TOMCAT', age: 18 }
```

需要强调的是，在增加数据文档时，除name字段值前后的空格被删除之外，TOM和CAT字符串之间的空格也会被删除。

另外，用户可以使用get修饰符在访问某个字段时返回指定格式的数据文档，其定义方法与set修饰符相似。例如，定义在lb数据库的myColl集合的name字段中的get修饰符，用户只要访问name字段，就会将其姓名加上一个指定的字符串，其定义的语句如下所示：

```
name:{                                      // 定义name字段
  type:String,                              // 类型是字符串类型
  trim:true,                                // 预定义要删除姓名字符串前后的空格
  set(parmas){                              // 增加数据文档时对name字段进行自定义模式处理
    // parmas可以获取name字段的值，然后使用return返回在数据库中实际保存的值
    return parmas.replace(/\s*/g,"");   // 用正则表达式替换name字段值的所有空格
  }
  get(parmas){                              // 获取数据文档时对name字段进行自定义模式处理
    return parmas+"先生";                   // 在name字段值后面加字符串“先生”
  }
}
```

【例7-8】自定义模式修饰符验证

在例7-8中将按照自定义模式修饰符修改model文件，要求：①把name字段值全部改为大写并删除其中的所有空格；②在获取name字段值时在其后面加上字符串“先生”。其运行结果如图7.8所示。

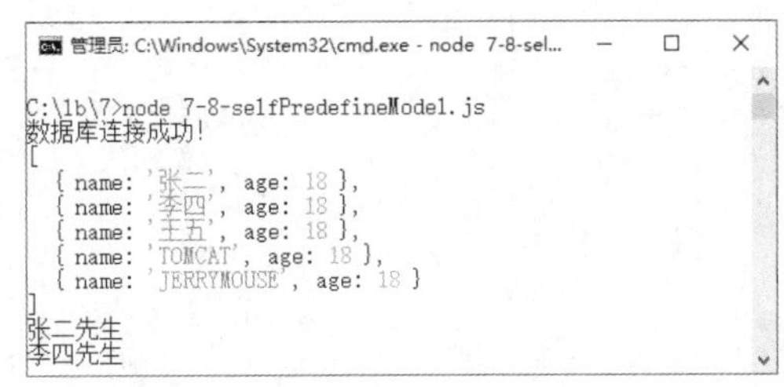

图7.8　自定义模式修饰符验证

（1）修改后的数据库模型（model/studentColl.js）模块。

```
// model/studentColl.js程序代码，用于定义MongoDB数据库中集合模型对应的Schema

// 导入数据库连接模块
var mongoose=require('./db_connect')

// 定义与集合模型对应的Schema，Schema要求对象和数据库里的字段一一对应
var studentSchema=mongoose.Schema({
  name: {                                   // 定义name字段
    type:String,                            // 类型是字符串类型
    trim:true,                              // 预定义要删除name字段值前后的空格
    set(parmas){                            // 增加数据文档时对name字段进行自定义模式处理
      // parmas可以获取name字段的值，然后使用return返回在数据库中实际保存的值
      return parmas.replace(/\s*/g,"");// 用正则表达式替换name字段值的所有空格
    },
    get(parmas){                            // 获取数据文档时对name字段进行自定义模式处理
      return parmas+"先生";                  // 用正则表达式替换name字段值的所有空格
    }
  },
  age: {                                    // 定义age字段
    type:Number,                            // 数值类型
    default:18                              // 默认值是18
  }
})

// 定义模型与数据库中的集合进行对应
var MyColl=mongoose.model('MyColl',studentSchema,'myColl')

// 暴露MyColl变量，以供外部代码使用
module.exports=MyColl
```

扫一扫，看视频

（2）调用数据库模型（model/studentColl.js），增加数据文档和显示指定数据文档的name字段值。

```
// 例7-8-selfPredefineModel.js程序代码

// 导入model文件
var MyColl = require('./model/studentColl')

// 数据文档实例化
var student = new MyColl({
  name:'   Jerry Mouse   ',
```

```
})

// 向集合中增加数据文档
student.save(function(err){
  if(err){
    console.log(err);
    return
  }
  // 查询所有文件且仅包含name和age字段
  MyColl.find({},{_id:0,name:1,age:1},function(err,docs){
    if(err){
      console.log;
      return
    }
    console.log(docs)                         // 显示增加数据文档后的结果
    console.log(docs[0].name)                 // 显示第一个数据文档的姓名
    console.log(docs[1].name)                 // 显示第二个数据文档的姓名
  })
})
```

7.2.4 Mongoose 索引

索引是对数据库表中某一列或多列的值进行排序的一种结构，这会使查询数据库变得更加快捷。Mongoose在定义Schema时指定创建索引。

如果创建普通索引，就在定义字段时增加“index:true”；如果创建唯一索引，就在定义字段时增加“unique:true”。例如，在id字段上增加唯一索引，在name、age字段上增加普通索引，其使用的语句如下所示：

```
var TeacherSchema=new mongoose.Schema({
  id:{
    type:Number,
    unique:true                               // 唯一索引
  },
  age:{
    type:Number,
    index:true                                // 普通索引
  }
})
```

【例7-9】创建索引

在例7-9中先在lb数据库中创建一个新的teacher集合，然后定义带有Mongoose索引的Schema，再按照Schema去增加三个数据文档记录，最后查看数据文档以验证增加的索引。其运行结果如图7.9所示。

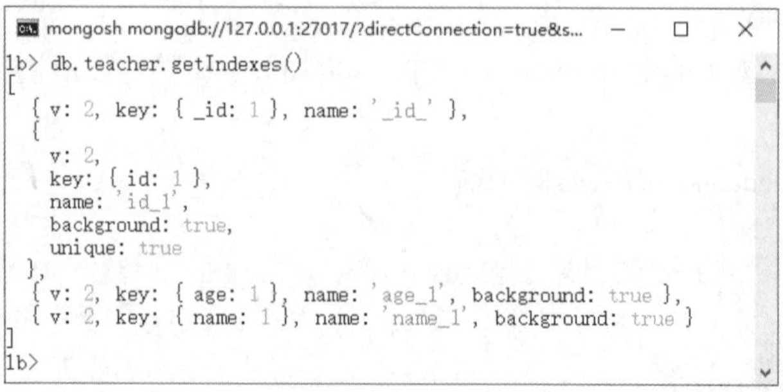

```
mongosh mongodb://127.0.0.1:27017/?directConnection=true&s...
lb> db.teacher.getIndexes()
[
  { v: 2, key: { _id: 1 }, name: '_id_' },
  {
    v: 2,
    key: { id: 1 },
    name: 'id_1',
    background: true,
    unique: true
  },
  { v: 2, key: { age: 1 }, name: 'age_1', background: true },
  { v: 2, key: { name: 1 }, name: 'name_1', background: true }
]
lb>
```

图7.9 创建索引

(1) 数据库的集合模型（model/teacherColl.js）模块。

```
// model/teacherColl.js程序代码，用于定义MongoDB数据库中集合模型对应的Schema

// 导入数据库连接模块
var mongoose = require('./db_connect')

// 定义与集合模型对应的Schema，Schema要求对象和数据库里的字段一一对应
var teacherSchema = mongoose.Schema({
  id:{                                        // 定义id字段
    type:Number,                              // 数值类型
    unique:true                               // 创建唯一索引
  },
  name: {                                     // 定义name字段
    type: String,                             // 字符串类型
    trim: true,                               // 预定义要删除name字段值前后的空格
    set(parmas) {                             // 增加数据文档时对name字段进行自定义模式处理
     return parmas.replace(/\s*/g, "");       // 用正则表达式替换name字段值的所有空格
    },
    index:true                                // 普通索引
  },
  age: {                                      // 定义age字段
    type: Number,                             // 数值类型
    default: 18,                              // 默认值是18
    index:true                                // 普通索引
  }
})

// 定义数据库模型，操作数据库
var Teacher = mongoose.model('Teacher', teacherSchema, 'teacher')

// 暴露Teacher变量，以供外部代码使用
module.exports = Teacher
```

扫一扫，看视频

(2) 调用数据库模型（model/teacherColl.js），增加数据文档。

```
// model/teacherColl.js程序代码，用于向数据库中增加数据文档

// 导入集合模型
var Teacher = require('./model/teacherColl')

// 定义增加数据文档的对象数组
var teachers = [
  { id:1, name:'刘老师', age:45},
  { id:2, name:'李老师', age:25},
  { id:3, name:'王老师', age:35}
]

// 增加多个数据文档
Teacher.insertMany(teachers, function(err){
  if(err){
    console.log(err);                       // 增加数据文档出错，显示错误信息
    return
  }

  // 显示集合中的所有数据文档
  Teacher.find({},function(err,docs){
    if(err){
```

```
        console.log;
        return
      }
      console.log(docs)
    })
})
```

7.2.5 扩展 Mongoose Model 方法

Mongoose Model中内置了很多数据查询的方法，如通过id号查询数据文档的findById()方法等，但这些方法有时并不能满足实际工程项目中的需要，这样就需要对Mongoose Model进行扩展。扩展Mongoose Model的方法主要有静态方法、实例方法，这两种方法都是在Schema定义完成之后对Schema进行扩展。其中实例方法在工程项目中几乎不使用。

定义静态方法是使用statics关键字进行的。例如，定义一个根据id值查找相应数据文档的语句如下所示：

```
teacherSchema.statics.findByMyId=function(id,backFuction){
  //通过id值获取数据文档，this关键字用于获取当前的Model
  this.find({"id":id},function(err,docs){
    backFuction(err,docs)
  })
}
```

【例7-10】静态方法扩展

在例7-10中对Schema扩展了查询工号和查询年龄两个静态方法，其运行结果如图7.10所示。另外，读者应该重点理解在程序中如何对已定义好的静态扩展方法进行调用。

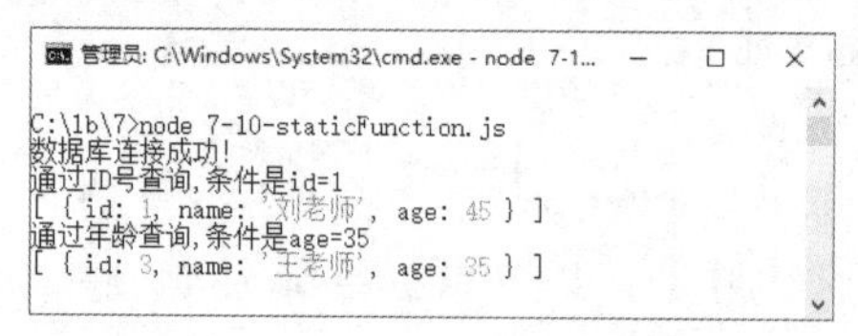

图 7.10　静态方法扩展

（1）增加静态方法扩展的数据库模型（model/teacherColl.js）模块。

```
// model/teacherColl.js程序代码，用于定义MongoDB数据库中集合模型对应的Schema

// 导入数据库连接模块
var mongoose = require('./db_connect')

// 定义与集合模型对应的Schema，Schema要求对象和数据库里的字段一一对应
var teacherSchema = mongoose.Schema({
  id:{                                    // 定义id字段
    type:Number,                          // 数值类型
    unique:true                           // 创建唯一索引
  },
  name: {                                 // 定义name字段
    type: String,                         // 字符串类型
    trim: true,                           // 预定义要删除name字段值前后的空格
    set(parmas) {                         // 增加数据文档时对name字段进行自定义模式处理
     return parmas.replace(/\s*/g, "");   // 用正则表达式替换name字段值的所有空格
    },
```

```
    index:true                                        // 普通索引
  },
  age: {                                              // 定义age字段
    type: Number,                                     // 数值类型
    default: 18,                                      // 默认值是18
    index:true                                        // 普通索引
  }
})

// 静态方法扩展，根据id号查询对应数据文档
teacherSchema.statics.findByMyId=function(id,backFuction){
  this.find({"id":id},{_id:0,id:1,name:1,age:1},function(err,docs){
    backFuction(err,docs)
  })
}

// 静态方法扩展，根据age查询对应数据文档
teacherSchema.statics.findByAge = function (age, backFuction) {
  this.find({ age: age },{_id:0,id:1,name:1,age:1}, function (err, data) {
    backFuction(err, data);
  });
};
// 定义数据库模型，操作数据库
var Teacher = mongoose.model('Teacher', teacherSchema, 'teacher')

// 暴露Teacher变量，以供外部代码使用
module.exports = Teacher
```

（2）调用数据库模型（model/teacherColl.js），查询文档。

```
// 例7-10-staticsFunction.js程序代码
// 导入model模型
var Teacher = require('./model/teacherColl')

// 调用id号查询数据文档的扩展方法findByMyId
// 其中第一个参数表示查询id号是1的数据文档
Teacher.findByMyId("1",function(err,docs){
  if(err){
    console.log(err);                          // 查询出错，显示错误
    return
  }
  console.log("通过ID号查询,条件是id=1")        // 显示标题
  console.log(docs)                            // 显示查询到的数据文档
})

// 调用age查询数据文档的扩展方法findByAge
// 其第一个参数表示查询age是35的数据文档
Teacher.findByAge("35",function(err,docs){
    if(err){
        console.log(err);
        return
    }
    console.log("通过年龄查询,条件是age=35")
    console.log(docs)
})
```

7.2.6 数据校验

数据校验分为前端校验、后端校验和数据库校验。其含义如下：

（1）前端校验：如果前端校验没有通过，数据不会向后端发送，而是在前端通知用户校验失败，这种方法可以降低网络负载。

（2）后端校验：如果后端校验没有通过，数据不会向数据库中存储，而是将校验结果返回到前端页面，提示用户校验失败。

（3）数据库校验：如果数据库校验失败，数据不会保存到数据库中，而是将校验结果返回到DAO（Data Access object，数据访问对象），DAO再将校验结果返回给Service，Service将校验结果返回给Controller，Controller将校验结果返回给前端页面，前端页面提示用户校验失败。

Mongoose数据校验是指当用户通过Mongoose给MongoDB数据库增加数据时，对数据的合法性、有效性进行验证，属于数据校验。

前面说过每个Schema会映射到MongoDB中的一个Collection，也就是说，Schema是数据库对象的集合。Mongoose定义Schema的内容时主要包括字段类型、修饰符、默认参数、数据校验等，这些都是为了保证数据库的数据文档一致性。

1. 内置数据校验

Mongoose数据校验是在Schema中进行定义的，并且Mongoose内置的数据校验主要包括以下几种：

（1）required：表示这个数据不能为空，必须传入。

（2）max：用于Number类型数据，允许的最大值。

（3）min：用于Number类型数据，允许的最小值。

（4）enum：枚举类型，要求数据必须是枚举值里面的一个，用于字符串类型。例如，enum:["男","女"]。

（5）match：增加数据必须符合正则表达式的规则，用于字符串类型。

（6）maxlength：最大长度。

（7）minlength：最小长度。

下面给出几个定义Schema字段的数据校验实例。

（1）定义name字段，要求字符串类型，数据校验要求：必须传入、传入的字符串的最小长度为6个字符、传入的字符串的最大长度为20个字符、删除其前后的空格。其定义语句如下所示：

```
name:{
  type:String,                        // 字符串类型
  required:[true,'名称不能为空'],      // 必须输入并自定义错误信息
  minlength:6,                        // 规定传入的字符串的最小长度为6个字符
  maxlength:20,                       // 规定传入的字符串的最大长度为20个字符
  trim:true                           // 删除其前后的空格
}
```

（2）定义age字段，要求数值类型，数据校验要求：最小值为18、最大值为60。其定义语句如下所示：

```
age:{
  type:Number,                        // 数值类型
  min:[18,'最小值为18'],               // 最小值是18并自定义错误信息
```

```
  max:[60,'最大值为60']                           // 最大值是60并自定义错误信息
}
```

(3)定义phone字段，要求数值类型，数据校验要求:13/15/17/18开头的11位数字。其定义语句如下所示:

```
phone: {
  type: Number,                              // 数值类型
  match:/^1[3578]\d{9}$/                     // 正则表达式
}
```

(4)定义前端分类classify字段，要求字符串类型，数据校验要求：使用枚举类型数据，必须是数组['HTML','CSS','JavaScript','Vue']内容中的一个。其定义语句如下所示：

```
classify:{
  type:String,
  enum:['HTML','CSS','JavaScript','Vue']       // 分类是枚举类型
}
```

2. 自定义数据校验

在Mongoose中使用validate进行自定义数据校验。如果通过验证则返回true；否则返回false。然后根据返回结果确定哪些数据文档通过校验。例如，自定义一个校验字段，要求该字段是数值类型，并且必须是偶数，其定义语句如下所示：

```
myNumber: {
  type: Number,
  // 自定义的数据校验器，其入口参数变量是desc。如果通过校验则返回true；否则返回 false
  validate: function(desc) {
    // 返回能被2整除的数据，也就是偶数
    return desc % 2 === 0 ;
  }
}
```

【例7-11】数据校验

在例7-11中使用Schema对几个字段进行数据校验，要求id字段是必须输入的，也就是不能为空;name字段不能为空，并且长度在6~20个字符之间;age字段必须在0~150之间。在根据Schema增加数据时，如果不符合以上规则将会报错。

(1)增加数据校验的数据库模型(model/teacherColl.js)模块。

```
// model/teacherColl.js程序代码，也就是例7-11程序代码

// 导入数据库连接模块
var mongoose = require('./db_connect')

// 定义与集合模型对应的Schema，Schema要求对象和数据库里的字段一一对应
var teacherSchema = mongoose.Schema({
  id: {
    type: Number,                        // 类型是数值类型
    required: true,                      // 数据不能为空，即必须存在
    unique: true                         // 唯一索引
  },
  name: {
    type: String,                        // 类型是字符串类型
    trim: true,                          // 要删除name字段值前后的空格
    set(parmas) {                        // 增加数据文档时对name字段进行自定义模式处理
```

扫一扫，看视频

1 2 3 4 5 6 7 8 9 10 11 数据访问

```
      // parmas可以获取name字段的值，然后使用return返回在数据库中实际保存的值
      return parmas.replace(/\s*/g, "");    // 用正则表达式替换name字段值的所有空格
    },
    index: true,                            // 普通索引
    required: [true, '名称不能为空'],        // 必须输入并自定义错误信息
    minlength: 6,                           // 字符串的最小长度为6个字符
    maxlength: 20,                          // 字符串的最大长度为20个字符
  },
  age: {                                    // 定义age字段
    type: Number,                           // 类型是数值类型
    min: 0,                                 // 最小值是0
    max: 150,                               // 最大值是150
    index: true,
  }
})

// 用静态方法查询指定id的用户
teacherSchema.statics.findByMyId = function (id, backFuction) {
  this.find({ "id": id }, { _id: 0, id: 1, name: 1, age: 1 }, function (err, docs){
    backFuction(err, docs)
  })
}

// 用静态方法查询指定age的用户
teacherSchema.statics.findByAge = function (age, backFuction) {
  this.find({ age: age }, { _id: 0, id: 1, name: 1, age: 1 }, function (err, data) {
    backFuction(err, data);
  });
};

// 定义Schema对应数据库的集合
var Teacher = mongoose.model('Teacher', teacherSchema, 'teacher')

// 暴露Teacher变量，以供外部代码使用
module.exports = Teacher
```

（2）调用数据库模型，增加数据文档。

```
var Teacher = require('./model/teacherColl')
var teachers = [{
  id:3,
  name:'汪老师',
  age:42
}]
Teacher.insertMany(teachers, function(err){
  if(err){
    console.log(err);
    return
  }
  Teacher.find({},function(err,docs){
    if(err){
        console.log;
        return
    }
    console.log(docs)
  })
})
```

7.3 综合案例——用户管理系统

本节将利用前面介绍的知识实现一个简单的实例：创建一个用户录入系统，利用MongoDB数据库对用户信息进行保存，同时利用Node.js的Mongoose模块对数据库进行读取。前台主要有3个页面，即增加用户、渲染用户信息、修改用户信息。

扫一扫，看视频

7.3.1 生成基本的项目结构

1. 项目初始化

首先为新项目创建一个文件夹，如userRecord。在文件夹下使用以下命令进行项目初始化：

```
npm init -y
```

初始化后会生成一个package.json文件，该文件记录项目的依赖。

2. 安装必要的中间件

（1）Express中间件。Express是基于Node.js平台，快速、开放、极简的 Web 开发框架。此中间件常用于开发Web服务器，用于响应客户端向Web服务器发送的请求。安装Express中间件使用的命令如下所示：

```
npm install express --save
```

（2）Mongoose中间件。Mongoose中间件主要用于对MongoDB数据库进行连接和相关增、删、改、查等操作。安装Mongoose中间件使用的命令如下所示：

```
npm install mongoose --save
```

（3）EJS 中间件。EJS是一套简单的模板语言，可以利用普通的JavaScript代码生成HTML页面。安装EJS中间件使用的命令如下所示：

```
npm install ejs --save
```

（4）CORS中间件。CORS中间件的主要作用是浏览器无须进行额外的配置，即可请求开启了CORS的接口，可以让用户跨域向Web服务器进行请求，CORS中间件是在服务器端进行配置的。安装CORS中间件使用的命令如下所示：

```
npm install cors --save
```

（5）body-parser中间件。body-parser中间件的作用是对POST请求进行解析。安装body-parser中间件使用的命令如下所示：

```
npm install body-parser --save
```

安装完成这5个中间件之后，package.json文件的内容如下所示：

```
// package.json文件的内容
{
  "name": "userrecord",
  "version": "1.0.0",
  "description": "",
  "main": "index.js",
  "scripts": {
```

```
      "test": "echo \"Error: no test specified\" && exit 1"
    },
    "keywords": [],
    "author": "",
    "license": "ISC",
    "dependencies": {
      "body-parser": "^1.20.0",
      "cors": "^2.8.5",
      "ejs": "^3.1.8",
      "express": "^4.18.1",
      "mongoose": "^6.5.4"
    }
  }
```

7.3.2 连接数据库

作为一个简单的用户录入系统，数据库中存在的仅仅是用户，其字段主要包括_id（MongoDB自动生成）、用户名（name）、年龄（age），其他字段还有性别（gender）、注册时间（regTime）、用户状态（status）、密码（password）等，为了简便起见在这里没有进行设置。

1. 连接数据库模块

通过Mongoose中间件连接lb数据库，其使用的模块文件是model目录下的db_connect.js，其内容如下所示：

```
// model/db_connect.js程序代码

// 导入Mongoose中间件
const mongoose = require('mongoose')

// 连接本地lb数据库
mongoose.connect('mongodb://127.0.0.1:27017/lb',function(err){
  if (err) {
    console.log(err)
    return
  }
  console.log('数据库连接成功! ');
})

// 暴露mongoose变量，以供外部代码使用
module.exports=mongoose
```

扫一扫，看视频

2. 定义集合模型

数据库连接成功之后，对集合中数据文档的增、删、改、查操作需要定义Schema，这个Schema与数据库中的字段一一对应，由于本例中定义的字段只有用户名（name）、年龄（age），因此在model文件夹中定义了用户集合userCollection.js文件，其内容如下所示：

```
// model/userCollection.js程序代码

// 导入数据库连接模块
var mongoose = require('./db_connect')

// 定义与集合模型对应的Schema，Schema要求对象和数据库中的字段一一对应
var userSchema = mongoose.Schema({
```

```
  name: {
    type: String,                               // 类型是字符串类型
    trim: true,                                 // 预定义要删除name字段值前后的空格
    set(parmas) {                               // 增加数据文档时对name字段进行自定义模式处理
      return parmas.replace(/\s*/g, "");        // 用正则表达式替换name字段值的所有空格
    },
    index: true,                                // 建立索引
    required: [true, '名称不能为空'],           // 必须输入并自定义错误信息
    minlength: 2,                               // 规定传入的字符串的最小长度为6个字符
    maxlength: 20,                              // 规定传入的字符串的最大长度为20个字符
  },
  age: {                                        // 定义age字段
    type: Number,                               // 数值类型
    min: 0,                                     // 最小值是0
    max: 150,                                   // 最大值是150
    index: true,                                // 建立索引
  }
})

// 定义Schema对应lb数据库的myUser集合
var User = mongoose.model('User', userSchema, 'myUser')

// 暴露User变量，以供外部代码使用
module.exports = User
```

7.3.3　渲染用户信息

用户信息列表在浏览器中的显示结果如图7.11所示。在图7.11的左上方有一个“增加用户”超级链接，用户单击该超级链接将会跳转到增加用户的前端页面；用户信息列表的最后一列中有“修改”和“删除”两个超级链接，在这两个超级链接中都带着文档的_id字段，目的是在服务器上进行精确的修改和删除操作。

扫一扫，看视频

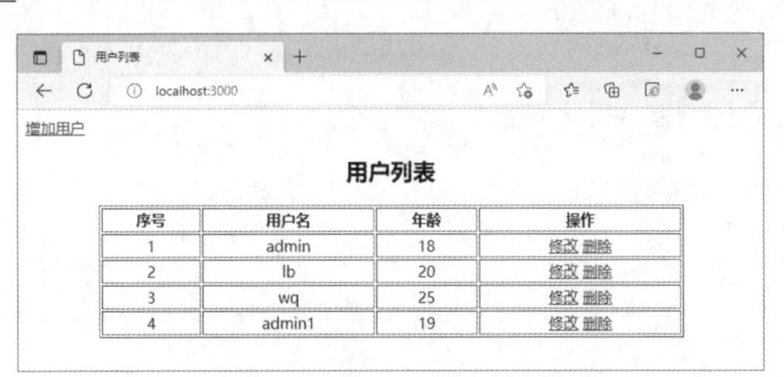

图 7.11　user 数据表中的数据

（1）从图7.11中可以看出，用户在浏览器的地址栏中输入http://localhost:3000/后访问的是Web服务器的根目录，Web服务器接收并响应代码在app.js中的内容如下所示：

```
app.get('/', (request, response) => {
    response.render('listUserClient')
})
```

从上述代码可以看出，Web服务器接收请求并响应用户，让其跳转到listUserClient.ejs的模板文件。

（2）listUserClient.ejs的模板文件存储在eJavaScript文件夹下，其文件的内容如下所示：

```
<!DOCTYPE html>
<html lang="en">
<head>
  <meta charset="UTF-8">
  <meta http-equiv="X-UA-Compatible" content="IE=edge">
  <meta name="viewport" content="width=device-width, initial-scale=1.0">
  <title>用户列表</title>
  <script>
    fetch("http://localhost:3000/list")  // 使用GET方法访问list路由
    .then(res=>res.json())               // 返回结果转换成JSON数据格式
    .then(res=>{
      render(res)                        // 服务器返回的列表数据在res变量中
    })
    function render(data){               // 向table中添加行以显示数据表
      var oul=document.querySelector(".myTable")    // 读取table对象
      for(var i=0;i<data.length;i++){               // 遍历服务器返回的数据
      // 使用字符串模板向table表中增加一行，包括序号、用户名、年龄以及相关修改和删除超链接
      // "修改"超链地址是edit，并且包含_id字段
      // "删除"超链地址是delete，并且包含_id字段
        oul.innerHTML+=`<tr>
            <td>${i+1}</td>                         // 显示id字段内容
            <td>${data[i].name}</td>                // 显示name字段内容
            <td>${data[i].age}</td>                 // 显示age字段内容
            <td>
              <a href='/edit/${data[i]._id}'>修改</a>
              <a href='/delete/${data[i]._id}'>删除</a>
            </td>
          </tr>`
      }
    }
</script>
</head>
<body>
<a href="/add">增加用户</a><br>
<table border="1" class="myTable" width="80%" style="margin:0 auto ; text-align:
center;">
  <caption><h2>用户列表</h2></caption>
  <tr>
    <th>序号</th>
    <th>用户名</th>
    <th>年龄</th>
    <th>操作</th>
  </tr>
</table>
</body>
</html>
```

（3）http://localhost:3000/list访问Web服务器的接收与响应内容在app.js文件中的内容如下所示：

```
app.get('/list', (req, res) => {
  MongoClient.connect(url, function (err, db) {
    // 判断是否存在错误，如果出错，则抛出错误信息
    if (err) throw err;

    // 切换操作的数据库是lb
    var dbo = db.db("lb");
```

```
    // 返回myUser集合中的所有数据并转换成数组
    dbo.collection("myUser").find({}).toArray(function (err, result) {
      if (err) throw err;
      res.send(result)                    // 把访问的结果返回给客户端
      db.close();
    });
  });
})
```

7.3.4 增加用户

下面说明“增加用户”页面的操作及相关代码。

（1）单击图7.11中左上角的“增加用户”超级链接，打开如图7.12所示的页面。用户单击“取消”按钮后又重新返回图7.11所示的页面。在图7.12中输入用户名和年龄之后单击“注册”按钮，将会把用户输入信息传送到Web服务器，如果通过服务器对输入的数据进行验证，该数据就会被写入MongoDB数据库。

扫一扫，看视频

图 7.12 “增加用户”页面

“增加用户”页面的客户端代码如下所示：

```
<!-- 增加用户EJS模板文件：addUser.ejs-->
<!DOCTYPE html>
<html lang="en">
<head>
  <meta charset="UTF-8">
  <meta http-equiv="X-UA-Compatible" content="IE=edge">
  <meta name="viewport" content="width=device-width, initial-scale=1.0">
  <title>Document</title>
  <script>
    window.onload = function () {                          // 网页加载完毕
      var register = document.querySelector("#register")      // 获取“注册”按钮对象
      var regCancle = document.querySelector("#regCancle")    // 获取“取消”按钮对象
      regCancle.onclick=function(){                     // 单击“取消”按钮触发的事件
        window.location.href="/";                       // 返回到根目录
      }
      register.onclick = function () {                  // 单击“注册”按钮触发的事件
        fetch("/addUser",                               // 数据提交的路由：addUser
          {
            method: "post",                             // 发送数据用post方法
            body: `username=${username.value}&age=${age.value}`, // 发送的数据
```

```
          headers: {
            'Content-Type':'application/x-www-form-urlencoded'// 发送的数据格式
          }
        }
      )
      .then(res => res.json())
      .then(data => {
        window.location.href="/";              // 发送成功之后跳转到根目录
      }).catch(function (error) {
        console.log(error);                    // 发送数据出错，显示错误
        });
      }
    }
  </script>
</head>
<body>
  <table border="1px" width="400" style="margin:0 auto ; ">
    <caption><h2>增加用户</h2></caption>
    <tr>
      <td>用户名</td>
      <td><input type="text" name="username" id="username"></td>
    </tr>
    <tr>
      <td>年   龄</td>
      <td><input type="number" name="age" id="age"></td>
    </tr>
    <tr>
      <td colspan="2" align="center" >
        <button id="register" style="width: 100px;">注册</button>
        <button id="regCancle" style="width: 100px;">取消</button>
      </td>
    </tr>
  </table>
</body>
</html>
```

（2）服务器端app.js文件中接收用户注册数据的路由addUser的处理方式如下所示：

```
app.post('/addUser', (request, response) => {
  // 用户从客户端发起的post请求提交的数据在request.body中
  // 其中用户名是request.body.username，年龄是request.body.ag
  var thisUser = [{                            // 定义增加数据记录的数组thisUser
    name: request.body.username,               // 获取用户输入的用户名
    age: request.body.age                      // 获取用户输入的年龄
  }]

  // 使用insertMany()方法把thisUser数组定义的内容添加到数据文档中
  user.insertMany(thisUser, function (err) {
    if (err) {
      console.log(err);
      return
    }
    response.send({ok:1})                      // 添加成功发送对象{ok:1}
  })
})
```

7.3.5 修改用户信息

在图7.11中单击每条记录后面的“修改”超级链接，相当于单击以下链接：

```
<a href='/edit/${data[i]._id}'>修改</a>
```

这个链接请求的路由是edit，其后面跟着的是需要修改的某条记录_id，相当于在edit路由下先查找到_id对应的记录，再打开editUser.ejs模板文件。

（1）edit路由请求的处理内容如下所示：

```
app.get('/edit/:id', (request, response) => {
  // 根据指定id修改用户信息，获取指定id的方法是request.params.id
  // 下面利用find()方法找到指定的数据文档
  user.find({"_id":request.params.id},function(err,docs){
    // 如果能根据_id找到，仅能找到一个符合条件
    // 找到的第一个数据文档是docs[0]，使用变量thisUser获取找到的数据文档
    thisUser=docs[0]

    // 跳转到editUser.ejs模板文件并向模板文件中传入thisUser参数
    response.render('editUser', {thisUser})
  })
})
```

（2）在editUser.ejs模板文件中，要把当前找到用户的相关信息填写到表单的对应位置。例如，把用户名的value属性写上thisUser变量的name属性，其使用的语句如下所示：

```
<input type="text" name="username" id="username" value="<%= thisUser.name %>">
```

另外，还需要对用户的_id属性进行传递，以保证在后续进行更新时不会出现错误。在HTML中使用隐藏的input标记存储，其代码如下所示：

```
<input type="hidden" name="id" id="id" value="<%= thisUser._id %> ">
```

editUser.ejs模板文件的很多内容与addUser.ejs模板文件相同，只不过其默认值需要显示指定id数据文档的内容。editUser.ejs模板文件的完整代码如下所示：

```
<!-- 编辑用户EJS模板文件：editUser.ejs-->
<!DOCTYPE html>
<html lang="en">
<head>
  <meta charset="UTF-8">
  <meta http-equiv="X-UA-Compatible" content="IE=edge">
  <meta name="viewport" content="width=device-width, initial-scale=1.0">
  <title>Document</title>
  <script>
    window.onload = function () {
      var updateUser = document.querySelector("#update")
      var regCancle = document.querySelector("#regCancle")
      regCancle.onclick = function () {
        window.location.href = "/";
      }
      updateUser.onclick = function () {
        fetch("/updateUser",                    // 定义更新数据文档的路由是updateUser
        {
          // 使用POST请求方法
          method: "post",
```

```
        // 修改后的用户信息，包括id、username、age
        body: `id=${id.value}&username=${username.value}&age=${age.value}`,

        // 设置请求的响应头
        headers: {
          'Content-Type': 'application/x-www-form-urlencoded'
        }
      })
      .then(data => {
        window.location.href = "/";        // 数据更新完毕，返回到根目录
      }).catch(function (error) {
        console.log(error);
      });
    }
  }
  </script>
</head>
<body>
  <input type="hidden" name="id" id="id" value="<%= thisUser._id %> ">
  <table border="1px" width="400" style="margin:0 auto ; ">
    <caption>
      <h2>用户编辑</h2>
    </caption>
    <tr>
      <td>用户名</td>
      <td>
        <input type="text" name="username"
              id="username" value="<%=thisUser.name%>">
      </td>
    </tr>
    <tr>
      <td>年   龄</td>
      <td>
        <input type=" number" name="age" id="age" value="<%= thisUser.age %> ">
      </td>
    </tr>
    <tr>
      <td colspan="2" align="center">
        <button id="update" style="width: 100px;">更新</button>
        <button id="regCancle" style="width: 100px;">取消</button>
      </td>
    </tr>
  </table>
</body>
</html>
```

（3）更新数据文档的路由是updateUser，服务器端响应updateUser路由的处理代码在app.js文件中如下所示：

```
app.post('/updateUser',(request, response) => {
  // 获取需要更新数据文档的id
  id=request.body.id

  // 使用updateOne对指定id的数据文档进行更新
  // 从客户端传送来的数据存储在response.body中
  // 用户名是request.body.username，年龄是request.body.age
  user.updateOne(
```

```
    // 更新条件，即对指定的_id进行更新
    {"_id":id.replace(/\s*/g,"")},

    // 需要更新的数据
    {"name":request.body.username,"age":request.body.age},

    // 更新后的回调函数
    function onUpdate(err, docs) {
      if (err) {
        console.log(err)
        return
      } else {
        response.redirect("/")            // 更新后，跳转到根目录
      }
    }
  )
})
```

7.3.6 删除用户

在图7.11中单击每条记录后面的“删除”超级链接，相当于单击以下链接：

```
<a href='/delete/${data[i]._id}'>删除</a>
```

扫一扫，看视频

这个链接请求的路由是delete，其后面跟着的是删除该条数据文档的_id，相当于在delete路由下先查找到_id对应的记录，再删除该记录。

delete路由请求的处理内容在app.js文件中的程序代码如下所示：

```
app.get('/delete/:id', (request, response) => {
  // 删除指定id用户文档，获取客户端传来的id的方法是request.params.id
  // 下面是利用deleteOne()方法删除指定id的数据文档
  user.deleteOne(
    { "_id": request.params.id },          // 删除条件，指定的id值
    function onDelete(err, docs) {         // 删除的回调函数
      if (err) {
        console.log(err)
        return
      } else {
        console.info('%d 个数据文档被成功删除！', docs.deletedCount);
      }
    }
  )
  response.redirect("/")                   // 删除后跳转到根目录
})
```

7.3.7 服务器端的 app.js 程序代码

下面是“用户管理系统”完整的app.js程序。app.js的代码如下所示：

扫一扫，看视频

```
// app.js程序代码

// 导入express模块
const express = require('express')
const app = express()
```

```
// 导入用户集合模块
var user = require('./model/userCollection')

// 下载并引用body-parser框架，以获取Express框架的post数据提交的内容解析
const bodyParser = require('body-parser');
const port = 3000                                    // 定义Web服务器的端口号

// 导入CORS中间件，主要目的是解决跨域访问问题
const cors = require('cors')

// 生成Mongoose客户
const MongoClient = require('mongodb').MongoClient;
const url = "mongodb://localhost:27017/";       // 访问数据库服务器的地址

// 一定要在路由之前配置中间件，挂载第三方跨域中间件，从而解决接口跨域的问题
app.use(cors())

// 拦截所有的请求
// extend:false方法内部使用querystring模块处理请求参数的格式
// extend:true方法内部使用第三方模块qs处理请求参数的格式
app.use(bodyParser.urlencoded({ extended: false }))

// 配置静态文件目录并通过public目录进行访问
app.use('/public', express.static('./public'))

// 配置模板引擎，指定模板的文件目录为ejs
app.set('views', './ejs')
app.set('view engine', 'ejs')

// 设定根路由响应的返回结果
app.get('/', (request, response) => {
  response.render('listUserClient')
})

// 设定list路由响应的返回结果
app.get('/list', (req, res) => {
  console.log("hello")
  const person = []
  MongoClient.connect(url, function (err, db) {
    if (err) throw err;
    var dbo = db.db("lb");
    dbo.collection("myUser").find({}).toArray(function (err, result) {
      if (err) throw err;
      res.send(result)
      db.close();
    });
  });
})

// 设定add路由响应的返回结果
app.get('/add', (request, response) => {
  response.render('addUser')
})

// 设定addUser路由响应的返回结果
app.post('/addUser', (request, response) => {
  var thisUser = [{
```

```
    name: request.body.username,
    age: request.body.age
  }]

  // 使用insertMany()方法把thisUser数组定义的内容添加到数据文档中
  user.insertMany(thisUser, function (err) {
    if (err) {
      console.log(err);
      return
    }
    response.send({ok:1})
  })
})

// 设定edit路由响应的返回结果
app.get('/edit/:id', (request, response) => {
  user.find({"_id":request.params.id},function(err,docs){
    thisUser=docs[0]
    response.render('editUser', {thisUser})
  })
})

// 设定updateUser路由响应的返回结果
app.post('/updateUser',(request, response) => {
  id=request.body.id
  user.updateOne(
    {"_id":id.replace(/\s*/g,"")},
    {"name":request.body.username,"age":request.body.age},
    function onUpdate(err, docs) {
      if (err) {
        console.log(err);
        return
      } else {
        response.redirect("/")
      }
    }
  )
})

// 设定delete路由响应的返回结果
app.get('/delete/:id', (request, response) => {
  user.deleteOne(
    { "_id": request.params.id },
    function onDelete(err, docs) {
      if (err) {
        console.log(err);
        return
      } else {
        console.info('%d 个数据文档被成功删除！', docs.deletedCount);
      }
    }
  )
  response.redirect("/")
})

// 监听指定端口，启动Web服务器
app.listen(port, () => {
  console.log(`Example app listening on port ${port}`)
})
```

7.4 本章小结

本章详细讲解利用Mongoose工具对MongoDB数据库进行访问的方法。7.1节重点讲解Mongoose的安装配置、连接数据库、定义Schema、创建数据模型等操作，然后在此基础上对数据库中的集合进行增、删、改、查;7.2节重点讲解利用Mongoose进行数据库的模块化操作并对存储到数据库中的数据进行格式化处理，同时对存储数据进行校验;7.3节利用前面所学的组件进行项目综合应用，所用到的组件有Express、Mongoose、EJS、CORS、body-parser等，同时说明Node.js项目如何进行初始化。

7.5 习题

一、选择题

1. 下面语句用于实现数据集合对应，其中（　　）是集合名称。

```
var MyStu=mongoose.model('Stu',studentSchema,'student')
```

A. Stu　　B. studentSchema
C. student　　D. MyStu

2. 下面语句用于实现连接MongoDB数据库，所连接的数据库名称是（　　）。

```
mongoose.connect('mongodb://localhost:27017/lb')
```

A. mongodb　　B. localhost　　C. lb　　D. mongoose

3. 索引是对数据库表中某一列或多列的值进行（　　）的一种结构，这会使查询数据库变得更加快捷。

A. 查询　　B. 排序　　C. 格式化　　D. 更新

4. 数据校验分为前端校验、后端校验和（　　）校验。

A. 客户端　　B. 数据库　　C. 服务器端　　D. 没限制

5. 在Mongoose中使用（　　）进行自定义数据校验。如果通过校验，则返回true；否则返回false。然后根据返回结果确定哪些数据文档通过了数据校验。

A. validate　　B. unique　　C. required　　D. classify

二、程序分析

1. 下面定义了Schema，请说明eggs、bacon的数据校验规则和错误提示。

```
var breakfastSchema = new Schema({
  eggs: {
    type: Number,
    min: [6, 'Too few eggs'],
    max: 12
  },
  bacon: {
    type: Number,
    required: [true, 'Why no bacon?']
  }
});
```

2. 说明下面程序片段的功能。

```
const mongoose = require('mongoose');
mongoose.connect('mongodb://127.0.0.1:27017/geeksforgeeks', {
    useNewUrlParser:true,
    useCreateIndex:true,
    useUnifiedTopology:true
});
const User = mongoose.model('User', {
    name:{ type:String },
    age:{ type:Number }
});
User.findOne({age:{$gte:5} }, function (err, docs) {
    if (err){
        console.log(err)
    }
    else{
        console.log("Result:", docs);
    }
});
```

7.6 实验　用户管理系统

一、实验目的

（1）掌握Mongoose工具连接数据库的方法。

（2）掌握Mongoose模块化数据查询的方法。

（3）掌握Mongoose数据校验方法。

二、实验要求

创建一个用户管理系统，利用MongoDB数据库对用户信息进行保存，同时利用Node.js的Mongoose模块对数据库进行读取。前台主要有3个页面，即增加用户（图7.13）、用户列表（图7.14）、修改用户信息。

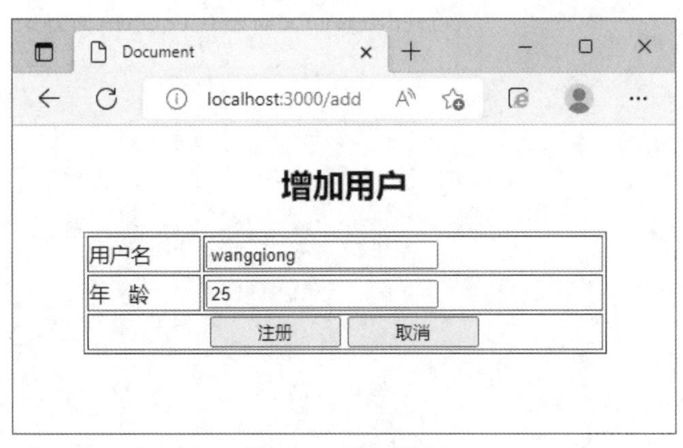

图 7.13　增加用户

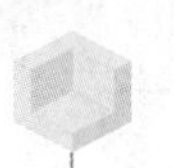

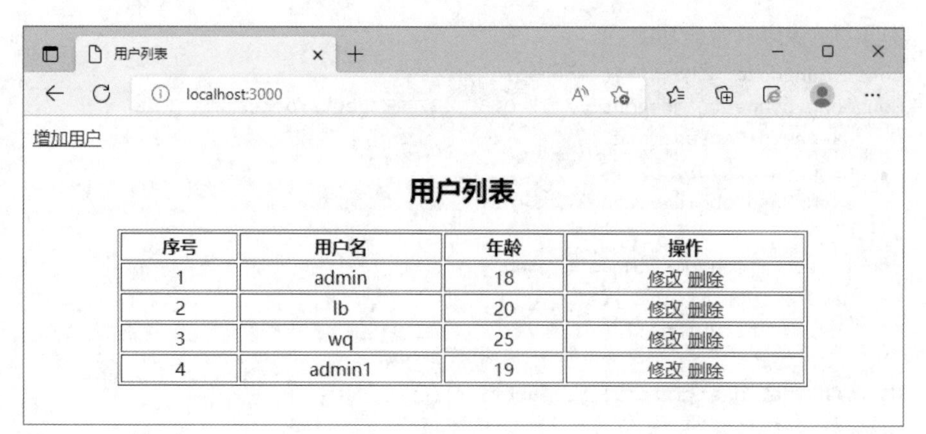
用户列表
localhost:3000
增加用户
用户列表
序号 用户名 年龄 操作
1 admin 18 修改 删除
2 lb 20 修改 删除
3 wq 25 修改 删除
4 admin1 19 修改 删除

图 7.14　用户列表

3 进阶篇

学习Node.js应用开发 掌握实际项目应用基础

第 8 章

Koa 框架

学习目标

本章主要讲解 Koa 框架的基本使用方法，重点阐述 Koa 框架在进行 Web 应用开发过程中使用的常用中间件。通过本章的学习，读者应该掌握以下内容：

- Koa 框架的基本概念。
- Koa 框架中接收客户端传送数据的方法。
- 使用 Koa 框架对数据库的操作。

8.1 Koa框架的基础

8.1.1 Koa 框架的使用简介

Koa是基于Node.js平台的下一代Web开发框架，是由Express框架的原班开发人员打造且致力于成为Web应用和API开发领域中的一个更小、更富有表现力、更健壮的基石。Koa框架增加了强有力的错误处理且没有捆绑任何中间件，并且提供了一套方法以帮助用户快速且简便地编写Web服务器端应用程序。

1. 安装Koa框架

安装Koa框架的命令如下所示：

```
npm install koa --save
```

Koa框架是一个包含一组中间件函数的对象，是按照类似堆栈的方式组织和执行的。Koa框架类似于许多其他中间件系统，但一个关键设计点是在其低级中间件层中提供高级“语法糖”，这样提高了互操作性、稳健性，并使书写中间件更加简便。

2. 基本程序

安装Koa框架之后，用户可以使用Koa框架创建最基本的Web服务器程序。

【例8-1】Hello World程序

在例8-1中使用Koa框架实现在浏览器中显示Hello World的页面。读者应当重点体会Koa框架的导入和最基本的使用方法。该程序的程序名是8-1-helloWorld.js，在控制台中使用以下指令运行该程序：

```
node 8-1-helloWorld.js
```

该程序在浏览器中的显示结果如图8.1所示。

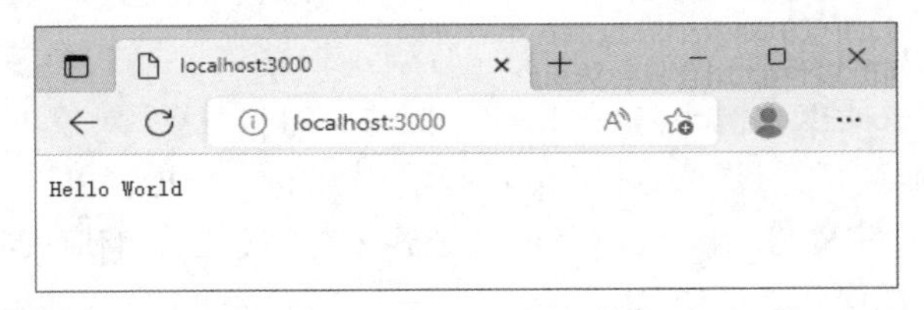

图 8.1　Hello World 程序

例8-1的代码如下所示：

```
// 例8-1-helloWorld.js程序代码

// 导入Koa框架
const Koa = require('koa');
// 创建Koa的实例对象
const app = new Koa();

// 定义向客户端浏览器异步返回页面响应内容
app.use(async ctx => {
  ctx.body = 'Hello World';                    // 响应内容是Hello World
```

```
});

// 启动Web服务器，监听3000端口
app.listen(3000,() => {
  console.log("Web服务器已运行，访问地址：http://localhost:3000")
})
```

其中，异步语句的含义和使用方法参见2.8节说明。

8.1.2 Koa 路由

路由是由一个URL（又称路径）和一个特定的HTTP方法（如GET、POST等）组成的，涉及App应用如何响应客户端浏览器对某个网站节点的访问。也就是说，路由就是根据不同的URL地址加载不同的页面实现不同的功能的。

Koa框架中的路由和Express框架中的路由有所不同，在Express框架中直接引入Express就可以配置路由，但是在Koa框架中需要安装koa-router路由中间件才能配置路由。安装koa-router路由中间件的语句如下所示：

```
npm install koa-router --save
```

安装koa-router路由中间件之后就可以对路由进行设置，其设置步骤如下：

（1）导入koa-router路由中间件，使用的语句如下所示：

```
const Router = require('koa-router')
```

（2）创建路由对象并同时设置路由前缀，使用的语句如下所示：

```
const router = new Router({
  prefix: '/user'                              // 设置前缀为user
});
```

（3）配置路由。此处的根路由是指路由前缀下的根路由；如果是紧接上一步，则是指user下的根路由。

```
router.get('/', async (ctx, next) => {
  ctx.body = '首页'                             // 返回到客户端浏览器页面的内容
})
```

其中，路由采用的是GET方法，第一个参数“/”表示根路由；第二个参数async给定的函数表示异步方法，其中ctx是Koa框架内部封装的上下文对象，这个对象可以看作原生HTTP中Request和Response的集合，参数next和Express框架中的next一样，可以在注册的函数中调用执行下一个匹配的路由中间件；ctx.body是返回到客户端浏览器的响应内容。

（4）启动路由使用的语句如下所示：

```
app.use(router.routes());
app.use(router.allowedMethods());
```

其中，router.allowedMethods()的作用是如果接口定义的是GET请求，而客户端浏览器使用POST请求会收到服务器返回“405 Method Not Allowed”的响应，提示方法不被允许并在响应头添加允许的请求方式；如果不加这个中间件，则服务器会返回“404 Not Found”，表示找不到请求地址，并且响应头不添加允许的请求方式 。

【例8-2】制作用户首页和用户详细信息列表路由

在例8-2中制作两个路由，分别如下：

```
http://localhost:3000/user
http://localhost:3000/user/userlist
```

其在客户端浏览器中打开这两个路由显示的页面如图8.2所示。

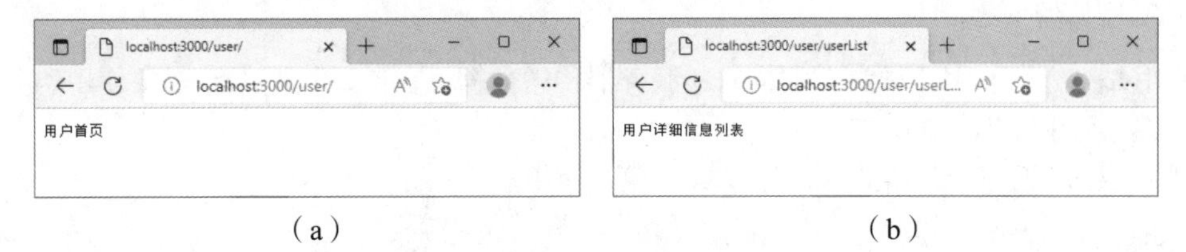

（a）　　　　　　　　　　（b）

图8.2　制作首页和用户列表路由

主文件8-2-app.js的代码如下所示：

```
// 例8-2-app.js程序代码

// 导入Koa框架
const Koa = require('koa');
const app = new Koa();

// 导入自定义路由模块8-2-router.js
const myRouter = require('./8-2-router');

// 挂载路由
app.use(myRouter.routes(),myRouter.allowedMethods());

// 启动Web服务器并监听3000端口
app.listen(3000,() => {
  console.log("Web服务器已运行，访问地址：http://localhost:3000")
})
```

扫一扫，看视频

自定义路由模块8-2-router.js的代码如下所示：

```
// 8-2-router.js程序代码，用于定义路由

// 导入koa-router路由中间件
const Router = require('koa-router')

// 创建路由实例并定义路由前缀是/user
const router = new Router({
  prefix: '/user'
});

// 设置路由前缀下的根路由，其地址是http://localhost:3000/user/
router.get('/', async (ctx, next) => {
  ctx.body = '用户首页'
})

// 设置用户列表路由，其地址是http://localhost:3000/user/userList
router.get('/userList', async (ctx, next) => {
  ctx.body = '用户详细信息列表'
})

// 暴露router变量，以供外部代码使用
module.exports = router
```

8.1.3 GET 传值与动态路由

1. GET传值

使用GET方法从客户端浏览器向Web服务器传送数据，在Koa中通过ctx对象使用两种方法进行接收，分别如下：

（1）query：返回的是格式化后的参数对象，使用的语句如下所示：

```
router.get('/', async (ctx, next) => {
  console.log(ctx.query)
  ctx.body = '用户首页'
})
```

（2）querystring：返回的是请求字符串，使用的语句如下所示：

```
router.get('/', async (ctx, next) => {
  console.log(ctx.querystring)
  ctx.body = '用户首页'
})
```

另外，还可以通过上下文的URL属性获取用户访问的参数。

【例8–3】展示GET数据

在例8-3中，在客户端浏览器的地址栏中输入根目录地址并带上两个参数，即姓名为lb、年龄为20，其URL访问地址如下所示：

```
http://localhost:3000/?name=lb&age=20
```

Web服务器接收到这些数据后进行解析，解析后的数据返回给客户端浏览器，其显示结果如图8.3所示。

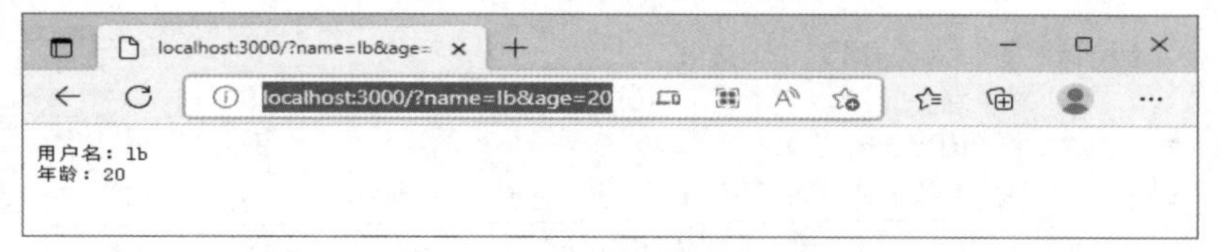

图 8.3　展示 GET 数据

例8-3的代码如下所示：

扫一扫，看视频

```
// 例8-3-getValue.js程序代码
const Koa = require('koa');
const app = new Koa();

// 导入koa-router路由中间件
const Router = require('koa-router')

// 创建路由实例
const router = new Router();

// 设置根路由
router.get('/', async (ctx, next) => {
  // 获取客户端传入的参数
  var getData=ctx.query

  // 在控制台输出获取的参数：{ name: 'lb', age: '20' }
```

```
  console.log(getData)

  // 以另一种方式获取客户端传入的参数并输出，输出内容为name=lb&age=20
  console.log(ctx.querystring)

  // 向客户端输出数据，数据以模板字符串方式生成
  ctx.body = `用户名：${getData.name}\n年龄：${getData.age}`
})

// 挂载路由
app.use(router.routes(), router.allowedMethods());

// 启动Web服务器并监听3000端口
app.listen(3000, () => {
  console.log("Web服务器已运行，访问地址：http://localhost:3000")
})
```

2. 动态路由

动态路由是指一个路由的路径中有可以任意变化的值，但其被认为是同一个路由。例如，下面两条路由被认为是同一个路由：

```
http://localhost:3000/newscontent/202301011101
http://localhost:3000/newscontent/202301015401
```

上面这两个路由可以使用以下路由进行聚合：

```
http://localhost:3000/newscontent/XXX
```

例如，根据不同的×××值访问不同的新闻内容，可以使用动态路由方法定义这种情况，定义动态路由id的示例语句如下所示：

```
newscontent/:id
```

获取动态参数id的语句如下所示：

```
ctx.params.id
```

【例8-4】获取动态路由

在例8-4中，当客户端浏览器输入动态路由地址并发送给服务器时，服务器端能够读出该地址的动态参数并返回给客户端浏览器，客户端浏览器把收到的数据显示在浏览器的页面中，其显示结果如图8.4所示。

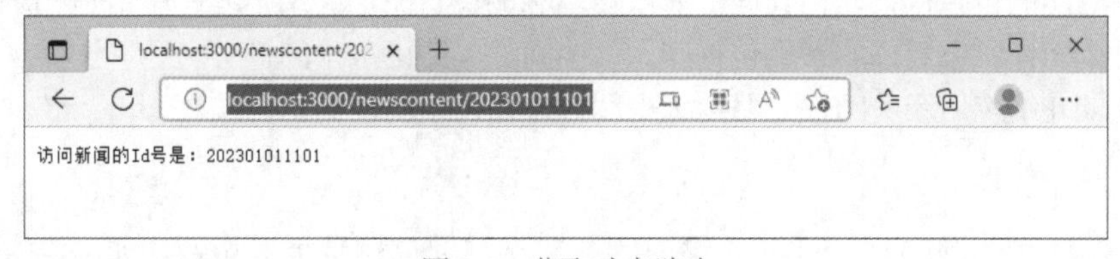

图8.4　获取动态路由

例8-4的代码如下所示：

```
// 例8-4-dynamicRouting.js程序代码

// 导入Koa框架
const Koa = require('koa');
const app = new Koa();
```

```
// 导入路由
const Router = require('koa-router')
const router = new Router();

// 设置动态路由
router.get('/newscontent/:id', async (ctx, next) => {
  // 获取动态路由的id值
  var getData = ctx.params.id

  // 使用字符串模板生成返回数据并把数据返回给客户端
  ctx.body = `访问新闻的Id号是：${getData}`
})

// 挂载路由
app.use(router.routes(), router.allowedMethods());

// 启动Web服务器并监听3000端口
app.listen(3000, () => {
  console.log("Web服务器已运行，访问地址：http://localhost:3000")
})
```

在动态路由中还存在多级形式。例如，多级动态路由的定义如下所示：

```
router.get('/newscontent/:dateId/:contentId', async (ctx, next) => {
  // 获取第一级动态路由的id值（日期）
  var getDate = ctx.params.dateId

  // 获取第二级动态路由的id值（内容）
  Var getContent = ctx.params.contentId

  // 使用字符串模板生成返回数据并把数据返回给客户端
  ctx.body = `日期是：${getDate}，访问新闻的Id号是：${getContent }`
})
```

8.1.4 Koa 中间件

Koa中间件是匹配路由之前或者匹配路由完成所执行的一系列操作，其可以访问请求对象（request）、响应对象（response）和Web应用中处理请求响应循环流程中的中间件，一般被命名为next变量。

中间件的功能包括执行任何代码、修改请求和响应对象、终结请求——响应循环和调用堆栈中的一个中间件。中间件的种类包括应用级中间件、路由级中间件等。

下面主要介绍应用级中间件、路由级中间件，以及中间件的执行顺序。

1. 应用级中间件

Koa挂载路由的app.use()方法中有两个参数，分别是路由地址和函数。如果没有路由地址且只写函数，表示匹配任何路由；如果函数中没有next参数，这个路由被匹配并执行后就不会继续向下匹配其他路由；如果需要继续匹配其他路由，就需要在回调函数中加上next参数并在回调函数的最后加上next()方法。

Koa的应用级中间件的最典型应用是验证登录，也就是在访问应用的任何路径之前都可以使用Koa的应用级中间件判断用户是否登录。如果没有登录，可以直接让页面跳转到登录页面；如果已登录，则断续下面的路由匹配。

【例8-5】应用级中间件

在例8-5中需要在任何路由被匹配时都在控制台中显示当前系统时间，以验证应用级中间件的作用。本例中访问http://localhost:3000和访问http://localhost:3000/userList后在控制台中的显示结果如图8.5所示。

```
管理员: C:\Windows\System32\cmd.exe - node 8-5-appMiddle...

C:\1b\8>node 8-5-appMiddleWare.js
Web服务器已运行，访问地址：http://localhost:3000
2022-09-09T03:39:35.268Z
访问地址是：http://localhost:3000/
2022-09-09T03:39:40.509Z
访问地址是：http://localhost:3000/userList
```

图 8.5 应用级中间件

例8-5的代码如下所示：

```
// 例8-5-appMiddleWare.js

// 导入Koa框架
const Koa = require('koa');
const app = new Koa();

// 导入路由
const Router = require('koa-router')
const router = new Router();

// 应用级中间件中仅有一个回调函数，表示任何路由匹配之前都会被执行
app.use(async (ctx, next) => {
  console.log( new Date())                    // 在控制台中显示系统时间
  console.log('访问地址是：'+ctx.URL.href)    // 显示访问的地址
  await next()                                // 当前路由执行完毕之后将继续向下匹配路由
})

// 定义根路由
router.get('/', async (ctx, next) => {
  ctx.body = "首页"
})

// 定义用户列表路由userList
router.get('/userList', async (ctx, next) => {
  ctx.body = "用户列表"
})

// 挂载路由
app.use(router.routes(), router.allowedMethods());

// 启动Web服务器并监听3000端口
app.listen(3000, () => {
  console.log("Web服务器已运行，访问地址：http://localhost:3000")
})
```

扫一扫，看视频

特别需要强调的是，应用级中间件中如果没有 await next()方法，那么后面的路由不会继续匹配执行。

2. 路由级中间件

路由级中间件是当有多个相同的路由时，一定要在前几个路由的最后加上next()方法，这样才能使后面相同的路由被执行。

【例8-6】路由级中间件

在例8-6中定义两个完全相同的路由，在第一个路由被执行时给testVar变量赋了初始值，在第二个相同的路由被执行时给testVar变量增加字符串然后输出。本例重点体会从第一个路由使用next()方法转到第二个路由的执行过程。本例访问的地址是http://localhost:3000，其在客户端浏览器和服务器端控制台中的显示结果如图8.6所示。

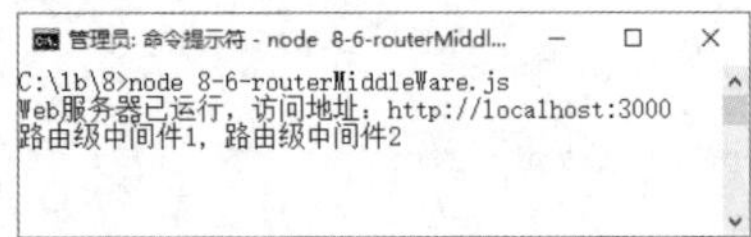

图 8.6　路由级中间件

例8-6的代码如下所示：

扫一扫，看视频

```
// 例8-6-routerMiddleWare.js

// 导入Koa框架
const Koa = require('koa');
const app = new Koa();

// 导入路由
const Router = require('koa-router')
const router = new Router();

// 定义testVar变量初始值
var testVar=''

// 定义根路由，路由地址是http://localhost:3000/
router.get('/', async (ctx, next) => {
  // 在此路由中设置testVar变量的值
  testVar="路由级中间件1"

  // 继续匹配执行相同的路由
  next()
})

// 定义根路由，路由地址是http://localhost:3000/
router.get('/', async (ctx, next) => {
  // 在此路由中修改testVar变量的内容
  testVar += "，路由级中间件2"

  // 在控制台输出testVar变量的内容，即"路由级中间件1，路由级中间件2"
  console.log(testVar)

  // 向客户端浏览器返回数据，即"路由级中间件测试"
  ctx.body = "路由级中间件测试"
})
```

```
// 挂载路由
app.use(router.routes(), router.allowedMethods());

// 启动Web服务器监听3000端口
app.listen(3000, () => {
  console.log("Web服务器已运行，访问地址：http://localhost:3000")
})
```

3. 中间件的执行顺序

中间件的执行顺序是先应用级中间件再路由级中间件，如果是同级别的中间件，则中间件代码的执行顺序是按照其定义顺序进行的。另外,中间件使用await next()方法进入到能够匹配到的下一个中间件，下一个中间件还可以再次使用await next()方法进入能够匹配到的下一个中间件。当某一个中间件执行完毕后，可以返回到上一个中间件await next()方法之后的语句进行执行，这种执行过程在Koa的官方称为“洋葱圈模型”，其实与计算机的中断子程序概念有些类似，即执行到await next()方法相当于发生中断事件，使用堆栈保护好现场，其中断处理的子程序就是下一个能够匹配的应用级中间件或者路由级中间件，当下一个中间件执行完毕返回时，就返回到await next()方法之后的下一条语句。

【例8-7】中间件的执行顺序

在例8-7中定义两个应用级中间件和一个路由级中间件，两个应用级中间件分别使用await next()方法调用匹配到的下一个中间件，每一个中间件都在控制台中输出一个字符串，以验证各中间件语句的执行顺序。本例在客户端浏览器的地址栏中输入地址http://localhost:3000/login后，服务器端在控制台中的执行结果如图8.7所示，读者需重点理解中间件执行过程的“洋葱圈模型”。

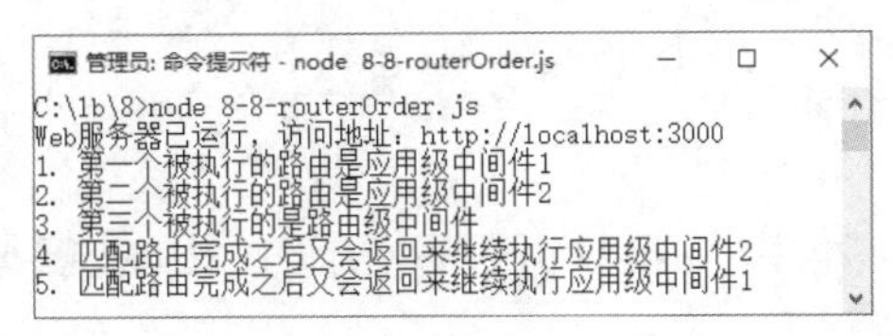

图 8.7　中间件的执行顺序

例8-7的代码如下所示：

```
// 例8-7-routerOrder.js程序代码

// 导入Koa框架
const Koa = require('koa');
const app = new Koa();

// 导入路由
const Router = require('koa-router')
const router = new Router();

// 应用级中间件1
app.use(async (ctx, next) => {
  console.log("1. 第一个被执行的路由是应用级中间件1")
  await next()
  console.log("5.匹配路由完成之后又会返回来继续执行应用级中间件1\n\n\n")
})
```

```
// 应用级中间件2
app.use(async (ctx, next) => {
  console.log("2. 第二个被执行的路由是应用级中间件2")
  await next()
  console.log("4. 匹配路由完成之后又会返回来继续执行应用级中间件2")
})

// 路由级中间件
router.get('/login', async (ctx, next) => {
  console.log("3. 第三个被执行的是路由级中间件")
  ctx.body = "路由级中间件测试"
})

// 挂载路由
app.use(router.routes(), router.allowedMethods());

// 启动Web服务器并监听3000端口
app.listen(3000, () => {
  console.log("Web服务器已运行，访问地址：http://localhost:3000")
})
```

8.1.5 EJS 模板

1. 安装EJS插件

如果需要在Koa中使用EJS模板，则需要在项目中安装第三方的两个EJS插件，其安装命令如下所示：

```
npm install koa-views --save
npm install ejs --save
```

2. 导入EJS插件

第三方EJS插件安装成功后，在项目中需要使用EJS时首先要导入EJS插件，其语句如下所示：

```
const views = require('koa-views')
```

3. 定义模板路径

导入第三方EJS插件之后，如果需要使用EJS模板，则使用以下语句设置 EJS模板的路径：

```
app.use(views('myViews',{extension:'ejs'}))
```

其中，views()方法的第一个参数用于指出模板引擎的文件目录；第二个参数用于指出模板引擎的类型是EJS。需要强调的是，模板文件的后缀名必须是.ejs。

4. 设定模板包含其他模板

当在每一个模板上都需要定义一个头部的logo信息或者底部版权信息时，就可以导入其他特定模板。例如，导入特定的logo信息模板文件（public/header.ejs）的语句如下所示：

```
<%- include("public/header.ejs") %>
```

需要说明的是，public/header.ejs包含模板的文件名及路径，这个文件路径必须包含在“定义模板路径”所设定的模板路径myViews中，即地址为myViews/public/header.ejs。

5. 模板的公共数据

当需要在每个路由的render中都渲染公共数据时，则把公共数据放在ctx.state中，这样在任何模板中都可以使用此公共数据。例如，定义一个新闻的公共数据，定义语句如下所示：

```
ctx.state={
  news:"这是一个新闻！"
}
```

需要说明的是，公共数据的定义一定要在应用级中间件中进行。

【例8-8】EJS模板渲染

在例8-8的myViews目录下定义EJS模板（index.ejs），首先在该EJS模板中导入指定的EJS头文件模板（myViews/public/header.ejs），然后在index.ejs模板中渲染公共数据、数组等信息。其在浏览器中的访问结果如图8.8所示。

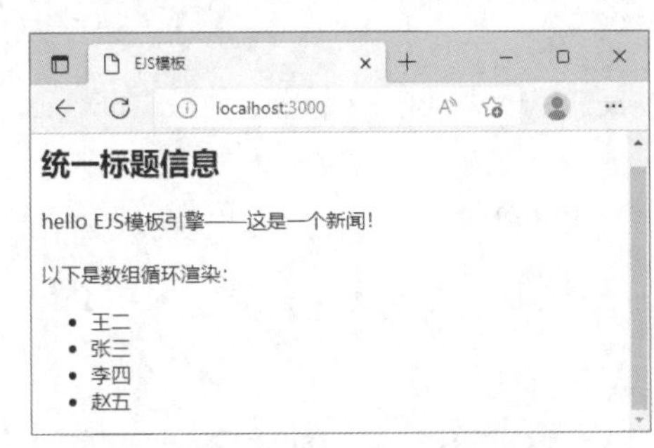

图 8.8　EJS 模板渲染

（1）服务器端文件(8-8-ejsMiddleWare.js)。

扫一扫，看视频

```
// 例8-8-ejsMiddleWare.js程序代码

// 导入Koa框架
const Koa = require('koa');
const app = new Koa();

// 导入路由
const Router = require('koa-router')
const router = new Router();

// 导入EJS中间件koa-views
const views = require('koa-views')

// 设定EJS模板的路径是myViews
app.use(views('myViews',{extension:'ejs'}))

// 定义应用级中间件
app.use(async (ctx,next)=>{
  // 在应用级中间件中设置公共信息
  ctx.state={
    news:"这是一个新闻！"
  }

  // 继续匹配下一个路由
  await next()
})
```

```
// 路由级中间件，设定路由为http://localhost:3000/
Router.get('/',async (ctx,next)=>{
  // 在路由级中间件中定义数组
  let userArr=['王二','张三','李四','赵五']

  // 在路由级中间件中定义字符串变量
  let title='hello'

  // 启动index.ejs模板并把变量title和userArr下发给EJS模板
  await ctx.render('index',{title,userArr})
})

// 挂载路由
app.use(router.routes(), router.allowedMethods());

// 启动Web服务器并监听3000端口
app.listen(3000, () => {
  console.log("Web服务器已运行，访问地址：http://localhost:3000")
})
```

（2）EJS模板文件(myViews/index.ejs)。

```
<!DOCTYPE html>
<html lang="en">
<head>
  <meta charset="UTF-8">
  <meta http-equiv="X-UA-Compatible" content="IE=edge">
  <meta name="viewport" content="width=device-width, initial-scale=1.0">
  <title>EJS模板</title>
</head>
<body>
  <%- include("public/header.ejs") %>
  <%= title %> EJS模板引擎——<%= news %> <br><br>
// 以下是数组循环渲染：
  <ul>
    <% for(var i=0;i<userArr.length;i++){%>
      <li><%=userArr[i]%></li>
    <%}%>
  </ul>
</body>
</html>
```

（3）EJS模板公共文件(myViews/public/header.ejs)。

```
<h2>统一标题信息</h2>
```

8.1.6 POST 数据的接收

在Koa中接收由客户端浏览器传送过来的POST数据有两种方法，一种是原生Node.js方法；另一种是使用第三方中间件koa-bodyparser的方法。本小节主要讲解使用第二种方法接收从客户端浏览器传送过来的数据（数据传送方法为POST方法）。

1. 安装中间件

如果使用第三方中间件koa-bodyparser接收POST数据，那么首先要安装该中间件，使用的语句如下所示：

```
npm install koa-bodyparser --save
```

2.导入中间件

中间件安装完成之后，如果需要使用中间件koa-bodyparser，那么必须要进行引入操作，使用的语句如下所示：

```
const bodyParser=require('koa-bodyparser')
app.use(bodyParser())
```

3. 获取数据

使用中间件koa-bodyparser在服务器端获取POST数据的语句如下所示：

```
router.post('/reg',async ctx=>{
  // 使用ctx.request.body属性获取POST数据
})
```

【例8-9】POST数据的接收

在例8-9的客户端中用表单将用户名和年龄的数据通过POST方法提交到服务器，服务器使用第三方中间件koa-bodyparser将提交的数据接收并解析出提交的数据，然后返回给客户端浏览器进行渲染。本例在客户端浏览器中的运行结果如图8.9所示。

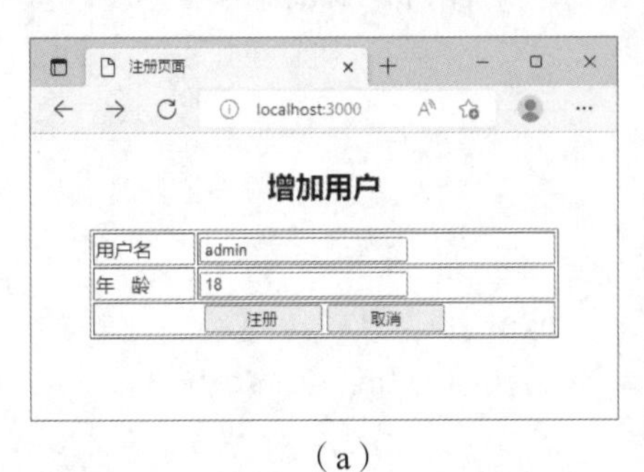

（a）

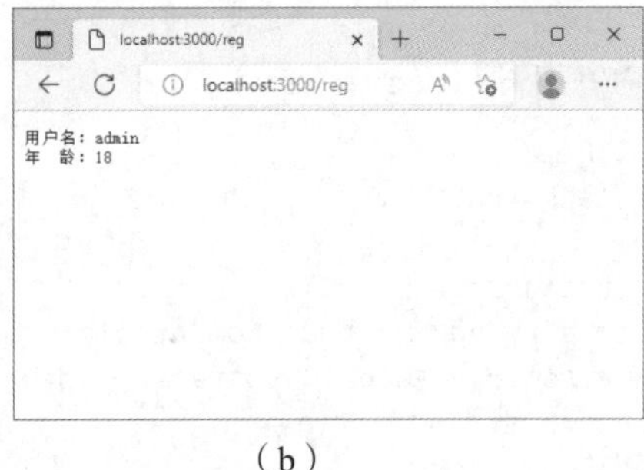

（b）

图 8.9　POST 数据的接收

（1）在服务器端接收使用POST方法提交的数据的程序。

```
// 例8-9-postData.js程序代码

// 导入Koa框架
const Koa = require('koa');
const app = new Koa();

// 导入路由
const Router = require('koa-router')
const router = new Router();

// 导入EJS中间件koa-views
const views = require('koa-views')

// 导入POST数据的解析插件koa-bodyparser
const bodyParser=require('koa-bodyparser')

// 把导入的解析插件koa-bodyparser应用到项目app中
```

```
app.use(bodyParser())

// 定义静态模板的路径和扩展名
app.use(views('myViews',{extension:'ejs'}))

// 定义根路由
Router.get('/',async (ctx,next)=>{
  await ctx.render('register')
})

// 接收客户端注册数据的路由
Router.post('/reg',async ctx=>{
  // 使用ctx.request.body进行客户端数据的接收
  let postData=ctx.request.body

  // 使用字符串模板把接收的数据定义成需要的数据结构形式
  ctx.body=`用户名：${postData.username}\n年  龄：${postData.age}`
})

// 挂载路由
app.use(router.routes(), router.allowedMethods());

// 启动Web服务器并监听3000端口
app.listen(3000, () => {
  console.log("Web服务器已运行，访问地址：http://localhost:3000")
})
```

（2）客户端程序（register.ejs）。

```
<!DOCTYPE html>
<html lang="en">
<head>
  <meta charset="UTF-8">
  <meta http-equiv="X-UA-Compatible" content="IE=edge">
  <meta name="viewport" content="width=device-width, initial-scale=1.0">
  <title>注册页面</title>
</head>
<body>
  <form action="/reg" method="post">
    <table border="1px" width="400" style="margin:0 auto ; ">
      <caption><h2>增加用户</h2></caption>
      <tr>
        <td>用户名</td>
        <td><input type="text" name="username" id="username"></td>
      </tr>
      <tr>
        <td>年   龄</td>
        <td><input type="number" name="age" id="age"></td>
      </tr>
      <tr>
        <td colspan="2" align="center" >
          <button type="submit" id="register" style="width: 100px;">
            注册
          </button>
          <button type="reset" id="regCancle" style="width: 100px;">
            取消
          </button>
```

```
        </td>
      </tr>
    </table>
  </form>
</body>
</html>
```

8.1.7 静态资源

当路由在服务器端没有匹配成功时，服务器端就会返回404页面发送给客户端浏览器作为没有找到的响应。但如果为每一个静态页面都配置一个路由是不现实的，因为这种静态页面的数量巨大，此时可以将某一个文件夹设置为静态资源文件夹，把所有静态页面都放置在该文件夹中，这样只要访问的静态页面被包含在静态资源文件夹中，用户的浏览器就可以直接进行访问。本小节将介绍Koa框架下的静态资源第三方中间件koa-static。

1. 安装中间件

在项目中使用第三方中间件koa-static之前首先要对其进行安装，使用的语句如下所示：

```
npm install koa-static --save
```

2.导入中间件

中间件安装完成后，如果需要使用，则必须先导入该中间件，使用的语句如下所示：

```
const static = require('koa-static');
```

3. 配置中间件文件夹

导入中间件之后可以把指定的文件夹设置为静态文件夹。例如，下面语句把static文件夹设置为静态资源文件夹：

```
app.use(static(__dirname+'/static'));
```

其中，__dirname表示动态获取当前文件模块所属目录的绝对路径。

【例8-10】静态资源文件

例8-10中设置public文件夹为静态资源文件夹并在该文件夹下创建static.html文件，在static.html文件中引入外部CSS文件，CSS文件也存放在public文件夹中，然后测试在客户端浏览器中是否能显示static.html文件。其在浏览器中的显示结果如图8.10所示。

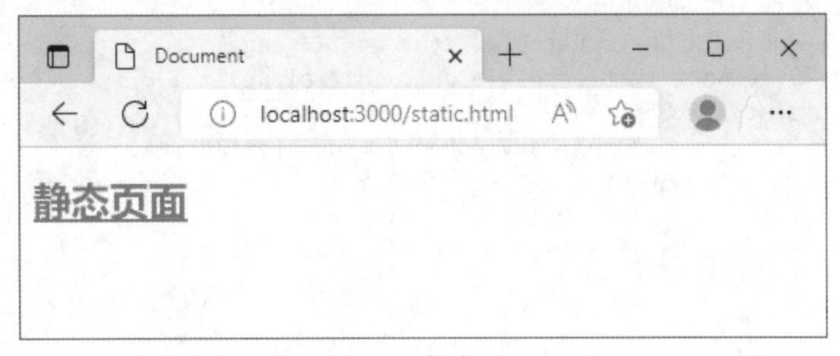

图8.10　静态页面

（1）在服务器端设置静态资源的程序。

```
// 例8-10-staticMiddleWare.js程序代码
```

```
// 导入Koa框架
const Koa = require('koa');
const app = new Koa();

// 导入路由
const Router = require('koa-router')
const router = new Router();

// 导入EJS模板中间件
const views = require('koa-views');

// 导入处理静态资源的中间件
const static = require('koa-static');

const app = new Koa();

// 设定EJS模板的路径
app.use(views('views', {
  extension: 'ejs'
}));

// 设置public文件夹为静态资源文件夹
app.use(static(__dirname+'/public'));

// 设置根目录路由
Router.get('/', async (ctx) => {
  ctx.body="程序主页面！"
});

// 挂载路由
app.use(router.routes(), router.allowedMethods());

// 启动Web服务器并监听3000端口
app.listen(3000, () => {
  console.log("Web服务器已运行，访问地址：http://localhost:3000")
})
```

扫一扫，看视频

（2）静态页面（static.html）。

```
<!DOCTYPE html>
<html lang="en">
<head>
  <meta charset="UTF-8">
  <meta http-equiv="X-UA-Compatible" content="IE=edge">
  <meta name="viewport" content="width=\, initial-scale=1.0">
  <title>Document</title>
  <link href="static.css" rel="stylesheet" type="text/css">
</head>
<body>
  <h1 class="myStatic">静态页面</h1>
</body>
</html>
```

（3）静态样式文件（static.css）。

```
.myStatic{
  color: red;
```

```
    font-size: 24px;
    text-decoration: underline;
  }
```

8.2 Koa框架进阶

8.2.1 Koa 框架中的 Cookie

HTTP是无状态协议，也就是说，每一次访问都是没有任何关联的，所以一些网站为了识别用户和跟踪会话会使用Cookie技术。Cookie是存储于客户端计算机中的变量，可以让同一个浏览器在访问同一个域名时共享数据。

Cookie的主要作用是保存用户信息。例如，用户访问某购物网站时必然需要进行登录，登录成功之后，访问该网站的不同页面时需要携带登录信息，此时就可以使用Cookie技术进行实现。

Cookie的其他应用包括存储浏览器的历史记录、7天免登录、多个页面之间的数据传递、实现购物车等。

1. 设置Cookie值

在Koa框架中设置Cookie值的语句如下所示：

```
ctx.cookies.set(name,value,[options])
```

其中，参数name表示Cookie变量的名；参数value表示Cookie变量的值；参数options是一个可选项，是一个对象，其定义方法及说明如下所示：

```
options={
  maxAge:"000000000"                  // Cookie有效时长，单位为毫秒
  expires:"0000000000"                // 过期时间，UNIX时间戳
  path:"/"                            // Cookie保存路径，默认是“/”
  domain:".xxx.com"                   // Cookie可用域名，“.”开头支持顶级域名下的所有子域名
  secure:"false"                      // 防止攻击者通过程序获取用户的Cookie信息
  httpOnly:"true"                     // 设置成true表示只有http可以访问
  overwrite:"true"                    // 表示是否覆盖以前设置的同名Cookie，默认是 false
}
```

2. 获取Cookie值

在Koa框架中通过Cookie的变量名获取Cookie的值所使用的语句如下所示：

```
ctx.cookies.get('name');
```

3. Cookie值的中文处理

需要说明的是，Koa框架中的Cookie变量值不能包含中文字符，否则在程序的运行过程中会报告错误。如果特殊要求必须使用中文，可以使用Buffer对象实现其中的转换，也就是在设置时先把中文转换成Buffer对象的字符串再写入Cookie变量，其使用的语句如下所示：

```
Buffer.from('中文值').toString("base64")
```

读取Cookie变量后再把该变量转换成中文，其使用的语句如下所示：

```
myName=Buffer.from(ctx.cookies.get("chineseName"),"base64").toString()
```

【例8-11】Cookie变量的读取

例8-11中在根路由上设置Cookie变量username，在路由“/getUser”中读取Cookie变量的值并把该值返回到客户端页面中，其在客户端浏览器上的显示结果如图8.11所示。在图8.11中按F12键打开“开发者工具”，选择“应用程序”选项卡，可以找到Cookie变量的存储位置及其值。

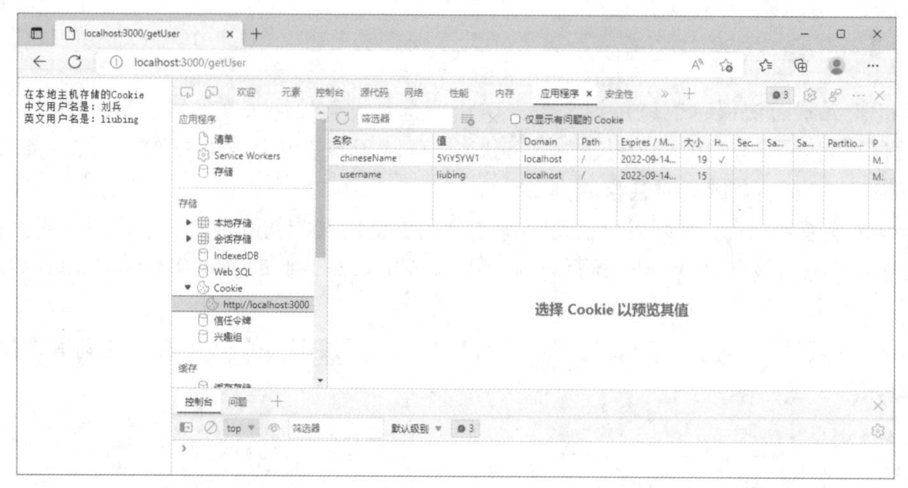

图 8.11　Cookie 变量的读取

例8-11的代码如下所示：

扫一扫，看视频

```
// 例8-11-cookie.js程序代码

// 导入Koa框架
const Koa = require('koa');
const app = new Koa();

// 导入路由
const Router = require('koa-router')
const router = new Router();

// 定义根路由
Router.get('/', async (ctx) => {

  // 设置Cookie变量，变量名为username，变量值为liubing，以及变量相关的设置
  ctx.cookies.set(
    'username',
    'liubing',
    {
      domain: 'localhost',              // 写Cookie所在的域名
      path: '/',                        // 写Cookie所在的路径
      maxAge: 10 * 60 * 1000,           // Cookie有效时长
      httpOnly: false,                  // 是否只用于http请求中获取
      overwrite: false                  // 是否允许重写
    }
  )

  // 设置Cookie变量值中包含中文的处理方法
```

```
  ctx.cookies.set(
    'chineseName',
    Buffer.from('刘兵').toString("base64"),
    {
      maxAge: 10 * 60 * 1000, // Cookie有效时长
    }
  )
  ctx.body="程序主页面，设置了Cookie值！"
});

// 在getUser页面中获取Cookie值
Router.get('/getUser', async (ctx) => {
  myName=Buffer.from(ctx.cookies.get("chineseName"),"base64").toString()
  ctx.body=`在本地主机存储的Cookie\n
              中文用户名是：${myName}\n
              英文用户名是：${ctx.cookies.get("username")}`
});

// 挂载路由
app.use(router.routes(), router.allowedMethods());

// 启动Web服务器并监听3000端口
app.listen(3000, () => {
  console.log("Web服务器已运行，访问地址：http://localhost:3000")
})
```

8.2.2 Koa 框架中的 Session

8.2.1小节介绍了Cookie用于在客户端的本地主机上存储数据，但当客户端主机设置成不允许服务器使用Cookie设置变量时，可以使用Session记录用户的状态，与Cookie保存在客户端浏览器的方式不同，Session保存在Web服务器上。

当客户端浏览器访问服务器并发送第一次请求时，服务器端会创建一个Session对象，也就是一个Key/Value的键/值对，然后将这个键/值对返回到客户端浏览器，客户端浏览器下次再访问Web服务器时会携带这个键/值对，在Web服务器就能找到对应的Session。

1. 安装中间件

在Koa框架中使用Session时，首先要安装第三方中间件koa-session，安装使用的语句如下所示：

```
npm install koa-session --save
```

2. 导入中间件

安装第三方中间件koa-session之后，如果需要使用，还必须在项目中导入该中间件，导入使用的语句如下所示：

```
const session = require('koa-session')
```

3. 设置Session

koa-session中间件的官方文档提供该中间件需要进行的一些设置，主要包括以下几个方面：

```
// session_signed_key是配合signed属性的签名key
```

```
const session_signed_key = ["some secret hurr"];
const session_config = {
  key: 'koa:sess',          // cookie的key(默认是 koa:sess)
  maxAge: 4000,             // Session 过期时间，以毫秒为单位计算
  autoCommit: true,         // 自动提交到响应头(默认是 true)
  overwrite: true,          // 允许重写(默认是 true)
  httpOnly: true,           // 设置成true表示只有http可以访问
  signed: true,             // 签名(默认是 true)
  rolling: true,            // 每次响应时刷新Session的有效期(默认是 false)
  renew: false,             // 在Session快过期时是否刷新Session的有效期
};
```

其中需要强调的几个配置如下：

（1）renew和rolling：可以在用户访问的过程中刷新有效期，不至于让用户在访问过程中Session过期成为未登录状态。

（2）signed：对客户端Cookie的签名，也就是用一个特殊的字符加密，保证客户端Cookie不会被伪造。

（3）maxAge：以毫秒为单位的session过期时间。

4. 设置应用到Koa框架

Session设置完成后，还需要将设置应用到Koa框架的app中，使用的语句如下所示：

```
app.use(session(session_config,app))
```

5. 使用Session

（1）设置Session值使用如下语句实现：

```
ctx.session.username = "张三";
```

（2）获取Session值使用如下语句实现：

```
ctx.session.username
```

【例8-12】Session变量的读取

在例8-12中定义login路由对Session变量进行设置，在根路由读取Session变量并显示在客户端浏览器中。其运行结果如图8.12所示。

（a）　（b）

图 8.12　Session 变量的读取

例8-12的代码如下所示：

```
// 例8-12-session.js程序代码

// 导入Koa框架
const Koa = require('koa');
```

```
const app = new Koa();

// 导入路由
const Router = require('koa-router')
const router = new Router();

// 导入第三方中间件koa-session
const session = require('koa-session')

// 配置Session中间件
app.keys= ["some secret hurr"];
const session_config = {
  key: 'koa:sess',
  maxAge: 86400000,
  overwrite: true,
  httpOnly: true,
  signed: true,
  rolling: false,
  renew: true,
};

// 将Session应用到app
app.use(session(session_config,app))

// 设置login路由
Router.get('/login', async (ctx) => {
  // 设置Session变量，变量名为username，变量值为“刘兵”
  ctx.session.username="刘兵"
  ctx.body="登录成功"
});

// 设置根路由
Router.get('/', async (ctx) => {
  // 获取Session变量username的值
  ctx.body="欢迎您，"+ctx.session.username
});

// 挂载路由
app.use(router.routes(), router.allowedMethods());

// 启动Web服务器并监听3000端口
app.listen(3000, () => {
  console.log("Web服务器已运行，访问地址：http://localhost:3000")
})
```

8.3 通过Koa框架操作MongoDB数据库

8.3.1 封装对数据库的操作

本小节使用Mongoose制作底层的数据库操作，目的是将对数据库的增、删、改、查操作进行封装，以方便主程序进行调用。

1. 配置数据库

为了实现程序代码的复用性，即能将程序代码快速应用到其他不同名称的数据库，一般把数据库的连接方式和名称定义到一个配置文件中，本例使用Config.js文件名，其内容如下所示：

```
// 配置数据库Config.js程序代码
var app={
  dbURL:"mongodb://localhost:27017/",      // 定义数据库连接的地址
  dbName:'lb'                              // 定义操作数据库的名称
}

// 把app变量暴露出去，以供其他模块使用
module.exports=app
```

2. 定义数据模型

Mongoose针对数据库中的不同数据表都需要建立一个一一对应的Schema，以保证数据录入到数据库之前进行一些验证，包括大小写、能否为空、输入值的范围等。本例使用用户信息表，但为简便起见仅设置了name（用户名）和age（年龄）两个字段。本例中Schema使用的文件名是Model.js，其内容如下所示：

```
// 数据模型Model.js程序代码
var userSchema= {
  name:{
    type:String,
    trim:true,
    uppercase:true,
    set(parmas){
      return parmas.replace(/\s*/g,"");
    }
  },
  age: {
    type:Number,
    default:18
  }
}

// 把userSchema数据模型暴露出去，以供其他模块使用
module.exports=userSchema
```

3. 数据库的连接

数据库的连接是整个数据库操作中最耗费时间的，也就是进行一次增、删、改、查需要的时间要比数据库的连接时间少很多，所以需要保证数据库始终保持这个连接以加快数据库的操作。

此处通过定义类并使用静态方法getInstance()保证仅能有一个数据库和集合的连接，读者应仔细阅读下面的程序，重点理解数据库连接的唯一性实现。

```
// Connect.js程序代码

// 导入数据库操作中间件Mongoose
const mongoose = require('mongoose')

// 导入数据库连接及数据库名的配置文件
```

```
const Config = require('./config')

// 导入数据库集合的数据模型
const user = require("./model")

// 定义变量
let userSchema = ''
let userColl = ''

// 定义数据库的连接类DB
class DB {
  // 定义静态方法getInstance()
  static getInstance() {
    // 判断DB类是否存在instance属性
    if (!DB.instance) {
      // 不存在，就新建一个DB类
      DB.instance = new DB()

      // 指定使用的模型
      userSchema = mongoose.Schema(user)

      // 通过Schema连接数据库中的指定数据表myUser
      userColl = mongoose.model('userColl', userSchema, 'myUser')
    }

    // 返回连接成功的数据库
    return DB.instance
  }

  // 定义类的构造函数
  constructor() {
    // 在构造器中执行连接，目的是让其他的增、删、改、查操作速度加快
    this.connect()
  }

  // 定义类的数据库连接方法connect()
  connect() {
    // 异步方式连接数据库
    return new Promise((resolve, reject) => {
      // 连接数据库
      mongoose.connect(Config.dbURL + Config.dbName, function (err) {
        // 判断连接是否出错
        if (err) {
          reject(err)                            // 出错则拒绝连接
        }
        else {
          console.log('数据库连接成功！');      // 成功则给出提示
          resolve()                              // 可直接返回Promise成功对象
        }
      })
    })
}

// 返回数据库连接
module.exports=DB.getInstance()
```

4. 封装增、删、改、查操作

把此处对增、删、改、查操作的封装包含在上面Connect.js的DB类中，以减少代码的重复率。另外，此处增、删、改、查操作都是采用Promise异步方式进行的。具体如下：

```
// 查询操作，参数ifJson是查询条件
find(ifJson) {
  return new Promise((resolve, reject) => {
    this.connect().then(() => {
      // 查询userColl表的数据
      userColl.find(ifJson, function (err, doc) {
        if (err) {
          reject(err)
          return
        }
        resolve(doc)
      })
    })
  })
}

// 更新操作，ifJson是更新条件，updateData是更新数据
update(ifJson, updateData) {
  return new Promise((resolve, reject) => {
    this.connect().then((db) => {
      userColl.updateMany(
        ifJson,
        updateData,
        function onUpdate(err, docs) {
          if (err) {
            // TODO: handle error
          } else {
            console.info('%d 个数据文档被成功修改！', docs.modifiedCount);
            console.log(docs)
          }
        }
      )
    })
  })
}

// 插入操作，userCollection是插入数据表的数据对象
insert(userCollection) {
  return new Promise((resolve, reject) => {
    userColl.insertMany(userCollection, (err, docs) => {
      if (err) {
        // TODO: handle error
      } else {
        console.info('%d 个数据文档被成功加入！', docs.length);
      }
    })
  })
}

// 删除操作，ifJson是更新条件
delete(ifJson) {
  return new Promise((resolve, reject) => {
```

```
    this.connect().then(() => {
      userColl.deleteMany(ifJson, (err, result) => {
        if (err) {
          reject(err)
        } else {
          resolve(result)
        }
      })
    })
  })
}
```

8.3.2 数据库操作

【例8-13】通过Koa框架对数据库进行操作

本例为了简化并没有制作客户端程序，仅是使用固定数据验证服务器端的数据库操作类是否有效。具体如下：

扫一扫，看视频

```
// 8-13-KoaMongoDB.js

// 导入Koa框架
const Koa = require('koa');
const app = new Koa();

// 导入路由
const Router = require('koa-router')
const router = new Router();

// 导入数据库的连接及相关增、删、改、查的方法
const DB=require("./module/conn")

// 定义应用级路由，任何路由匹配之前，都会被执行
app.use( async (ctx, next) => {
  console.log( new Date())
  console.log('访问地址是：'+ctx.URL.href)
  await next()                                  // 当前路由执行完毕后继续向下匹配路由
})

// 定义Web服务器的根路由
router.get('/', async (ctx, next) => {
  // 调用find()查询方法，查询数据表的所有记录
  var findResult=await DB.find({})
  console.log(findResult)
  ctx.body = "首页"
})

// 定义增加用户路由addUser
router.get('/addUser', async (ctx, next) => {
  let data=await DB.insert({name:'lyd',age:19})     // 调用插入方法插入一条记录
  console.log(data)
  ctx.body = "用户列表"
})

// 定义编辑用户路由editUser
```

```
router.get('/editUser', async (ctx, next) => {
  let data=await DB.update({name:'lyd'},{age:29})  // 调用更新方法对记录进行更新
  console.log(data)
  ctx.body = "更新用户"
})

// 定义删除用户路由deleteUser
router.get('/deleteUser', async (ctx, next) => {
  let data=await DB.delete({name:'lyd'})           // 调用删除方法删除一条记录
  console.log(data)
  ctx.body = "删除用户"
})

// 挂载路由
app.use(router.routes(), router.allowedMethods());

// 启动Web服务器并监听3000端口
app.listen(3000, () => {
  console.log("Web服务器已运行，访问地址：http://localhost:3000")
})
```

8.4 本章小结

Koa框架是一种简单好用的 Web 框架，其特点是优雅、简洁、表达力强、自由度高，而且其本身代码只有1000多行，所有功能都通过插件实现。本章详细讲解了Koa框架下Web服务器的创建方法以及为实现Web服务器的功能所必需的插件，包括路由中间件koa-router、实现接收POST数据的中间件koa-bodyparser、EJS模板中间件koa-views、静态资源中间件koa-static、记录用户状态的中间件koa-session、针对MongoDB数据库操作的中间件mongoose等。

8.5 习题

一、选择题

1. 实现接收POST数据的中间件是（　　）。

A. koa-router　　B. koa-bodyparser

C. koa-static　　D. koa-session

2. 下面的语句用于创建路由对象并同时设置路由前缀，其设置的路由前缀是（　　）。

```
const Router = require('koa-router')
const router = new Router({
  prefix: '/user'
});
```

A. router　　B. Router　　C. prefix　　D. user

3. Koa框架下的一条路由如下所示，在该路由中使用中间件koa-bodyparser获取POST数据的语句是（　　）。

```
router.post('/reg',async ctx=>{
```

```
})
```

A. ctx.request.body　　B. ctx.body

C. ctx.query　　D. request.body

4. 下面语句用于设置EJS模板路径，该路径是（　　）。

```
app.use(views('myViews',{extension:'ejs'}))
```

A. views　　B. myViews　　C. ejs　　D. extension

5. 下面语句用于定义增加用户的路由addUser，请在（　　）中补齐增加用户名和年龄的语句。

```
router.get('/addUser', async (ctx, next) => {
  let data=await DB.insert（    ）// 调用插入方法插入一条记录
  console.log(data)
  ctx.body = "用户列表"
})
```

A. name:'lyd',age:19　　B. {name:'lyd',age:19}

C. name='lyd',age=19　　D. {name='lyd',age=19}

二、阅读并补齐程序

1. 下面是数据模型Model.js程序代码，请为属性name增加不能为空、age在18～65之间的验证要求。

```
var userSchema= {
  name:{
    type:String,
    trim:true,
    uppercase:true,
    set(parmas){
      return parmas.replace(/\s*/g,"");
    }
  },
  age: {
    type:Number,
    default:18
  }
}
module.exports=userSchema
```

2. 下面两个都是goods路由，当有请求与该路由匹配后，在服务器控制台中输出的结果是什么？

```
router.get('/goods',(ctx,next)=>{
  ctx.body = '商品';
  next() // 执行完这个处理回调之后继续向下执行。可以匹配下一个路由，进行进一步的处理
})
router.get('/goods',(ctx,next)=>{
  ctx.body += "页面"
  console.log(ctx.body)
})
```

8.6 实验　基于Koa框架的数据库操作

一、实验目的

（1）掌握Koa框架下Web服务器的创建方法。

（2）掌握Koa框架下各种中间件的使用方法。

（3）掌握Koa框架下处理数据库的方法。

二、实验要求

创建一个用户管理系统，利用MongoDB数据库对用户信息进行保存，同时利用Node.js的Mongoose模块对数据库进行读取。前台主要有3个页面，即增加用户（图8.13）、用户列表（图8.14）、修改用户信息。7.6节的实验中使用的是Express框架，此处基于Koa框架做同样的实验，读者可以体会两者之间的差别。

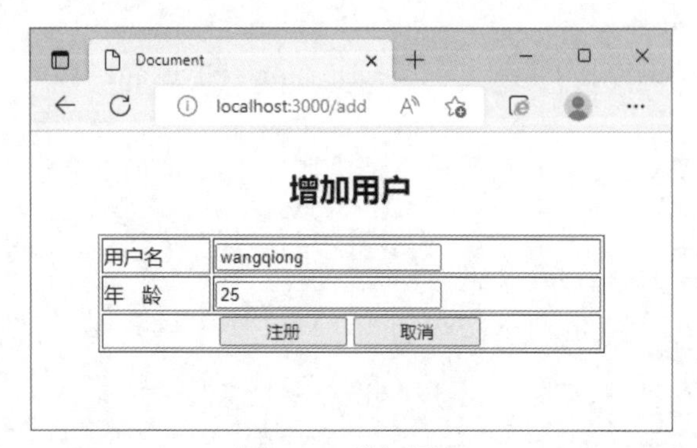

图 8.13　增加用户

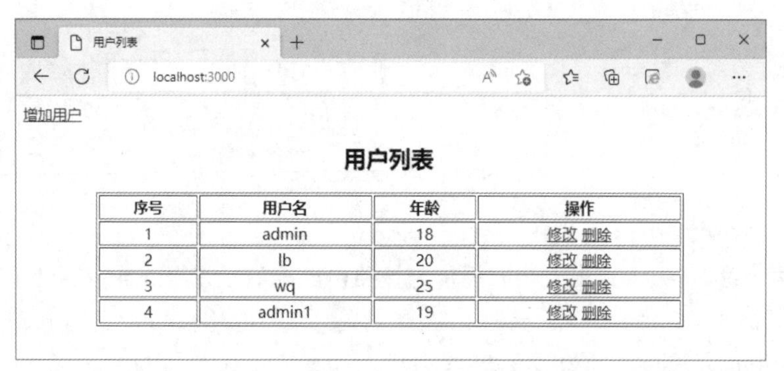

图 8.14　用户列表

第 9 章

基于网络的编程

学习目标

本章主要讲解 Node.js 基于网络应用的程序开发，重点阐述网络聊天、文件上传与下载、邮件发送等网络应用。通过本章的学习，读者应该掌握以下内容：

- 基于 TCP、UDP、Socket.IO 实现网络聊天。
- 文件上传与下载的程序设计方法。
- 邮件发送的实现。

9.1 TCP

9.1.1 TCP 概述

1. 基本概念

TCP（Transmission Control Protocol，传输控制协议）是传输层中面向连接的协议，提供全双工和可靠交付的服务。TCP的数据传送单位为“报文段”，记为TPDU（Transmission Protocol Data Unit，传输协议数据单元）。TCP协议主要有以下特点：

（1）面向流的传送服务。应用程序之间传输的数据可视为无结构的字节流（或位流），流传送服务保证收发的字节顺序完全一致。

（2）面向连接的传送服务。数据传输之前TCP模块之间需要建立连接，连接建立成功之后的TCP报文在此连接基础上进行传输。

（3）可靠的传输服务。发送方TCP模块在形成TCP报文的同时会形成一个校验和，该校验和随同TCP报文一起传输，接收方TCP模块根据该校验和判断传输的正确性。如果传输不正确，接收方简单地丢弃该TCP报文；否则进行应答。如果发送方在规定的时间内未能获得接收方的应答报文，会自动进行重传操作。

（4）缓冲传输。TCP模块提供强制性传输和缓冲传输两种手段。缓冲传输允许将应用程序的数据流积累到一定的长度，形成报文，再进行传输。

（5）全双工传输。TCP模块之间可以进行全双工的数据流交换。

（6）流量控制。TCP模块提供滑动窗口机制，支持收发TCP模块之间的端到端流量控制。

TCP是以IP为基础的，同时又为多个应用层协议服务，如Telnet、FTP、WWW、电子邮件等。IP地址只对应到Internet中的某台主机，TCP端口号对应到主机上的某个应用进程，因此TCP采用IP地址和端口号两者来标志TCP连接的端点。一条TCP连接实质上对应了一对TCP端点（又称套接字）。例如：

（211.85.193.140，80）~（211.85.203.254，2345）

该例表示IP地址为211.85.193.140且端口号为80的主机对应的进程与IP地址为211.85.203.254且端口号为2345的主机对应的进程之间的TCP连接。

端口号分为两类：一类是熟知端口号（其数值一般在0~1023之间，一般用于服务器进程），当一种新的应用服务程序出现时，可指派一个熟知端口号定义其服务，如Web服务器的默认端口号是80；另一类则是一般端口号（其数值一般大于等于1024，一般用于客户端进程），用来随时分配给请求通信的客户进程。

2. TCP三次握手

TCP是面向连接的协议，因此传输连接就有三个阶段，即连接建立、数据传送、拆除连接。TCP在连接建立过程中要解决以下三个问题：

（1）要使双方能够确认对方的存在。

（2）要允许双方协商一些参数（如最大报文段长度、最大窗口大小等）。

（3）能够对传输实体资源（如缓存大小、连接表中的项目等）进行分配。

TCP的传输连接采用“三次握手”（图9.1），其中服务器是主机B，客户端是主机A。

三次握手的工作过程如下：

（1）服务器进程先运行，也就是打开进程处于被动等待状态，该进程不断检测是否有客户发起连接建立请求。

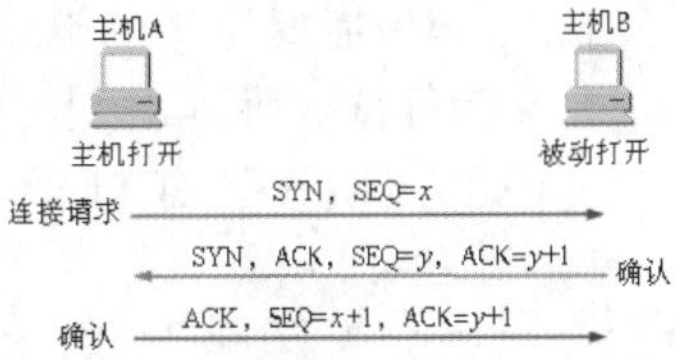

（2）客户端主动发起连接请求服务器的报文，其首部的同步比特SYN为1，同时选择一个序号x，表明后面要传送数据的第一个字节序号是x，如果服务器收到连接建立请求报文后同意，则发出确认报文，在确认报文中，SYN为1、确认序号为x+1，同时为自己选择一个序号y。

（3）客户机收到此报文后，向服务器发出一个确认报文y+1。

图 9.1　TCP 连接使用的三次握手

采用三次握手的目的是防止已失效的连接请求报文段突然又传送到了主机B。

3. Node.js对TCP的支持

Node.js可以使用NET模块创建基于流的服务器和客户端，NET模块的导入语句如下所示：

```
const net =require('net')
```

9.1.2　基于 Node.js 构建 TCP 服务器

1. 创建服务器

在加载NET模块之后，使用NET模块的createServer()方法创建TCP服务器的语句如下所示：

```
net.createServer([options],[connectionListener])
```

其中，参数options是一个对象参数值，该对象参数值是两个布尔类型的属性allowHalfOpen和pauseOnConnect，其含义如下：

（1）allowHalfOpen：该属性的默认值为false，表示TCP客户端发送一个FIN包（表示通信结束的包）时，服务器端必须回送一个FIN包，这使TCP连接两端同时关闭（表示双方不能再相互发送数据）；如果该属性为true，表示TCP客户端发送一个FIN包时，服务器端将不回送FIN包，此时TCP客户端关闭到服务器端的通信，而服务器端仍然可以向客户端发送信息，在这种情况下，如果需要完全关闭TCP双向连接，则需要显式调用服务器端socket的end()方法。

（2）pauseOnConnect：该属性的默认值为false。该属性被设置为true时表示TCP服务器端与相连接客户端socket传输过来的数据将不被读取，即不会触发data事件。如果需要读取客户端传输的数据，可以使用socket的resume方法设置该socket。

另外，参数connectionListener是客户端与服务器端建立连接时的回调函数，这个回调函数以socket端口对象作为参数。

使用Node.js构建一个TCP服务器的语句代码如下所示：

```
var net=require('net');
var server=net.createServer(function(socket){
  console.log('someone connets');
})
```

2. 监听客户端的连接

TCP服务器的listen()方法可以监听客户端的连接请求，其语句格式如下所示：

```
server.listen(port[,host][,backlog][,callback]);
```

其中，port为需要监听的端口号，参数值为0时将随机分配一个端口号;host为服务器地址;backlog为等待队列的最大长度;callback为回调函数。

下面为创建一个TCP服务器并监听3000端口的示例程序：

```
// 导入NET模块
var net=require('net');

// 创建服务器
var server=net.createServer(function(socket){
    console.log('someone connets');
})

// 监听3000端口的连接请求
server.listen(3000,()=>{
  console.log("服务器的运行地址是：127.0.0.1:3000")
})
```

server.listen()方法其实触发的是server下的listening事件，所以也可以编写代码监听listening事件，其代码如下所示：

```
server.listen(3000);
// 设置监听时的回调函数
server.on('listening', function () {
    console.log("服务器的运行地址是：127.0.0.1:3000")
});
```

server.on()方法中除了listening监听事件外，TCP服务器还支持以下三种事件：

（1）connection：有新的连接创建时触发，回调函数的参数为socket连接对象。

（2）close:TCP服务器关闭时触发，回调函数没有参数。

（3）error:TCP服务器发生错误时触发，回调函数的参数为error对象。

3. 连接服务器的客户端数量

在创建TCP服务器的基础上，可以通过server.getConnection()方法获取连接TCP服务器的客户端数量。这个方法是一个异步的方法，其回调函数有两个参数，分别是error对象和连接TCP服务器的客户端数量。另外，还可以通过设置TCP服务器的maxConnection属性设置TCP服务器的最大连接数量。如果连接的数量超过最大连接数量，服务器会拒绝新的连接。其获取连接服务器的客户端数量和设置TCP服务器的最大连接数量为3的语句如下所示：

```
// 设置TCP服务器的最大连接数量
server.maxConnection=3;

// 获取连接服务器的客户端数量
server.getConnections(function(err,count){
  console.log('已连接到服务器的数量是：'+count);
});
```

4. 发送和接收数据

Socket对象可以用来获取客户端发送的流数据，每次接收到数据就会触发data事件，监听这个事件可以在回调函数中获取客户端发送的数据。其示例代码如下所示：

```
var server=net.createServer(function(socket){
  // 监听data事件
  socket.on('data',function(data){
    // 输出收到的数据
```

```
    console.log(data.toString());
  });
});
```

Socket对象使用write()方法向另外一端的Socket对象发送数据，其语句格式如下所示：

```
socket.write(data,[encoding],[callback])
```

其中，data可以是字符串或者Buffer数据，如果是字符串，可以使用第二个参数指定其编码方式，第三个参数为回调函数。

9.1.3 基于 TCP 的聊天室实现

【例 9–1】基于TCP的聊天室实现

在例9-1中制作基于TCP的聊天室服务器和客户端程序。当客户端聊天程序发送聊天数据给服务器时，服务器会接收聊天数据并把该数据转发给所有客户端(发言的客户端除外)。例9-1服务器端启动以及两个客户端输入的相关数据如图9.2（a）所示，例9-1的两个客户端启动并发送聊天信息，如图9.2（b）和图9.2（c）所示。

（a）

（b）

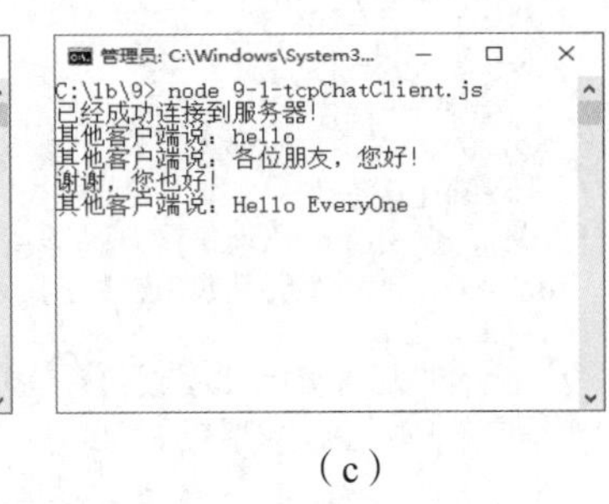

（c）

图 9.2　TCP 服务器和客户端聊天的信息

（1）服务器端的程序（9-1-tcpChatServer.js）。

```
// 例9-1-tcpChatServer.js程序代码

// 导入NET模块
const net =require('net')

// 创建服务器
const server=net.createServer()

// 定义连接到服务器的客户数组
const clients=[]

// 监听connection连接事件，clientSocket是连接回调函数的参数
server.on('connection',clientSocket=>{
  // 把当前连接的客户存储到数组中
  clients.push(clientSocket)

  // 监听clientSocket的data事件
  clientSocket.on('data',data=>{
    // 在服务器的控制台中输出发送信息
    console.log('有个客户端说：'+data.toString())

    // 把客户端发送的信息转发给所有客户端，但发送信息的客户端除外
    clients.forEach(socket=>{
```

```
        if(socket !== clientSocket){
          socket.write(data)
        }
      })
    })

    // 给客户端发送消息，通过clientSocket给当前连接的客户端发送数据
    clientSocket.write('hello')
  })

  // 监听3000端口
  server.listen(3000,()=>{
    console.log("Server runing 127.0.0.1:3000")
  })
```

（2）客户端程序（9-1-tcpChatClient.js）。

```
// 导入NET模块
const net =require('net')

// 创建与服务器连接的客户端
const client=net.createConnection({
    host:'127.0.0.1',                    // 需要连接服务器的地址
    port:3000                            // 需要连接服务器的端口号
})

// 客户端连接事件
client.on('connect',()=>{
  console.log("已经成功连接到服务器！")

  // 当客户端与服务器的连接建立成功后，客户端给服务器发送数据
  client.write('world')

  // 当与服务器的连接建立成功后，监听控制台的输入并把控制台输入数据发送给服务器
  process.stdin.on('data',data=>{
    // 把客户端输入的数据转化成字符串并删除其前后空格发送给服务器
    client.write(data.toString().trim())
  })
})

// 客户端监听data事件，服务器端发送消息过来时会触发该事件
client.on('data',data=>{
  console.log('其他客户端说：'+data.toString())
})
```

需要说明的是，TCP服务器端程序必须要先运行，客户端程序必须后运行。

9.2 UDP

9.2.1 UDP 概述

1. 基本概念

UDP（User Datagram Protocol，用户数据报协议）是一种无连接的传输层协议，主要用于不要求分组顺序到达且想一次传输少量数据的传输中，提供面向事务的、简单不可靠的信息

传送服务，UDP传输的可靠性由应用层负责。常用的UDP端口号有53（DNS）、69（TFTP）、161（SNMP）。

UDP不提供数据包分组、组装以及不能对数据包进行排序，也就是说，当报文发送之后是无法得知其是否安全完整到达的。UDP用来支持那些需要在计算机之间传输数据的网络应用，如网络视频会议等客户/服务器模式的网络应用都需要使用UDP。

2. UDP与TCP的区别

UDP与TCP的主要区别是两者在如何实现信息的可靠传递方面不同。TCP中包含了专门的传递保证机制，数据接收方在收到发送方传来的信息时，会自动向发送方发出确认消息，发送方只有在接收到该确认消息之后才继续传送其他信息，否则将一直等待直到收到确认信息为止；而UDP并不提供数据传递的保证机制，也就是说，如果在从发送方到接收方的传递过程中出现数据包的丢失，协议本身并不能做出任何检测或提示，因此UDP也称为不可靠的传输协议。

TCP是面向连接的传输控制协议，而UDP提供无连接的数据报服务；TCP具有高可靠性，确保传输数据的正确性，不会出现丢失或乱序；UDP在传输数据前不建立连接，不对数据报进行检查与修改，无须等待对方的应答，所以会出现分组丢失、重复、乱序的情况，应用程序需要负责传输可靠性方面的所有工作；UDP具有较好的实时性，工作效率较TCP高；UDP的报文段结构比TCP的报文段结构简单，因此网络开销也小。TCP可以保证接收方毫无差错地接收到发送方发出的字节流，为应用程序提供可靠的通信服务。对可靠性要求高的通信系统往往使用TCP传输数据。

3. UDP的三种传输方式

UDP消息传输有单播（unicast）、广播（broadcast）、组播（multicast）三种方式，其含义分别如下：

（1）单播方式：一个UDP客户端发出的数据报只发送给另一个指定地址和端口的UDP客户端，是一对一的数据传输。

（2）广播方式：一个UDP客户端发出的数据报传送给同一段内的所有其他UDP客户端。

（3）组播方式（又称为多播）：UDP客户端加入一个组播IP地址指定的多播组，组内所有成员都可以接收到成员向组播地址发送的数据报，类似于QQ群的功能。加入多播组后，UDP的收发方法与正常的UDP数据收发方法一样。

4. UDP的客户端和服务器端

UDP是一种非连接、不可靠，但高效的传输协议，在Node.js中使用dgram模块处理与UDP相关的操作与调用。导入dgram模块的语句如下所示：

```
var dgram=require('dgram');
```

9.2.2 基于 Node.js 构建 UDP 服务器

1. 创建Socket通信对象

dgram模块的createSocket()方法可以创建Socket通信对象，其定义语句如下所示：

```
var socket=dgram.createSocket(type,[callback])
```

createSocket()方法有两个参数，其含义如下：

（1）type：定义创建Socket通信对象采用的UDP的协议类型，可以是UDP4（网络层使用

IPv4协议）或UDP6（网络层使用IPv6协议），该参数必须要指定。

（2）callback：创建Socket通信对象后的回调函数（该参数是可选项）。回调函数中有两个参数，其示例代码如下所示：

```
function (msg,rinfo) {
  // 回调函数代码
}
```

其中，msg是一个Buffer对象，表示接收到的数据；rinfo是发送者信息的对象，主要包括address（发送者的IP地址）、port（发送者的端口号）、family（发送者的IP地址类型是IPv4还是IPv6）、size（发送者发送信息的字节数）属性。

2. Socket对象的事件和方法

调用dgram模块的createSocket()方法之后返回一个UDP Scoket对象，下面说明该返回对象常用的方法和事件。

（1）bind()方法。为Socket对象绑定一个端口和IP地址，其语句格式如下所示：

```
socket.bind(port,[address],[callback])
```

（2）send()方法。UDP Scoket对象向指定的另一个UDP Scoket对象发送信息，其语句格式如下所示：

```
socket.send(buf,offset,length,port,address,[callback])
```

该方法有6个参数：buf是一个Buffer对象或者字符串，表示要发送的数据；offset表示从哪个字节开始发送；length表示发送字节的长度；port表示接收Socket对象的端口号；address表示接收Socket对象的IP地址；callback为回调函数。其中，除callback为可选参数之外，其他参数都是必需的。

（3）message事件。UDP Scoket对象接收到有信息发送来时会触发的事件，其语句格式如下所示：

```
socket.on('message',function (msg,rinfo){
  // 回调函数代码
});
```

（4）listening事件。当第一次接收到一个UDP Socket对象发送来的数据时会触发listening事件，其语句格式如下所示：

```
socket.on('listening',function (){
  // 回调函数代码
});
```

9.2.3 基于 UDP 的单播实现

一个UDP端发出的数据报仅发送到另一个指定地址和端口的UDP端，这种就是一对一的数据传输，又称单播。

【例9-2】基于UDP的单播实现

在例9-2中制作基于UDP的单播。当客户端连接到服务器端时，服务器端会向客户端发送一条信息“您好，UDP客户！”，UDP客户端收到服务器端发送的信息之后向服务器端发送一条信息“您好，UDP服务器”。其代码的运行结果如图9.3所示。

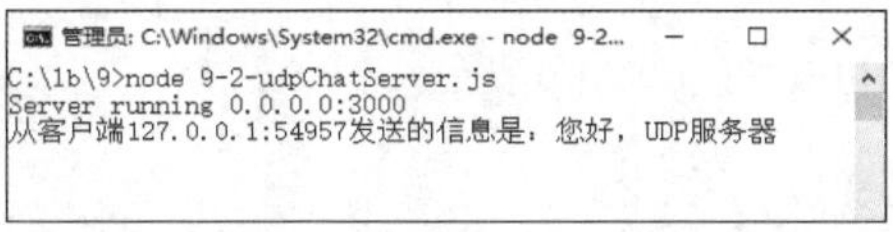

(a)

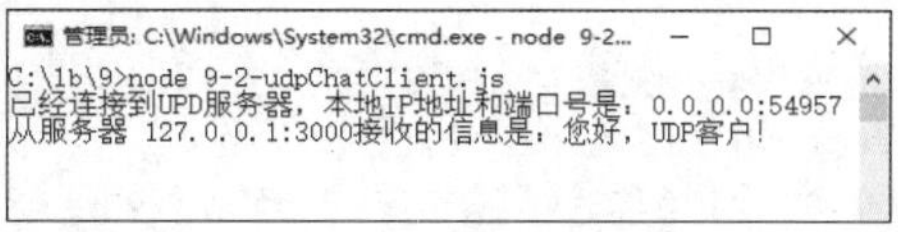

(b)

图 9.3 基于 UDP 的单播实现

(1)服务器端的程序(9-2-udpChatServer.js)。

```
// 例9-2-udpChatServer.js程序代码

// 导入dgram模块
const dgram=require('dgram')

// 创建Socket通信对象
const server=dgram.createSocket('udp4')

// 定义Socket通信对象的listening事件，以监听是否有连接请求发生
server.on('listening',()=>{
  // 设置服务器端地址信息的变量
  const address=server.address()

  // 在服务器端的控制台中输出当前服务器运行的IP地址和端口号
  console.log(`Server running ${address.address}:${address.port}`)
})

// 定义Socket通信对象的message事件，以监听是否有客户端发送信息给服务器端
server.on('message',(msg,remoteInfo)=>{
  // 获取客户端的IP地址和端口号
  const remoteAddress=remoteInfo.address
  const remotePort=remoteInfo.port

  // 在服务器端的控制台中显示客户端发送的信息
  console.log(`从客户端${remoteAddress}:${remotePort}发送的信息是：${msg}`)

  // 服务器端向客户端发送信息“您好，UDP客户！”
  server.send('您好，UDP客户！',remotePort,remoteAddress)
})

// 定义监听UDP连接和发送数据时发生错误所触发的error事件
server.on('error',err=>{
  console.log('server error',err)
})

// 绑定3000端口，启动UDP服务器端
server.bind(3000)
```

扫一扫，看视频

(2)客户端的程序(9-2-udpChatClient.js)。

```
// 例9-2-udpChatClient.js程序代码

// 导入dgram模块
const dgram=require('dgram')

// 创建Socket通信对象
const server=dgram.createSocket('udp4')

// 客户端Socket通信对象向服务器端发送数据
client.send('您好，UDP服务器',3000,'localhost')
```

```
// 定义客户端Socket通信对象的listening事件，以监听是否有连接请求发生
client.on('listening',()=>{
  const address=client.address().address
  const port=client.address().port
  console.log(`已经连接到UDP服务器，本地IP地址和端口号是：${address}:${port}`)
})

// 定义客户端Socket通信对象的message事件，以监听是否有服务器端发送信息给客户端
client.on('message',(msg,remoteInfo)=>{
  const remoteAddress=remoteInfo.address
  const remotePort=remoteInfo.port
  console.log(`从服务器 ${remoteAddress}:${remotePort}接收的信息是：${msg}`)
})

client.on('error',err=>{
  console.log('server error',err)
})
```

如果需要使用UDP实现数据广播，则仅需要使用相关语句开启UDP广播模式，具体语句如下所示：

```
server.setBroadcast(true);        //开启广播模式
```

例如，制作每2s发布一条消息的UDP广播程序，仅需要把服务器端程序9-2-udpChatServer.js中的监听连接程序修改成如下语句：

```
// 定义发布广播信息的计数器
let count=0;

// 定义Socket通信对象的listening事件，以监听是否有连接请求发生
server.on('listening',()=>{
  const address=client.address().address
  const port=client.address().port
  console.log(`已经连接到UDP服务器，本地IP地址和端口号是：${address}:${port}`)

  // 开启广播模式
  server.setBroadcast(true);

  // 每隔2s发送一条广播消息
  setInterval(() => {
    // 发布消息的计数器加1
    count++

    // 广播地址是255.255.255.255，发送的端口号是6000
    server.send('hello'+count,6000,'255.255.255.255')
  }, 2000);
})
```

9.3 Socket.IO

9.3.1 Socket.IO 概述

由于HTTP是无状态的协议，要实现即时通信非常困难。因为当对方发送一条消息时，服

务器并不知道当前有哪些用户等着接收消息，目前实现即时通信功能最为普遍的方式就是轮询机制，即客户端定期发起一个请求，看看有没有人发送消息到服务器端，如果有消息，则服务器端将消息发给客户端。这种做法的缺点是每个客户端的定期请求将消耗大量资源。

WebSocket是HTML5的新API，其本质上就是建立一个TCP连接，WebSocket会通过HTTP请求建立，建立后的WebSocket会在客户端和服务器端建立一个持久的连接，直到有一方主动关闭该连接，这样服务器端就知道有哪些用户正在连接，通信就变得相对容易。

Socket.IO是Node.js领域的一个Web中间件，用于支持实时、双向、基于事件的通信，可以在不同平台、浏览器、设备上工作，可靠性和速度都很稳定。Socket.IO将WebSocket、Ajax和其他通信方式全部封装成统一的通信接口，也就是说，在使用Socket.IO时不用担心兼容问题，底层会自动选用最佳的通信方式。Socket.IO建立在WebSocket协议之上，并提供额外的保证，如回退到HTTP长轮询或自动重新连接。Socket.IO的主要特点包括：

（1）易用性：Socket.IO封装了服务器端和客户端，使用起来非常简单、方便。

（2）跨平台性：Socket.IO支持跨平台，这就意味着有了更多的选择，可以在不同的平台下开发实时应用。

（3）自适应性：Socket.IO会自动根据浏览器从WebSocket、Ajax长轮询等各种方式中选择最佳的方式实现网络实时应用，非常方便和人性化。

最典型的应用场景包括以下几种：

（1）实时分析：将数据推送到客户端，客户端表现为实时计数器、图表、日志客户。

（2）实时通信：在线聊天应用。

（3）二进制流传输：Socket.IO支持任何形式的二进制文件传输，如图片、视频、音频等。

（4）文档合并：允许多个用户同时编辑一个文档，并且能够看到每个用户做出的修改。

9.3.2 Socket.IO 的使用

1. Socket.IO的安装

在使用Socket.IO之前必须先在项目中进行安装，其安装的指令如下所示：

```
npm install socket.io --save
```

2. 创建HTTP服务器

创建HTTP 服务器的目的是接收HTML和JavaScript文件的请求。如果基于Express框架创建HTTP服务器，那么使用的语句如下所示：

```
var app = require('express')();
var server= require('http').Server(app);
```

如果基于Koa框架创建HTTP服务器，那么使用的语句如下所示：

```
const Koa = require('koa');
const app = new Koa()
const server = require('http').Server(app.callback());
```

3. 创建Socket.IO服务器

为了HTTP服务器能够向客户端浏览器发送信息，还必须创建Socket.IO服务器，创建Socket.IO服务器后会自动生成socket.id，而socket.id是每个新连接分配到的随机的20个字符的标识符，此标识符与客户端的值同步。创建Socket.IO服务器的语句如下所示：

```
const io = require('socket.io')(server)
```

4. Socket.IO服务器的连接事件

在创建Socket.IO服务器之后，服务器需要与客户端建立连接时会在服务器端触发connection事件，通过监听connection事件并指定其回调函数的方法指定当客户端与服务器端建立连接时需要执行的处理，该回调函数的指定方法如下所示：

```
io.on('connection', function( socket ){
  // 连接成功的事件处理函数
});
```

该回调函数使用一个参数，参数值为服务器端用于与客户端建立连接的Socket端口对象。

5. 在客户端使用Socket.IO

在客户端使用Socket.IO时必须要引用socket.io.js库文件。在Node.js的服务器端安装了Socket.IO中间件且服务器端运行之后，会在根目录动态生成Socket.IO的客户端JavaScript文件，也就是通过node_modules/socket.IO/client-dist/socket.io.js将客户端JavaScript文件复制到根目录，客户端可以通过固定路径/socket.io/socket.io.js添加引用，在客户端HTML文件中导入Socket.IO的语句如下所示：

```
<script type="text/javascript" src="/socket.io/socket.io.js"></script>
```

当Socket.IO服务器运行之后，在客户端的HTML文件中通过以下指令连接Socket.IO服务器：

```
const socket = io('http://localhost:3000');
```

其中，http://localhost:3000是连接Socket.IO服务器的URL地址和端口号。

6. 接收客户端数据

Socket.IO服务器接收客户端发送的数据使用的语句格式如下所示：

```
socket.on('event_name', function(data) {
  // 处理从客户端发来的数据data
});
```

其中，event_name是事件名称，可以任意取名；function(data){}是回调函数，并且从客户端发来的数据保存在回调函数的参数data中。

7. 广播消息

服务器给所有客户端广播消息使用的语句格式如下所示：

```
socket.emit('event_name', data);
```

其中，event_name为事件名称，可以任意取名；data是要从服务器广播到客户端的数据。

如果向除了socket之外的所有客户端广播消息，那么使用的语句格式如下所示：

```
socket.broadcast.emit('event_name', data);
```

如果向game房间内除了自己之外的其他所有客户端广播消息，那么使用的语句格式如下所示：

```
socket.broadcast.to('game').emit('event_name', data);
```

如果向game房间内包括自己之外的所有客户端广播消息，那么使用的语句格式如下所示：

```
io.sockets.in('game').emit('event_name', data);
```

8. 向指定的客户端发送数据

向指定的客户端发送数据使用的语句格式如下所示：

```
io.sockets.socket(socketid).emit('event_name', data);
```

其中，参数socketid就是用来指出特定的客户端的。

【例9-3】在线人数

例9-3中的服务器启动之后，在线人数的计数器是从0开始的。当有一个客户端浏览器访问http://127.0.0.1:3000地址后，服务器的在线人数计数器加1；当关闭一个连接着的客户端浏览器时，在线人数的计数器就减1。图9.4（a）是两个客户端访问服务器后的运行结果，图9.4（b）是服务器端的控制台运行结果。

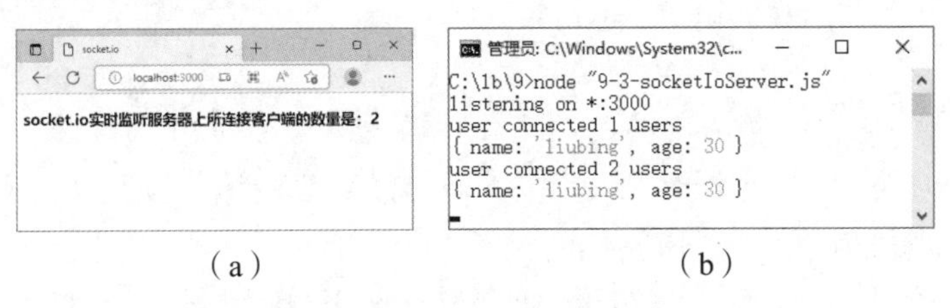

（a）　　　　　　　　　　（b）

图 9.4　在线人数

（1）服务器端程序代码（9-3-socketIoServer.js）。

```
// 例9-3-socketIoServer.js程序代码

// 导入Koa框架
const Koa = require('koa');
const app = new Koa()

// 创建HTTP服务器
const server = require('http').Server(app.callback());

// 创建Socket.IO服务器
const io = require('socket.io')(server);

// 导入静态中间件koa-static
const static = require('koa-static');

// 设置静态目录public，不需要路由即可访问HTML等相关静态文件
app.use(static(__dirname + '/public'));

// 初始化在线人数变量，初始值为0
var count = 0;

// 设置connection连接事件
io.on('connection', function (socket) {
  // 有连接请求发生则计数器加1
  count++;

  // 在控制台显示连接的用户数量
  console.log("user connected" + count + 'users');

  // 向发起请求的客户端发送连接的用户数量
  socket.emit('users', {number: count});
```

```
  // 向所有的其他用户广播连接的用户数量
  socket.broadcast.emit('users', {number: count});

  // 定义hehe事件，接收用户发送来的数据
  socket.on("hehe",data=>{

    // 在服务器端的控制台显示客户端发送来的数据
    console.log(data)
  })

  // 定义断开连接事件
  socket.on('disconnect', function() {

    // 有断开连接事件发生则计数器减1
    count--;

    // 在控制台显示连接的用户数量
    console.log('user disconnected' + count + 'users');

    // 向所有的其他用户广播连接的用户数量
    socket.broadcast.emit('users', {number: count});
  });
});

server.listen(3000, function () {
  console.log('listening on *:3000');
});
```

（2）客户端程序（index.html）。

```
<!DOCTYPE html>
<html lang="en">

<head>
  <meta charset="UTF-8">
  <meta name="viewport" content="width=device-width, initial-scale=1.0">
  <title>socket.io</title>
  <script src="/socket.io/socket.io.js"></script>
  <script>
    window.onload = function () {
      // 连接Socket服务，参数是服务器地址和端口号
      const socket = io('http://localhost:3000');

      // 通过ID获取DOM元素
      let count = document.getElementById('count');

      // 注册users事件，接收服务器返回的数据
      socket.on('users', data => {
        // 在count的DOM元素中赋值当前在线人数
        count.innerHTML = data.number
      })

      // 注册一个hehe事件，向服务器发送数据
      socket.emit('hehe', { name: 'liubing', age: 30 })
    }
  </script>
```

```
</head>
<body>
  <h3>
    socket.io实时监听服务器上所连接客户端的数量是：<span id="count"></span>
  </h3>
</body>
</html>
```

9.4 文件的上传与下载

9.4.1 文件的上传

在Koa框架中要实现文件的上传或下载必须使用POST请求，本小节使用koa-body中间件解析POST请求，另外该中间件还支持文件上传功能，并且支持上传单个文件或者多个文件。

在客户端上传文件有两种方式：一种是使用Form表单提交数据；另一种是使用Ajax方式提交。这两种方式的区别就是页面是否进行刷新。

1. 安装koa-body中间件

使用koa-body中间件之前必须先进行安装，安装命令如下所示：

```
npm install koa-body -save
```

2. 配置koa-body中间件

koa-body中间件安装成功之后必须要对其进行相关的配置才能使用，其配置及使用的语句如下所示：

```
// 导入Koa框架
const Koa = require('koa');

// 导入koa-body中间件
const koaBody = require('koa-body');

// 创建Koa框架的实例app
const app = new Koa();

// 对koa-body中间件进行相关配置并应用到项目app中
app.use(koaBody({
  multipart:true,                         // 支持文件上传
  encoding:'gzip',                        // 表单的编码方式
  formidable:{                            // 配置更多的关于 multipart 的选项
    // 设置文件上传目录，此处设置的是public/upload/
    uploadDir:path.join(__dirname,'public/upload/'),

    // 保持原来的后缀文件
    keepExtensions: true,

    // 设置文件上传的最大尺寸
    maxFieldsSize:2 * 1024 * 1024,
```

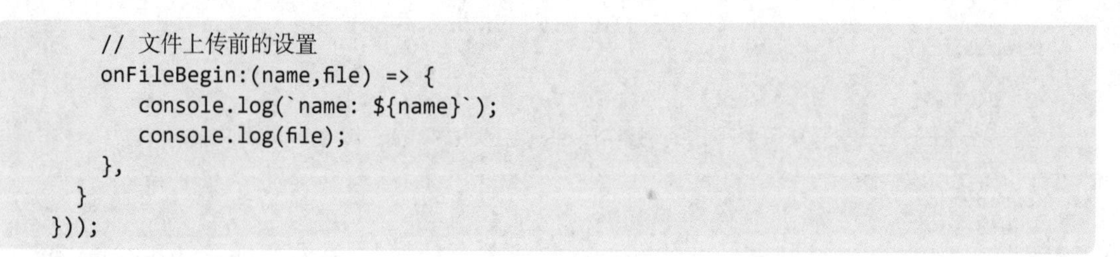

```
    // 文件上传前的设置
    onFileBegin:(name,file) => {
      console.log(`name: ${name}`);
      console.log(file);
    },
  }
}));
```

3. 获取文件上传后的信息

如果要获取文件上传后的信息，则需要在ctx.request.files中获取；如果要获取其他的表单字段，则需要在ctx.request.body中获取。具体使用的语句如下所示：

```
router.post('/',async (ctx)=>{
  console.log(ctx.request.files);
  console.log(ctx.request.body);
});
```

4. 指定用户的客户端上传文件

用户通过GET方法访问下载页面时希望打开指定的upload.html页面，其使用的语句如下所示：

```
router.get('/', (ctx) => {
  // 设置头类型为html
  ctx.type = 'html';

  // 设置指定读取文件upload.html的路径
  const pathUrl = path.join(__dirname, '/static/upload.html');

  // 读取upload.html文件，返回浏览器页面
  ctx.body = fs.createReadStream(pathUrl);
});
```

5. 客户端上传的HTML文件

upload.html页面中有一个form表单页面，在该表单页面中包含上传文件的input元素和“上传”按钮，用户通过上传文件的input元素选择上传文件后，单击“上传”按钮，调用form表单中action动作定义的upload路由接口即可上传文件。upload.html文件的代码如下所示：

```
<!--upload.html程序代码-->
<!DOCTYPE html>
<html lang="en">
<head>
  <meta charset="UTF-8">
  <title>Document</title>
</head>
<body>
  <form action="/upload" method="post" enctype="multipart/form-data">
    <input type="file" name="file">
    <input type="submit" value="上传">
  </form>
</body>
</html>
```

6. 服务器端接收上传文件

服务器端接收上传文件的主要操作方法如下：

（1）创建可读流。

```
const reader = fs.createReadStream(file.path)
```

（2）创建可写流。

```
const writer = fs.createWriteStream('upload/newpath.txt')
```

（3）可读流通过管道写入可写流。

```
reader.pipe(writer)
```

客户端通过POST方法把文件上传到upload接口，在服务器端定义该接口接收上传文件的操作程序如下所示：

```
// 定义服务器端的接收目录
const uploadUrl = "http://localhost:3000/static/upload";

// 定义upload路由
router.post('/upload', (ctx) => {

  // 获取上传文件的相关信息
  const file = ctx.request.files.file;

  // 创建读取文件的读入流
  const fileReader = fs.createReadStream(file.filepath);

  // 定义文件的上传目录
  const filePath = path.join(__dirname, '/static/upload/');

  // 拼接上传文件的绝对路径，其中originalFilename是上传文件的原始文件名
  const fileResource = filePath + `${file.originalFilename}`;

  // 使用createWriteStream()方法创建写入流，然后使用管道流pipe写入数据
  const writeStream = fs.createWriteStream(fileResource);
  fileReader.pipe(writeStream);

  // 返回到客户端页面的信息对象
  ctx.body = {
     url: uploadUrl + `/${file.originalFilename}`,
     code: 0,
     message: '上传成功'
   };
});
```

另外，如果初次使用服务器端接收文件时服务器端的接收目录不存在，可以使用以下语句进行创建和接收：

```
// 判断“/static/upload”目录是否存在
if (!fs.existsSync(filePath)) {
  // 如果不存在，则创建“/static/upload”目录
  fs.mkdir(filePath, (err) => {
    if (err) {
      throw new Error(err);                    // 如果创建目录错误，则抛出错误
    } else {
      fileReader.pipe(writeStream);            // 如果创建目录成功，则接收文件
      ctx.body = {
```

```
      url: uploadUrl + `/${file.originalFilename}`,
      code: 0,
      message: '上传成功'
    };
  }
  });
} else {
  fileReader.pipe(writeStream);
  ctx.body = {
    url: uploadUrl + `/${file.originalFilename}`,
    code: 0,
    message: '上传成功'
  };
}
```

【例9-4】文件的上传

在例9-4中给出文件上传的完整服务器端程序，其运行结果如图9.5所示。

（a）

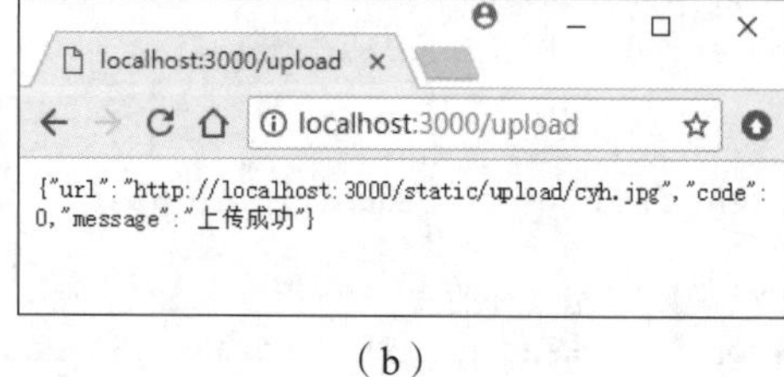

（b）

图9.5　选择上传文件与上传成功后页面

例9-4的代码如下所示：

```
// 例9-4-uploadFile.js程序代码
const Koa = require('koa');
const fs = require('fs');
const path = require('path');
const router = require('koa-router')();
const koaBody = require('koa-body');
const static = require('koa-static');
const app = new Koa();

app.use(koaBody({
  multipart: true,
  formidable: {
    maxFieldsSize: 2 * 1024 * 1024,
    multipart: true
  }
}));

const uploadUrl = "http://localhost:3000/static/upload";

router.get('/', (ctx) => {
  ctx.type = 'html';
  const pathUrl = path.join(__dirname, '/static/index.html');
  ctx.body = fs.createReadStream(pathUrl);
});
```

扫一扫，看视频

```
router.post('/upload', (ctx) => {
  const file = ctx.request.files.file;
  console.log(file);
  console.log(file.filepath);
  const fileReader = fs.createReadStream(file.filepath);
  console.log(fileReader);
  const filePath = path.join(__dirname, '/static/upload/');
  const fileResource = filePath + `${file.originalFilename}`;
  console.log(fileResource)
  const writeStream = fs.createWriteStream(fileResource);
  if (!fs.existsSync(filePath)) {
    fs.mkdir(filePath, (err) => {
      if (err) {
        throw new Error(err);
      } else {
        fileReader.pipe(writeStream);
        ctx.body = {
          url: uploadUrl + `/${file.originalFilename}`,
          code: 0,
          message: '上传成功'
        };
      }
    });
  } else {
    fileReader.pipe(writeStream);
    ctx.body = {
      url: uploadUrl + `/${file.originalFilename}`,
      code: 0,
      message: '上传成功'
    };
  }
});

app.use(static(path.join(__dirname)));
app.use(router.routes());
app.use(router.allowedMethods());
app.listen(3000, () => {
  console.log('server is listen in 3000');
});
```

9.4.2 文件的下载

1. 安装koa-send中间件

在Koa框架中实现文件下载功能需要使用koa-send中间件，该中间件是一个静态文件服务的中间件，其安装命令如下所示：

```
npm install koa-send -save
```

2. 使用koa-send中间件

使用koa-send中间件的代码如下所示：

```
// 导入koa-router中间件
```

```
const router = require('koa-router')();

// 导入koa-send中间件，用于文件下载
const send = require('koa-send');

// 定义动态路由
router.get('/download/:name', async (ctx){
  // 获取用户要下载文件的文件名
  const name = ctx.params.name;

  // 拼接用户要下载文件的完整路径文件名
  const path = `public/${name}`;

  // 向客户端返回附件
  ctx.attachment(path);
  await send(ctx, path);
})
```

例如，如果客户端使用http://localhost:3000/download/1.jpg地址下载1.jpg文件，则程序中ctx.params.name的返回值是1.jpg，path变量的值是public/1.jpg。

3. 前端下载

此处为了简便仅制作下载指定服务器文件public/1.jpg的前端程序。具体代码如下所示：

```
<!DOCTYPE html>
<html lang="en">
<head>
  <meta charset="UTF-8">
  <meta name="viewport" content="width=device-width, initial-scale=1.0">
  <meta http-equiv="X-UA-Compatible" content="ie=edge">
  <title>文件下载</title>
  <style>
    div {
      width: 100%;
      text-align: center;
      margin-top: 50px;
    }
  </style>
  <script>
    window.onload=function(){
      var oBtnDownload=document.getElementById('download');
      oBtnDownload.onclick=function(){
        window.open('http://localhost:3000/download/1.jpg')
      }
    }
  </script>
</head>
<body>
  <div>
    <button id="download">点击下载</button>
  </div>
</body>
</html>
```

在以上代码中，window.open默认表示开启一个新的窗口，这样会在客户端浏览器中打开一个窗口，下载完成后会自动关闭这个窗口，给用户的感觉就好像浏览器窗口闪动一下，用户的体验并不好，这里的解决方法是加上第二个参数，如下所示：

```
window.open('http://localhost:3000/download/1.jpg', '_self')
```

这样就会在当前窗口直接下载，然而这样是将URL替换成当前的页面，则会触发beforeunload等页面事件，如果页面监听该事件执行一些操作，就会对程序有一定影响。另一种解决方法是使用一个隐藏的 iframe 窗口达到同样的效果，其实现的部分代码如下所示：

```
<script>
  window.onload=function(){
    var oBtnDownload=document.getElementById('download');
    oBtnDownload.onclick=function(){
      window.open('http://localhost:3000/download/1.jpg', 'myIframe')
    }
  }
</script>

<body>
  <div>
    <button id="download">点击下载</button>
    <iframe name="myIframe" style="display:none"></iframe>
  </div>
</body>
```

【例9-5】文件的下载

在例9-5中给出文件下载的完整服务器端程序，该程序的代码如下所示（运行结果如图9.6所示）：

扫一扫，看视频

```
// 例9-5-downloadFile.js程序代码
const koa = require('koa');
const app = new koa();
const router = require('koa-router')();
const send = require('koa-send');

router.get('/', async function (ctx) {
    var fileName = 'index.html';
    await send(ctx, fileName, { root: __dirname + '/public' });
});

router.get('/download/:name', async (ctx){
  const name = ctx.params.name;
  const path = `public/${name}`;
  ctx.attachment(path);
  await send(ctx, path);
})

app.use(router.routes())
    .use(router.allowedMethods());

app.listen(3000, function(){
  console.log('listening on *:3000');
});
```

（a）

（b）

图 9.6　文件下载前后的页面

下载文件存储在客户端的位置是由浏览器设置的存储位置决定的。例如，本机浏览器指定的下载路径是“D:\我的资料库\Documents\Downloads”，从服务器端下载的文件就可以在该目录中查找到。

9.5 邮件的发送

9.5.1 Nodemailer 邮件发送模块

Nodemailer是一个简单易用的Node.js邮件发送模块，该模块不依赖于任何代码并支持Unicode（Unicode是计算机科学领域里的一项业界标准，包括字符集、编码方案等），可以使用任何字符集，包括表情符号；支持HTML内容和普通文本内容，同时支持在HTML内容中嵌入图片；支持发送附件（可以传送大附件）；支持SSL/STARTTLS安全的邮件发送；支持内置的transport方法和其他插件实现的transport方法。

1. 安装Nodemailer模块

使用Nodemailer模块之前必须先在项目中进行安装，其安装命令如下所示：

```
npm install nodemailer --save
```

另外，nodemailer-smtp-transport中间件还用于Nodemailer的SMTP（Simple Mail Transfer Protocol，简单邮件传输协议）模块邮件传输，其安装命令如下所示：

```
npm install nodemailer-smtp-transport --save
```

2. 邮件的主要参数

在邮件的发送过程中，需要对一些参数进行设置，主要包括以下几个方面：

（1）from：邮件来自哪个或哪些人的地址，但并不一定是邮件的发送人。

（2）sender：实际邮件发送人的有效邮箱地址。

（3）to：接收者邮箱。

（4）cc：副本抄送邮箱。

（5）bcc：密送者邮箱。

（6）subject：邮箱主题。

（7）attachments：附件内容。

(8) html:html内容。

(9) text：文本信息。

(10) headers：另加头信息。

(11) encoding：编码格式(其中邮件内容使用UTF-8格式，附件使用二进制流)。

此外，附件对象包含了下面这些属性：

- Filename：附件名。
- Content：内容。
- Encoding：编码格式。
- Path：文件路径。
- contentType：附件内容类型。

3. 邮件发送的主要代码说明

(1)使用Nodemailer模块发送邮件首先要导入相关的中间件。

```
// 导入nodemailer中间件
var nodemailer = require('nodemailer');

// 导入nodemailer-smtp-transport中间件
var smtpTransport = require('nodemailer-smtp-transport');
```

(2)开启一个SMTP连接池。

```
var transport = nodemailer.createTransport(smtpTransport({
  host: "smtp.sina.com",              // 主机
  secure: true,                       // 使用SSL
  secureConnection: true,             // 使用SSL(安全方式，防止被窃取信息)
  port: 465,                          // SMTP端口
  auth: {
    user: "lbliubing@sina.com",       // 发送者的邮箱地址
    pass: "******"                    // 授权码
  }
}));
```

其中，参数host是邮箱所在SMTP服务器地址，不同邮箱的该地址是不同的。一般是登录邮箱后，在邮箱的设置页面中可以查到该地址值，以新浪邮箱为例，其SMTP服务器地址如图9.7所示。

图9.7　查找SMTP服务器地址

另外，auth对象中的参数user是发送者的邮箱地址，参数pass是客户端授权码。客户端授权码适用于任何通过IMAP、POP3或SMTP登录邮箱的客户端，用于替换在客户端设置中的“登录密码”。以新浪邮箱为例，获得客户端授权码的方法如下：

打开如图9.8所示的邮箱设置页面，单击该页面左侧的“客户端pop/imap/smtp”按钮，在打开的右侧设置页面的“客户端授权码”选中“开启”单选按钮，然后单击“重置授权码”按钮，打开如图9.9所示的短信验证页面；在图9.9的“手机号”文本框中输入手机号并单击“获取验证码”按钮，然后把手机收到的验证码输入“验证码”文本框中，接着单击“确定”按钮，就会弹出如图9.10所示的授权码(需要特别强调的是，该授权码仅会显示一次，否则需要重复上述步骤再次获取授权码)。

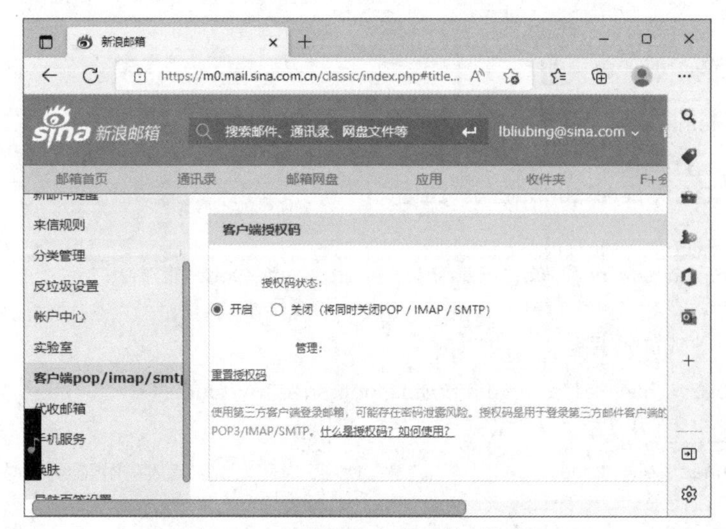

图 9.8　新浪邮箱的客户端授权码

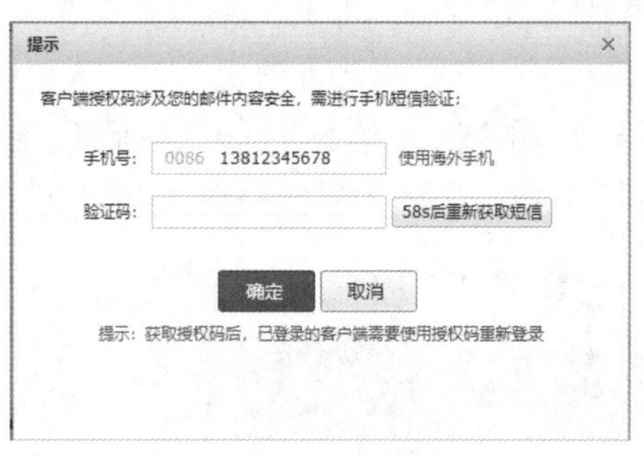

图 9.9　获取授权码的手机验证

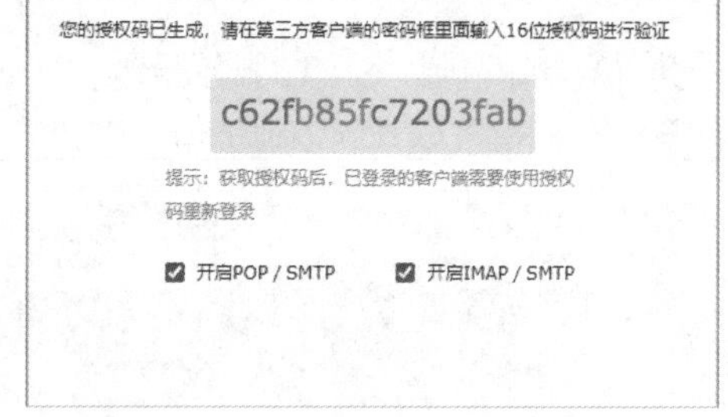

图 9.10　获取授权码

获取授权码之后，auth对象中的参数设置值如下所示：

```
auth: {
  user: "lbliubing@sina.com",                    // 发送者的邮箱地址
  pass: "c62fb85fc7203fab"                       // 客户端授权码
}
```

(3)设置邮件内容。

```
var mailOptions = {
  from: "769898054<769898054@qq.com>",           // 发件地址
  to: "7288262@qq.com",                          // 收件地址
  subject: "Hello world",                        // 邮件标题
```

```
    text:"hello",                                    // 邮件文本
    html: "<b>Node.js发送邮件</b> "                  // html内容
  }
```

(4)发送邮件。发送邮件使用transport.sendMail()方法，该方法的第一个参数是设置邮件内容的变量，第二个参数是回调函数。回调函数的第一个参数是有错误时所返回的错误信息，第二个参数是发送成功所返回的信息。其代码实现如下所示：

```
transport.sendMail(mailOptions, function(error, response) {
  if (error) {
    console.error(error);
  } else {
    console.log(response);
  }
  transport.close();                              // 发送结束，关闭连接池
});
```

9.5.2 验证码邮件

【例9-6】通过邮件发送验证码

本例生成一个6位的随机字符验证码，通过邮件发送到客户指定的邮箱内。浏览器中显示的运行结果如图9.11所示。

图 9.11　验证码邮件

1. 生成验证码模块

生成验证码模块用于定义一个字符串数组，再生成6个随机数作为字符串数组的下标，并把对应的字符取出作为验证码。其代码（文件名:utils/getCode.js）实现如下所示：

扫一扫，看视频

```
// utils/getCode.js程序代码，用于生成验证码

// 定义验证码包含的字符串数组，默认去掉了容易混淆的字符o、0、L、l、9、g、q、V、v、U、u、
// I、1
let chars = 'ABCDEFGHJKMNPQRSTWXYZabcdefhijkmnprstwxyz2345678';

// 获取字符串数组的长度，以控制生成随机数的大小
```

```
let maxPos = chars.length;

// 初始化验证码变量
var code = '';

// 循环6次
for (let i = 0; i < 6; i++) {
  // 生成随机数作为字符串数组的下标，并把对应的字符取出作为验证码
  code += chars.charAt(Math.floor(Math.random() * maxPos));
}

// 导出生成的验证码，以便其他模块使用
module.exports={
    code
}
```

2. 定义发送邮件方法模块

定义发送邮件方法模块用于设置发送邮件的相关信息，同时定义了发送邮件的方法。收件人、邮件主题和邮件内容在外部调用时进行定义。其代码（文件名:utils/mailer.js）实现如下所示：

```
// utils/mailer.js程序代码

var nodemailer = require('nodemailer');
var smtpTransport = require('nodemailer-smtp-transport');

// 定义邮件发送方法mail，该方法有3个参数：收件人、邮件主题、邮件内容
function mail(to, subject, html) {
  var transport = nodemailer.createTransport(smtpTransport({
    host: "smtp.sina.com",
    secure: true,
    secureConnection: true,
    port: 465,
    auth: {
      user: "lbliubing@sina.com",
      pass: "c62fb85fc7203fab"
    }
  }));
  var mailOptions = {
    from: "lbliubing@sina.com",
    to: to,
    subject: subject,
    text: "hello",
    html: html
  }
  // 把nodemailer调用方法封装为一个函数
  transport.sendMail(mailOptions, function (error, response) {
    if (error) {
      console.error(error);
    } else {
      console.log(response);
    }
    transport.close();
  });
}
exports.mail = mail;
```

3. 邮件发送模块

邮件发送模块通过导入生成验证码模块来获取验证码，再导入定义发送邮件方法模块把验证码发送到指定的邮箱。其代码（文件名:utils/sendMail.js）实现如下所示：

```
// utils/sendMail.js程序代码

// 导入Express框架以及其路由模块
var express = require('express');
var router = express.Router();

// 导入定义发送邮件方法模块
var mailer = require('./mailer');

// 导入生成验证码模块
var randomCode=require('./getCodes')

// 定义发送的邮件内容
router.get('/', function (req, res, next) {
  var code=randomCode.code                    // 获取验证码
  var toMail="769898054@qq.com";              // 定义发送邮件的邮箱地址
  var subject="验证码"                         // 定义邮件主题

  // 定义邮件内容，注意获取的验证码在邮件中将用红色显示
  var mainContent=`你的验证码是<h2 style="color:red;">${code}</h2>，请保存！`

  // 发送邮件
  mailer.mail(toMail,subject , mainContent);
});

// 把路由router暴露出去，以供其他模块调用
module.exports = router;
```

4. 主程序模块

主程序模块将调用邮件发送模块utils/sendMail.js，当使用node app.js命令运行主程序后，在浏览器访问http://localhost:3000 地址就会发送邮件到指定的邮箱。测试验证码可以把验证码先写入数据库，提交后再把用户提交的验证码和数据库中的验证码进行对比。其代码（文件名:app.js）实现如下所示：

```
// app.js程序代码

// 导入Express框架
const express=require('express')
const app=express();

// 导入发送邮件的中间件
const getCodeRouter=require('./utils/sendMail')

// 定义根路由，如果有用户访问根路由，则把验证码发送到用户指定的邮箱
app.use('/',getCodeRouter)

app.listen('3000',()=>{
    console.log('服务器已启动。')
})
```

9.6 本章小结

Node.js基于事件驱动、非阻塞设计，具备良好的可伸缩性，特别适合在分布式网络中发挥特长。其中，基于事件驱动可以实现与大量的客户端连接；非阻塞设计能更好地提升网络的响应吞吐。Node.js提供相对底层的网络调用以及基于事件的编程接口，开发者可以在这些模块上轻松构建网络应用。本章主要讲解基于Node.js的5种主要网络应用，分别是TCP、UDP、Socket.IO、文件的上传与下载、邮件的发送。

9.7 习题

一、选择题

1. 在Node.js中使用（　　）模块创建基于流的服务器和客户端。

A. http　　B. net　　C. express　　D. koa

2. 在Node.js中使用（　　）模块处理与UDP相关的操作与调用。

A. net　　B. dgram　　C. http　　D. koa

3. Socket.IO中间件中，服务器给所有客户端广播消息使用的语句是（　　）。

A. socket.broadcast()　　B. socket.on()

C. socket.in()　　D. socket.emit()

4. 在Koa框架中要获取上传后文件的信息，则需要使用（　　）。

A. ctx.request.body　　B. ctx.request.files

C. ctx.response.body　　D. ctx.response.files

二、程序分析

1. 下面是创建Node.js的TCP客户端和服务器端的程序，当服务器端和客户端程序运行后，在服务器端和客户端的控制台中显示的结果是什么？

```
// 服务器端程序 tcpServer.js
const net = require('net');
const server = net.createServer();
const PORT = 3000;
const HOST = 'localhost';
server.listen(PORT, HOST);
server.on('listening', ()=>{
  console.log(`服务器已开启在 ${HOST}: ${PORT}`);
});
server.on('connection', (socker) => {
  socker.on('data', (chunk) => {
    const msg = chunk.toString();
    console.log(msg);
    socker.write('您好' + msg);
  });
});
server.on('close', ()=>{
  console.log('服务器端关闭了');
});
server.on('error', (err) =>{
```

```
  if(err.code === 'EADDRINUSE'){
    console.log('地址正在被使用');
  }else{
    console.log(err);
  }
});
------------------------------------------------------------------------
// 客户端程序 tcpClient.js
const net = require('net');
const client = net.createConnection({
  port:3000,
  host:'127.0.0.1'
});
client.on('connect', () =>{
  client.write('王者归来');
});
client.on('data', (chunk) => {
  console.log(chunk.toString());
});
client.on('error', (err)=>{
  console.log(err);
});
client.on('close', ()=>{
  console.log('客户端断开连接');
});
```

2. 下面是使用Nodemailer模块对发送邮件进行了简单封装的程序sendEmail.js，请回答以下问题：

（1）发送邮件地址是什么？

（2）接收邮件地址是什么？

（3）邮件的主题是什么？

（4）邮件的内容是什么？

```
// sendEmail.js程序代码
const nodemailer = require('nodemailer'); //导入模块
let transporter = nodemailer.createTransport({
  service: 'qq',
  port: 465,
  secure: true,
  auth: {
    user: '769898054@qq.com',
    pass: 'xxxx'
  }
});
function sendMail(mail, code, call) {
  let mailOptions = {
    from: '769898054@qq.com',
    to: mail,
    subject: '来自王者归来的邮箱',
    text: '邮件测试',
    html: '<h3>本邮件仅是一个简单测试</h3>'
  };
  transporter.sendMail(mailOptions, (error, info) => {
    if (error) {
      call(false)
    } else {
```

```
        call(true)
      }
    });
  }
  module.exports = {
    sendMail
  }
```

9.8 实验　验证码邮件

一、实验目的

（1）掌握Node.js网络程序设计的基本方法。

（2）掌握基于Node.js邮件的发送方法。

（3）掌握验证码的生成方法。

二、实验要求

本实验要求生成一个6位随机字符验证码，通过邮件发送到客户指定的邮箱内（图9.11）。

4 实战篇

实操综合案例 提升开发技能

第 10 章

综合案例——在线聊天室

学习目标

本章主要讲解在线聊天室服务器端和客户端的程序实现，重点阐述 Node.js 项目的创建、模块的设置、模块间的数据引用等。通过本章的学习，读者应该掌握以下内容：

- Node.js 项目开发的过程。
- 服务器端与客户端的数据传递方法。
- 敏感词过滤的实现。
- 聊天表情的发送。
- 聊天用户列表的实现方法。

10.1 案例需求

10.1.1 案例概述

本章将从零开始使用Koa框架及Socket.IO类库实现一个实时聊天应用程序，即在线聊天室。通过该聊天室的制作，读者将理解应用程序服务器端与客户端的制作方法。当用户访问聊天室应用程序时，将会打开如图10.1所示的页面。在该页面中，用户首先输入一个聊天室的用户名，然后选择一个指定的聊天室房间，再单击“加入聊天”按钮加入到指定的聊天室主页面（图10.2）。在进入指定聊天室主页面之前，程序将会验证用户名是否为空或者是否已有同名用户登录。例如，当以用户名“王者归来”进入聊天室的主页面之后，会在聊天室的用户列表中显示该用户名，并在聊天室主页面中显示“服务器说：欢迎用户王者归来加入王者聊天室”。

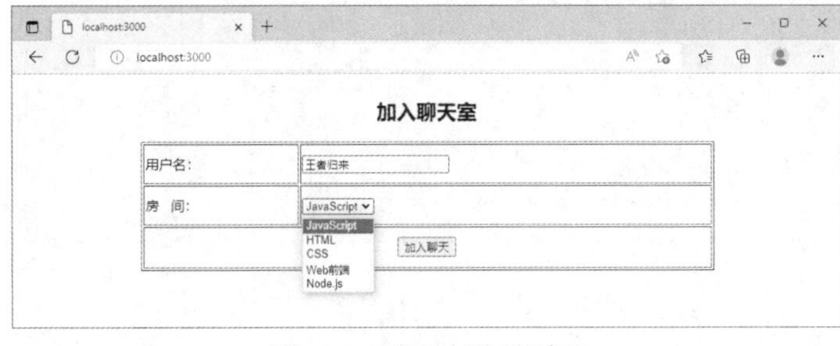

图 10.1　聊天室登录页面

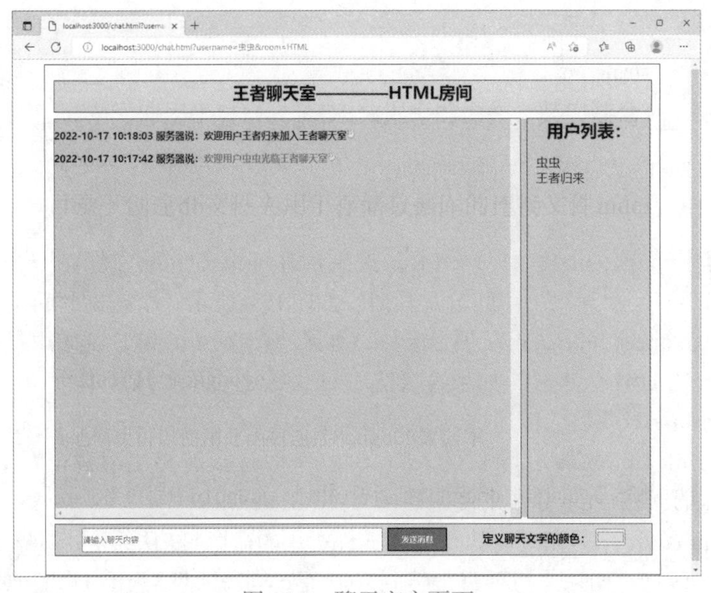

图 10.2　聊天室主页面

在图10.2中将显示用户进入房间的名称、用户列表、用户在聊天室发言的内容等信息。另外，还可以定义聊天文字的颜色、输入文字聊天内容，然后单击“发送消息”按钮，将聊天信息发送给聊天服务器，该服务器会对用户发送的信息进行敏感词过滤，也就是将一些不文明词语用星号代替，同时使用Socket.IO类库把某用户发送的聊天信息发送到同一聊天室的其他用户页面上，并把用户输入的聊天内容写入数据库。

当用户“王者归来”离开聊天室后，所有其他用户的聊天页面都会显示“服务器说：用户王者归来离开王者聊天室”，如图10.3所示。

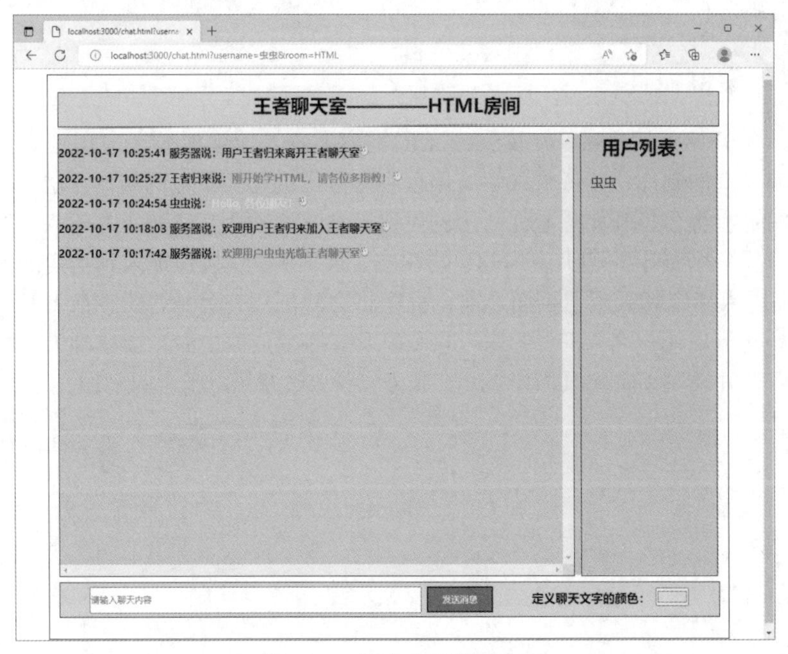

图 10.3　用户离开聊天室

10.1.2　项目准备

扫一扫，看视频

1. 项目初始化

在进行应用程序开发前，首要先在合适位置创建一个文件夹，然后进入该文件夹通过下面命令进行项目初始化：

```
npm init
```

本实例创建了chatRoom文件夹，然后从控制台进入chatRoom文件夹，输入上面项目初始化命令后会提出很多问题，每一个问题及其回答如图10.4所示，所提出的问题说明如下：

（1）package name: (chatroom)：项目名称，如果直接按Enter键，则使用默认名chatroom。

（2）version: (1.0.0)：版本号，如果直接按Enter键，则使用默认版本号1.0.0。

（3）description：对项目的描述。

（4）entry point: (index.js)：项目的入口文件（一般是指需要使用哪个JavaScript文件作为node服务），如果直接按Enter键，则使用默认文件名index.js。

（5）test command：项目启动时执行脚本文件所用的命令（默认为node app.js）。

（6）git repository：如果要将项目上传到git仓库，则需要填写git的仓库地址，此处没写地址，直接按Enter键跳过此步。

（7）keywords：项目关键字。

（8）author：作者的名字。

（9）license：发行项目需要的证书。

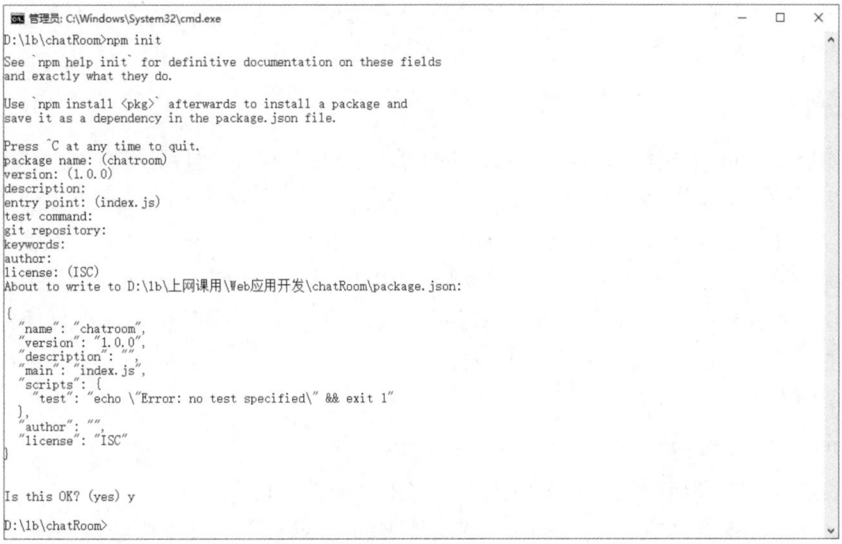

```
管理员: C:\Windows\System32\cmd.exe
D:\1b\chatRoom>npm init
See `npm help init` for definitive documentation on these fields
and exactly what they do.

Use `npm install <pkg>` afterwards to install a package and
save it as a dependency in the package.json file.

Press ^C at any time to quit.
package name: (chatroom)
version: (1.0.0)
description:
entry point: (index.js)
test command:
git repository:
keywords:
author:
license: (ISC)
About to write to D:\1b\上网课用\Web应用开发\chatRoom\package.json:

{
  "name": "chatroom",
  "version": "1.0.0",
  "description": "",
  "main": "index.js",
  "scripts": {
    "test": "echo \"Error: no test specified\" && exit 1"
  },
  "author": "",
  "license": "ISC"
}


Is this OK? (yes) y

D:\1b\chatRoom>
```

图 10.4　项目初始化

当项目初始化完成后，chatRoom文件夹中会自动生成package.json文件，该文件的主要内容是项目初始化时所提出的问题，如果在项目初始化时有些内容需要修改，可以在此文件中进行。package.json文件的内容如下所示：

```
// package.json程序代码

{
  "name": "chatroom",
  "version": "1.0.0",
  "description": "",
  "main": "index.js",
  "scripts": {
    "test": "echo \"Error: no test specified\" && exit 1"
  },
  "author": "",
  "license": "ISC"
}
```

2. 需要安装的组件

本项目使用的Web框架是Koa框架，同时需要安装的主要中间件包括Socket.IO中间件（作用是处理Web套接字和即时消息）、moment.js中间件（作用是格式化日期和时间）、Mongoose中间件（作用是对MongoDB数据库进行访问）。以上4个中间件可以使用如下命令进行一次性安装：

```
npm install koa socket.io moment mongoose --save
```

中间件安装成功后，系统在chatRoom文件夹的package.json文件中会自动增加核心依赖内容，该内容如下所示：

```
"dependencies": {      // 核心依赖
  "koa": "^2.13.4",
  "moment": "^2.29.4",
  "mongoose": "^6.6.5",
  "socket.io": "^4.5.3"
}
```

如果核心依赖中的包有更新，那么当执行npm install命令时，npm会自动下载最新的核心依赖包。当其他代码引用本项目包时，包内的依赖包也会被下载。

3. 自动重启项目工具

在之前启动Node.js应用服务时使用的命令都是node app.js，但每次修改完Node.js代码之后都需要使用Ctrl+C快捷键中止服务器的运行，然后重新运行命令node app.js重启服务器才能把程序修改应用到服务器上。现在使用nodeMon工具替代Node.js在开发环境下启动服务器的命令，也就是说，nodeMon工具将监视启动目录中的文件。如果有任何文件被更改，nodeMon将自动重新启动Node.js应用程序。nodeMon工具不需要对代码或开发方式进行任何更改就能监控文件的改变，nodeMon工具只是在运行脚本时替换命令行中的node。安装nodeMon工具使用的命令如下所示：

```
npm install  nodemon -D
```

其中，-D表示在开发环境中安装，今后该工具将不会随着项目上线。

nodeMon工具安装成功之后，chatRoom文件夹的package.json文件中会自动增加以下内容：

```
"devDependencies": {
  "nodemon": "^2.0.20"
}
```

其中，devDependencies表示开发依赖。在开发环境中需要用到开发依赖，但是在其他项目中引用该包时不会用到这些内容，也不会被npm下载。

另外，还需要修改package.json文件中主文件名、调试脚本属性等。其修改的内容如下阴影部分所示：

```
{
  "name": "chatroom",
  "version": "1.0.0",
  "description": "",
  "main": "server.js",
  "scripts": {
    "start": "node server",
    "dev": "nodemon server"
  },
  "author": "",
  "license": "ISC",
  "dependencies": {
    "koa": "^2.13.4",
    "moment": "^2.29.4",
    "mongoose": "^6.6.5",
    "socket.io": "^4.5.3"
  },
  "devDependencies": {
    "nodemon": "^2.0.20"
  }
}
```

node server.js将程序运行命令做如下修改（在控制台中的运行结果如图10.5所示）：

```
npm run dev
```

```
管理员: C:\Windows\system32\cmd.exe
C:\1b\10>npm run dev

> chatroom@1.0.0 dev
> nodemon server

[nodemon] 2.0.20
[nodemon] to restart at any time, enter `rs`
[nodemon] watching path(s): *.*
[nodemon] watching extensions: js,mjs,json
[nodemon] starting `node server.js`
Server running on port3000
[nodemon] restarting due to changes...
[nodemon] starting `node server.js`
Server running on port3000
```

图 10.5　程序运行命令

10.2 聊天程序

10.2.1　主程序内容框架

1. 基础Web服务器

扫一扫，看视频

在chatRoom文件夹下创建server.js程序作为服务器的后端主程序。在主程序中先输入以下代码构建最基础的Web服务器端程序：

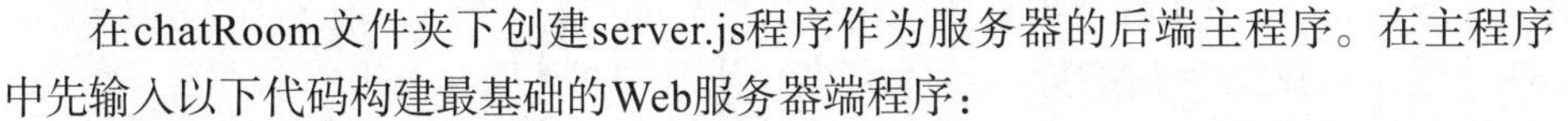

```
// 导入http模块
const http = require('http')

// 导入Koa框架
const Koa = require('koa');

// 新建Koa的app实例
const app = new Koa()

// 创建Koa框架最基础的Web服务器变量
const server = http.Server(app.callback());

// 定义Web服务器监听的端口号为3000
const PORT = 3000

// 启动Web服务器并监听客户端对端口3000的请求
// 在回调函数中给出访问服务器地址和端口号的提示
server.listen(PORT, () => {
  console.log(`服务器访问的地址和端口号是: http://localhost:${PORT}`)
})
```

2. 静态公用文件夹的设置

在chatRoom文件夹下创建public文件夹作为静态公用文件夹，在该文件夹中存入HTML文件、CSS文件、图片文件、客户端JavaScript文件。这样在访问这些公用文件的前端页面时不需要在服务器端进行特定的路由设置。

在Koa框架中设置静态公用文件夹需要使用第三方插件koa-static，使用以下命令安装该插件：

```
npm install koa-static --save
```

然后在server.js程序中增加以下代码设置public文件夹为静态公用文件夹：

```
// 引入koa-static中间件
const static = require('koa-static');

// 设置public文件夹为静态公用文件夹
app.use(static(__dirname+'/public'));
```

为了验证静态公用文件夹的设置成功与否，在public文件夹下创建default.html文件，该文件的内容如下所示：

```
<!DOCTYPE html>
<html lang="en">
<head>
    <meta charset="UTF-8">
    <meta http-equiv="X-UA-Compatible" content="IE=edge">
    <meta name="viewport" content="width=device-width, initial-scale=1.0">
    <title>验证的静态HTML文件</title>
</head>
<body>
    Hello，静态公用文件夹设置成功!
</body>
</html>
```

使用命令npm run dev运行服务器端程序，运行的结果如图10.6所示，然后在客户端浏览器中访问Web服务器，其在客户端浏览器中的显示结果如图10.7所示。

图 10.6　运行服务器端程序

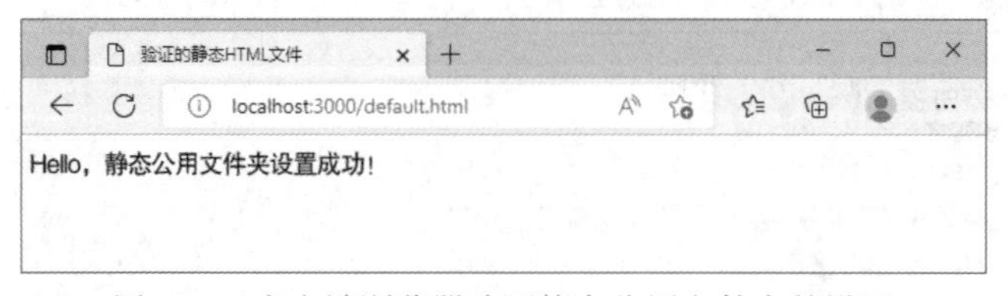

图 10.7　客户端浏览器验证静态公用文件夹的设置

10.2.2　聊天服务器的连接与断开

1. 服务器与客户端建立Socket.IO连接

扫一扫，看视频

（1）在服务器端主程序中导入Socket.IO。在服务器端主程序server.js中加入Socket.IO中间件，创建Socket.IO服务器变量，定义客户端连接请求触发事件，其代码如下所示：

```
// 导入Socket.IO中间件
const socketio = require('socket.io')
```

```
// 创建Socket.IO服务器变量
// server是前面定义的Web服务器变量
const io = socketio(server)

// 定义connection事件，当客户端发生连接请求时该事件被触发
io.on('connection', (socket) => {

  // 连接请求事件触发后，在控制台输出"有新的WebSocket客户发起连接..."
  console.log('有新的WebSocket客户发起连接...')
})
```

（2）在客户端导入Socket.IO。在客户端的public/default.html文件中使用如下语句导入Socket.IO：

```
<script src="/socket.io/socket.io.js"></script>
```

在静态公用文件夹public中创建JavaScript文件夹用来存储客户端所有的JavaScript文件。在JavaScript文件夹中创建main.js文件以存储客户端的聊天控制语句，在客户端使用以下语句实现在public/default.html中导入public/js/main.js文件：

```
<script src="js/main.js"> </script>
```

在public/js/main.js文件中写入如下代码，通过Socket.IO向服务器端程序发起connection连接事件请求：

```
const socket=io()
```

服务器端收到connection连接请求之后就会在控制台输出信息"有新的WebSocket客户发起连接..."。在图10.8中要先运行服务器，然后在两种不同浏览器的地址栏中输入地址http://localhost:3000/default.html后，服务器端输出两个新的连接信息，表示有两个Socket.IO连接请求发生。

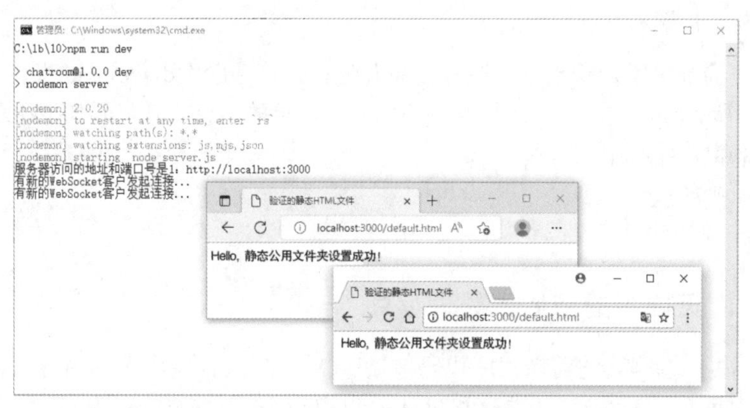

图10.8　Socket.IO连接请求

（3）服务器端向客户端发送信息。服务器端向客户端发送信息是通过server.js文件中的connection事件使用socket.emit()方法实现的，其代码如下所示：

```
io.on('connection', (socket) => {
  console.log('有新的WebSocket客户发起连接...')

  // 当客户端发起连接请求后，服务器端就向客户端发送一条欢迎信息
  // 向客户端发送message事件请求，在该事件中发送信息数据"欢迎来到王者聊天室！"
  socket.emit('message','欢迎来到王者聊天室！')
})
```

在客户端的main.js文件中加入接收message事件请求的代码并在控制台输出从服务器端发送的信息，其代码如下所示：

```
const socket=io()

// socket.on是事件触发函数，其有两个参数
// 事件名称message
// 回调函数（其中的message参数是服务器端返回的数据）
socket.on('message',message=>{
  console.log(message)          // 在控制台输出由服务器端返回的数据
})
```

当有用户连接到服务器时，服务器需要把该用户的连接状态广播给除了当前连接的用户之外的所有其他用户，可以使用以下命令完成：

```
socket.broadcast.emit('message',`有一个用户加入到王者聊天室`)
```

该命令与io.emit()的区别为io.emit()将用户的连接状态发送给所有用户，而socket.broadcast.emit()将用户的连接状态发送给除了当前连接的用户之外的所有其他用户。

当server.js服务器重新运行并在客户端发送connection事件连接请求之后，服务器向客户端浏览器发送信息“欢迎来到王者聊天室!”，显示的结果如图10.9所示。

图 10.9　显示服务器发送的信息

2. 服务器与客户端断开连接响应

客户端浏览器被关闭，相当于与服务器断开连接，将会触发disconnect事件，在该事件中使用io.emit()向所有客户端浏览器广播某用户已断开连接的消息，其代码如下所示：

```
socket.on('disconnect',()=>{
  io.emit('message', `有一个用户离开王者聊天室`)
})
```

10.2.3　聊天内容的前后端处理程序

扫一扫，看视频

客户端聊天的前端程序代码包括HTML部分（控制网页的内容）、CSS样式部分（控制网页元素的显示风格）和JavaScript部分（控制网页的行为）。

1. 前端的HTML部分和CSS样式部分

前端的HTML部分和CSS样式部分的代码及其详细说明如下：

```
<!--public/default.html-->
<!DOCTYPE html>
<html lang="en">
<head>
  <meta charset="UTF-8">
  <meta http-equiv="X-UA-Compatible" content="IE=edge">
```

```
<meta name="viewport" content="width=device-width, initial-scale=1.0">
<title>王者聊天室</title>

<!-- 在客户端引入Socket.IO -->
<script src="/socket.io/socket.io.js"></script>

<!-- 引入js/main.js文件 -->
<script src="js/main.js"></script>
<style type="text/css">
  * {                           /* 选中所有元素，目的是初始化浏览器的默认设置 */
    margin: 0px;                /* 内边距设为0像素 */
    padding: 0px;               /* 外边距设为0像素 */
  }
  #contenter {                  /* 选中最外层div块元素 */
    text-align: center;         /* 文字使用居中对齐方式 */
    padding: 15px;              /* 内边距设为15像素 */
    width: 1000px;              /* 宽度设为1000像素 */
    height: 800px;              /* 高度设为800像素 */
    border: 1px solid #000;     /* 边框粗细设为1像素、线类型设为实心线、颜色设为黑色 */
    position: relative;         /* 定位方式为相对定位，目的是给绝对定义设置参考点 */
    margin: 0 auto;             /* 设置块元素的上、下外边距为0像素，左、右居中 */
    font-size: 28px;            /* 字体大小设为28像素 */
    color: orange;              /* 字体颜色设为orange */
    font-weight: 600;           /* 字体加粗设为600 */
  }
  #banner,#footer {             /* 同时选中头部和底部的div块 */
    text-align: center;         /* 文字使用居中对齐方式 */
    border: 1px solid #000;     /* 边框粗细设为1像素、线类型设为实心线、颜色设为黑色 */
    background-color: #ffcc33;  /* 背景颜色设为#ffcc33 */
    width: 1000px;              /* 宽度设为1000像素 */
    height: 50px;               /* 高度设为50像素 */
    clear: both;                /* 清除浮动 */
    margin: 10px 0px;           /* 外边距上、下设为10像素、左、右设为0像素 */
    color: #000;                /* 字体颜色设为黑色 */
  }
  #main {                       /* 选中中间的main区域 */
    width: 1000px;              /* 宽度设为1000像素 */
    height: 650px;              /* 高度设为650像素 */
    background-color: #9CF;     /* 背景颜色设为 #9CF */
  }
  #content {                    /* 选中显示聊天内容部分的div块 */
    text-align: center;         /* 文字使用居中对齐方式 */
    width: 780px;               /* 宽度设为780像素 */
    height: 100%;               /* 高度设为父元素（#main）的高度，即650像素 */
    border: 1px solid #000;     /* 边框粗细设为1像素、线类型设为实心线、颜色设为黑色 */
    float: left;                /* 左浮动，让后面的div块与本div块在一行 */
    color: #000;                /* 文字颜色设为黑色 */
    font-size: 16px;            /* 字体大小设为16像素 */
    text-align: left;           /* 文字靠左边对齐 */
    overflow: scroll;           /* 如果溢出，则显示滚动条 */
  }
  #links {                      /* 选中用户列表部分 */
    text-align: center;         /* 文字居中对齐 */
    border: 1px solid #000;     /* 边框粗细设为1像素、线类型设为实心线、颜色设为黑色 */
    width: 205px;               /* 宽度设为205像素 */
    height: 100%;               /* 高度设为与父元素相同 */
    margin-left: 10px;          /* 左外边距设为10像素 */
```

```
      float: left;                    /* 元素左浮动，目的是与#content并排在一行 */
      color: #000;                    /* 文字颜色设为黑色 */
    }

    #links ul {                       /* 选中无序列表 */
      list-style: none;               /* 显示风格设为none，去除无序列表显示的小黑点 */
      font-size: 20px;                /* 字体大小设为20像素 */
      font-weight: 400;               /* 字体加重显示到400 */
      text-align: left;               /* 文字靠左边对齐 */
      margin-left: 15px;              /* 左外边距设为15像素 */
    }

    #main::after {                    /* 选中main区域的after伪元素 */
      content: '';                    /* 内容为空，此内容不能少 */
      display: block;                 /* 以块元素方式显示 */
      visibility: hidden;             /* 可见性隐藏 */
      clear: both;                    /* 清除左右浮动 */
    }
    #msg {                            /* 选中聊天输入框 */
      width: 500px;                   /* 宽度设为500像素 */
      height: 35px;                   /* 高度设为35像素 */
    }

    #chat-form button {               /* 选中信息发送按钮 */
      background-color: green;        /* 背景颜色设为绿色 */
      color: white;                   /* 文字颜色设为白色 */
      height: 38px;                   /* 高度设为38像素 */
      width: 100px;                   /* 宽度设为100像素 */
    }

    #chatColor {                      /* 选中聊天颜色选择框 */
      margin-left: 50px;              /* 左边距设为50像素 */
      font-size: 18px;                /* 字体大小设为18像素 */
    }
  </style>
</head>
<body>
  <div id="contenter">
    <div id="banner">王者聊天室————<span id="room-name"></span>房间</div>
    <div id="main">
      <div id="content">
        <div class="chat-messages">
        </div>
      </div>
      <div id="links">
        用户列表：
        <ul id="users"></ul>
      </div>
    </div>
    <div id="footer">
      <form id="chat-form">
            <input  type="text"  id="msg"  placeholder="请输入聊天内容"  required
autocomplete="off">
        <button class="btn">发送消息</button>
        <span id="chatColor">定义聊天文字的颜色：</span>
        <input type="color" value="#00ff00" name="chatColor">
```

```
      </form>
    </div>
  </div>
</body>
</html>
```

2. 前端聊天内容发送

（1）通过id值获取public/default.html文件中的chat-form表单对象，其使用的语句如下所示：

```
const chatForm=document.getElementById('chat-form')
```

（2）通过该对象的addEventListener()方法增加submit（提交）事件触发，在该事件触发函数中先阻止提交，然后获取用户要发送的聊天内容，最后发送给服务器并清空聊天输入框中的内容，其实现代码如下所示：

```
chatForm.addEventListener('submit', e => {
  // 阻止用户提交表单信息
  e.preventDefault();

  // 获取聊天输入框中的内容
  const msg=e.target.elements.msg.value

  // 获取显示聊天内容的颜色
  const msgColor=e.target.elements.chatColor.value

  // 把聊天内容在聊天输入框中显示的颜色发送到服务器
  // 发送到服务器的触发事件是chatMessage
  socket.emit('chatMessage',msg,msgColor)

  // 清空聊天输入框
  e.target.elements.msg.value=""

  // 聊天输入框获取焦点
  e.target.elements.msg.focus()
})
```

3. 表情发送

发送表情首先要定义一个弹出表情的按钮，当用户单击这个按钮后会弹出一个表情选择对话框，单击某个选中的表情会把该表情对应的文字添加到用户聊天输入框中。

（1）增加表情按钮HTML代码。使用<span>元素作为表情弹出的按钮，其代码如下所示：

```
<span class="chatImgText">发送表情</span>
```

该按钮的样式设置如下所示：

```
.chatImgText{                          /* 选中表情按钮元素 */
  width: 50px;                         /* 宽度设为50像素 */
  height: 30px;                        /* 高度设为30像素 */
  font-size: 18px;                     /* 字体大小设为18像素 */
  background-color: beige;             /* 背景颜色设为beige */
  border: 2px solid black;             /* 边框线：2像素 实心线 黑色 */
  margin-left: 30px;                   /* 与左边块元素距离30像素 */
  font-weight: 300;                    /* 字体加粗到300 */
  cursor: pointer;                     /* 鼠标指针变成手形 */
}
```

与该按钮相关的JavaScript代码如下所示：

```
// 通过chatImgText类名获取表情按钮对象
// 返回值是数组，取第一个元素，则下标是0
const chatImg=document.getElementsByClassName("chatImgText")[0]

// 表情按钮的单击事件
chatImg.onclick=function(){
  // 单击表情按钮后弹出表情选择框（默认是隐藏的），让其显示仅需把display属性设为block
  chatImgBox.style.display="block"
}
```

（2）表情选择框。表情选择框中的表情是通过在JavaScript脚本中添加<li></li>元素并在<li></li>元素中设置背景样式实现的，其表情选择的HTML代码如下所示：

```
<div id="chatImg">
  <ul id="imgLists">
    <!-- 聊天表情 -->
  </ul>
</div>
```

表情选择框默认处于隐藏状态，其CSS样式如下所示：

```
#chatImg {                                /* 选中表情选择框 */
  display: none;                          /* 默认状态设为隐藏 */
  width: 325px;                           /* 宽度设为325像素 */
  height: 200px;                          /* 高度设为200像素 */
  border: 1px solid red;                  /* 边框线：1像素 实心线 红色 */
  position: absolute;                     /* 绝对定位方式，以元素的左上角为移动参考点 */
  bottom: 82px;                           /* 定位离父元素的底部82像素 */
  right: 80px;                            /* 定位离父元素的右侧80像素 */
  background-color: white;                /* 背景颜色设为白色 */
}

#chatImg ul {                             /* 选中表情选择框中的ul元素 */
  list-style: none;                       /* 列表显示风格设为没有 */
}

#chatImg ul li {                          /* 选中表情选择框中的每一个表情图片元素 */
  cursor: pointer;                        /* 鼠标在此元素上将变成手形 */
  width: 25px;                            /* 宽度设为25像素 */
  height: 25px;                           /* 高度设为25像素 */
  float: left;                            /* 左浮动，目的是把li元素横向排列 */
}

#chatImg ul li:hover {                    /* 鼠标悬停在li元素上的样式 */
  background-color: gainsboro;            /* 背景颜色变成gainsboro色 */
}
```

控制表情选择框行为的JavaScript代码如下所示：

```
// 获取表情选择框元素，JavaScript通过该变量控制表情选择框的显示与隐藏
const chatImgBox=document.getElementById("chatImg")

// 获取无符号列表元素
const imgList = document.getElementById('imgLists')

// 增加表情addChatImgs()方法
function addChatImgs() {
  // 循环100次，为每一个li元素增加背景表情图片
```

```
  for(var i=1;i<=100;i++)
    // 表情图片放在项目的public/image文件夹中，图片是以数字为前缀的gif图片
    // 例如，第25个图片的文件名是public/image/25.gif
    // 用字符串模板拼接成一个新的<li></li>元素并在其style中加上相应的背景表情图片
    imgList.innerHTML += `
      <li style='background-image: url("image/${i}.gif");'></li>`
}

// 调用表情addChatImgs()方法，真正形成表情选择对话框中的表情图片
addChatImgs()
```

(3)选择表情。当用户单击某一个表情图片时，会把该表情图片相对应的特殊文字写入聊天输入框，并把表情选择框隐藏起来，其JavaScript代码如下所示：

```
// 定义表情图片对应的文字
const chatImgText=['惊讶','撇嘴','发呆','得意','害羞','闭嘴','睡','大哭','尴尬','发怒','调皮','呲牙','微笑','难过','囧','抓狂','吐','偷笑','愉快','白眼','傲慢','可怜','困','惊恐','流汗','憨笑','悠闲','奋斗','疑问','嘘','晕','骷髅','敲打','再见','擦汗','抠鼻','鼓掌','坏笑','左哼','右哼','哈欠','鄙视','委屈','快哭','阴险','亲亲','可怜','菜刀','西瓜','啤酒','咖啡','猪头','玫瑰','凋谢','嘴唇','爱心','心碎','蛋糕','炸弹','便便','月亮','太阳','拥抱','强','弱','握手','胜利','抱拳','勾引','拳头','OK','跳跳','发抖','怄火','转圈','吐舌','脸红','恐惧','失望','无语','嘿哈','捂脸','奸笑','机智','皱眉','耶','吃瓜','加油','汗','天啊','社会','旺柴','好的','打脸','加油','合十','强壮','庆祝','礼物','红包']

// 获取无符号列表元素
const imgList = document.getElementById('imgLists')

// 通过无符号列表的元素名方法getElementsByTagName()获取<li></li>元素数组
const chatImgLi=imgList.getElementsByTagName("li")

// 通过元素Id获取输入框表单元素对象
const msgText=document.getElementById("msg")

// 循环语句，循环次数为表情个数
for(let i=0;i<chatImgLi.length;i++){
  // 为每个表情添加单击事件
  chatImgLi[i].onclick=function(){
    // 以反单引号的模板字符串方式把表情图片对应的文字写入聊天输入框
    // 例如，“惊讶”的表情图片转变成字符串“[惊讶]”
    // 前后加上“[]”的目的是与普通输入的文字进行区分
    msgText.value+=`[${chatImgText[i]}]`;
    // 表情选择框隐藏
    chatImgBox.style.display="none"
  }
}
```

4. 服务器端聊天内容的接收

当用户在客户端浏览器的聊天输入框中输入聊天信息并单击“发送”按钮后，在服务器端server.js中编写chatMessage事件接收用户发送的信息，该事件触发函数的入口参数是msg（聊天内容）和chatColor（聊天内容显示的颜色）。chatMessage事件会把接收的聊天内容先存储到数据库服务器中（此处为了样例简单，没有编写该步），再进行敏感词过滤。敏感词同样可以存储到数据表中，然后通过操作数据表读取到所有敏感词并判断聊天内容是否包含这些敏感词，如果有敏感词，就使用3个星号屏蔽这些敏感词。其代码如下所示：

```
socket.on('chatMessage', (msg, chatColor) => {
```

```
  // 设定敏感词数组，这个数组可以从数据库中获取
  var regStr=["hh","呵呵","哈哈"]        // 此处为库例文字

  // 把敏感词数组转化为正则表达式，本例形成的正则表达式是/hh|呵呵|哈哈/ig
  var reguler=eval(`/${regStr.join("|")}/ig`)

  // 把符合正则表达式的敏感词使用3个星号代替
  msg=msg.replace(reguler,"***");

  // 服务器端把经过处理的聊天内容发送到所有客户端
  io.emit('message',  msg, chatColor)
})
```

5. 客户端处理广播信息

客户端可以处理从服务器端接收的广播信息并把该信息写到浏览器的聊天内容信息框中。其代码如下所示：

```
socket.on('message',(message,chatColor)=>{
  // 客户端把服务器端发送的广播信息显示在浏览器
  outputMessage(message,chatColor)

  // 当信息内容的高度超过浏览器的聊天内容信息框时，自动出现下拉滚动条
  chatMessages.scrollTop=chatMessages.scrollHeight
})

// 客户端处理从服务器端接收广播信息的函数
// 函数的第一个入口参数是服务器端广播的信息
// 第二个入口参数是信息显示的颜色
function outputMessage(message,chatColor){
  // 创建div的DOM元素变量
  const div=document.createElement('div')

  // 聊天内容中是否含有表情图片的正则表达式
  var reg = /\[.+?\]/g;

  // 把服务器发送的聊天内容进行文字到图片的转换，也就是把表情文字使用对应图片元素代替
  // replace()的第一个参数是表情文字的正则表达式，查找字符串包括chatImgText数组中的内容
  // 第二个参数是回调函数，聊天内容中每个找到的表情字符串在回调函数的data参数中
  message=message.replace(reg,function(data){
    // 生成删除表情字符串前后“[]”的变量myData，如把“[惊讶]”转变成“惊讶”
    myData=data.substr(1,data.length-2)

    // 在表情文字chatImgText数组中找到myData对应的位置值imgText
    // 找到的位置值就是表情图片的前缀名
    var imgText=chatImgText.indexOf(myData)

    // 用反单引号的模板字符串生成表情图片的img元素，即相应的HTML代码
    var img=`
      <img src="image/${imgText+1}.gif" style="width:20px;height:20px">`

    // 返回表情图片的HTML代码替代原来聊天内容的表情文字
    return img
  })

  // 用反单引号的模板字符串把服务器发送的内容写入DOM元素
  div.innerHTML=`
```

```
    <p class="meta">
      <span class="text" style="color:${chatColor}">
        ${message}
      </span>
    </p>`;

  // 把写入聊天信息的DOM元素添加到聊天室信息框中
  document.querySelector('.chat-messages').prepend(div)
}
```

此时在客户端中打开两个浏览器，分别访问服务器地址然后关闭其中的一个浏览器后，再在另一个浏览器中以红色文字方式发送两条聊天内容，其中一条包含敏感词。其显示结果如图10.10所示。

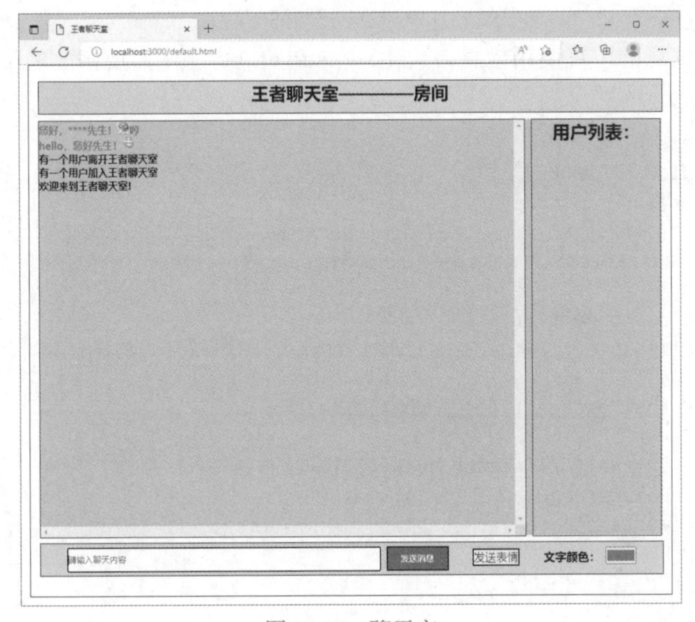

图 10.10　聊天室

10.2.4　用户与聊天室

1. 聊天信息格式化

扫一扫，看视频

服务器端为了向客户端传送信息并方便在客户端显示，在把某用户发送过来的聊天信息广播给其他用户之前会对信息进行格式化处理，就是把用户名、聊天内容、聊天内容显示的颜色和聊天发生的时间封装成对象。聊天信息格式化的方法被封装到util/messages.js文件中，其代码及相关说明如下所示：

```
// util/messages.js程序代码，用于聊天信息格式化

// 导入moment中间件，用来格式化时间显示
const moment=require('moment')

// 格式化信息方法，参数包括用户名、聊天内容、聊天内容显示的颜色和聊天发生的时间
function formatMessage(username,text,chatColor){
  return{
    username,                                    // 用户名
```

```
    text,                                              // 聊天内容
    chatColor,                                         // 聊天内容显示的颜色
    time:moment().format('YYYY-MM-DD HH:mm:ss')        // 聊天发生的时间
  }
}

// 暴露formatMessage方法，以让其他模块可以使用
module.exports=formatMessage
```

2. 服务器端聊天信息格式化

如果服务器端主程序server.js要调用聊天信息格式化方法，那么必须先进行引用，其使用的语句如下所示：

```
const formatMessage = require('./utils/messages')
```

然后在发送信息的位置使用信息格式化，在server.js程序中需要修改的位置如下阴影部分所示：

```
const userName = '服务器'
const chatColor = "#0000ff"
io.on('connection', (socket) => {
  socket.emit('message',formatMessage(userName, `欢迎光临王者聊天室`, chatColor))
   socket.broadcast.emit('message',formatMessage(userName, `有一个用户加入王者聊天室`,
chatColor))
  socket.on('disconnect',()=>{
    io.emit('message', formatMessage(userName, `有一个用户离开王者聊天室`, chatColor))
  })
  socket.on('chatMessage', (msg, chatColor) => {
    var regStr=["hh","呵呵","哈哈"]
    var reguler=eval(`/${regStr.join("|")}/ig`)
    msg=msg.replace(reguler,"****");
    io.emit('message', formatMessage(userName, msg, chatColor))
  })
})
```

3. 客户端聊天信息格式化

在客户端显示聊天信息时，系统会根据服务器端发送信息的格式而使用不同的读取方法。本例中使用把聊天数据封装成对象的方法从服务器端发送聊天数据，在客户端读取数据并加上聊天信息发送者的信息，以及以什么颜色显示聊天信息等代码。具体代码如下所示：

```
function outputMessage(message) {

  // 创建div元素
  const div = document.createElement('div')

  // 定义聊天内容含有的表情文字正则表达式
  var reg = /\[.+?\]/g;

  // 把聊天内容中的表情文字替换成表情图片
  message.text=message.text.replace(reg,function(data){
    myData=data.substr(1,data.length-2)
    var imgText=chatImgText.indexOf(myData)
    var img=`<img src="image/${imgText+1}.gif"
                                               style="width:20px;height:20px">`
    return img
```

```
    })

    // 添加聊天内容到新创建的div元素
    div.innerHTML = `
      <p class="meta">
        <span>${message.time}</span> ${message.username}说
        <span class="text" style="color:${message.chatColor}">
          ${message.text}
        </span>
      </p>`;
    // 把新创建的div元素添加到聊天室的对话框中
    document.querySelector('.chat-messages').prepend(div)
  }
```

10.2.5 获取用户名与聊天室名

1. 登录用户名和房间

在进入聊天室的主页面之前，用户需要填写用户名和选择进入哪一个房间。为了简单起见，本项目并没有实现用户名必须在服务器中注册与登录等需要数据库参与的功能，而只是让用户填写用户名并要求同一房间的用户名不能重名。其在客户端浏览器中的显示结果如图 10.11 所示。

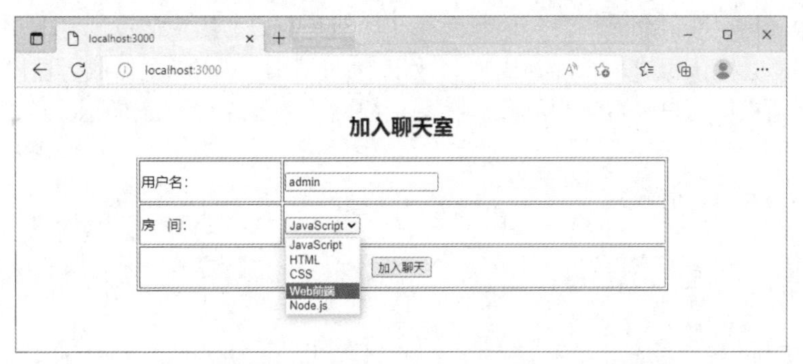

图 10.11　用户名与房间

HTML代码如下所示：

```
<!-- 本项目的主页文件：public/index.html -->
<!DOCTYPE html>
<html>
<head>
  <meta charset="utf-8">
  <title></title>
</head>
<body>
  <form action="default.html" >
    <table border="1" width="70%" align="center" height="150px">
      <caption><h2>加入聊天室</h2></caption>
      <tr>
        <td>用户名：</td>
        <td>
          <input type="text" name="username" id="username"
              placeholder="请输入在聊天室使用的昵称" required autocomplete="off">
        </td>
      </tr>
```

```
    <tr>
      <td>房   间：</td>
      <td>
        <select name="room" id="room">
          <option value="JavaScript">JavaScript</option>
          <option value="HTML">HTML</option>
          <option value="CSS">CSS</option>
          <option value="Web前端">Web前端</option>
          <option value="Node.js">Node.js</option>
        </select>
      </td>
    </tr>
    <tr align="center">
      <td colspan="2">
          <button type="submit" class="btn">加入聊天</button>
      </td>
    </tr>
   </table>
  </form>
</body>
</html>
```

2. 服务器端用户管理

在服务器端使用数组存储用户，该数组的初始值是空值。用户通过浏览器页面进入聊天室后，服务器端就会把该用户名添加到用户名数组中，当用户关闭浏览器或者退出登录时，服务器端就会把该用户从用户名数组中删除。控制用户的服务器端代码utils/user.js文件的内容如下所示：

```
// utils/user.js程序代码

// 定义用户名数组，初始值为空
const users=[];

// 将新用户加入聊天室用户数组的方法，该方法有3个参数：id、用户名（username）和房间号（room）
function userJoin(id,username,room){
  // 把新用户信息封装成对象
  const user={id,username,room}

  // 把新用户压入聊天室用户数组，相当于新用户加入聊天室
  users.push(user)

  // 返回用户信息对象
  return users
}

// 获取当前用户函数
function getCurrentUser(id){
  return users.find(user=>user.id===id)
}

// 用户离开聊天室
function userLeave(id){
  // 找到当前用户的位置，如果返回值是-1，则表示没有找到用户
  const index=users.findIndex(user=>user.id===id)
```

```
    // 如果位置值不是-1，则表示已找到用户
    if(index!==-1)
      // 删除在用户名数组中找到的用户名
      return users.splice(index,1)[0];
  }

  // 获取房间中的所有用户信息
  function getRoomUsers(room){
    // 返回房间中的所有用户信息
    return users.filter(user=>user.room===room)
  }

  // 把以下几种方法暴露出去，以供其他程序进行调用
  module.exports={
    userJoin,
    getCurrentUser,
    userLeave,
    getRoomUsers
  }
```

3. 用户名的重名处理

本聊天室项目不允许在同一个房间出现相同的用户名。其实现方法是当用户在图10.11中输入用户名并选择房间后，需要判断选择的房间内是否有重名的用户，如果有，则提示用户需要更改成其他用户名之后才能加入聊天室。其处理步骤如下：

（1）在服务器端聊天主程序server.js中解构出utils/user.js用户处理程序的几个方法，其代码如下所示：

```
const { userJoin, getCurrentUser, userLeave, getRoomUsers } =
    require('./utils/users')
```

由于需要客户端提交用户名和房间给服务器进行判断，因此需要路由选择。安装路由中间件的语句如下所示：

```
npm install koa-router --save
```

在服务器端聊天主程序server.js中导入路由中间件，并设置查找用户名是否在房间中使用过的路由，其代码如下所示：

```
// 导入路由中间件koa-router并生成路由实例
const Router = require('koa-router')
const router = new Router();

// 设置路由userFound，目的是在指定的房间中查找特定用户用来判断用户名是否可用
router.get('/userFound', async (ctx, next) => {
  // 获取用户提交的用户名
  var uname=ctx.query.username

  // 获取用户提交的房间
  var uroom=ctx.query.room

  // 获取指定房间中的所有用户名
  var roomUserArray=getRoomUsers(uroom)

  // 判断房间是否包含当前用户输入的用户名
  // 如果有，则true（表示用户名不可用）；否则返回false（表示用户名可用）
```

```
  ctx.body =roomUserArray.some(user=>user.username===uname)
})

// 启动路由
app.use(router.routes());
app.use(router.allowedMethods());
```

（2）在本项目的主页文件public/index.html中先增加用户名是否可用的提示，增加的位置是用户名输入框的后面，其HTML代码如下所示：

```
<span id="errorInfo">用户名已被占用</span>
```

对该元素进行CSS样式设置，其代码如下所示：

```
<style>
  #errorInfo{
    color: red;                                  /* 字体颜色设为红色 */
    font-size: 14px;                             /* 字体大小设为14像素 */
    font-weight: 600;                            /* 字体加粗到600 */
    margin-left: 30px;                           /* 与前面元素间隔30像素 */
    display: none;                               /* 默认状态不显示 */
  }
</style>
```

为了简便，可以使用jQuery向服务器端验证指定房间中所输入的用户名是否可用，其代码如下所示：

```
<!-- 在HTML文件中引入jQuery库 -->
<script src="js/jquery-3.2.0.min.js"></script>
<script>
  // 网页加载完毕后，执行下面的jQuery语句
  $(function () {
    var flag=false                             // 初始化flag，表示允许加入聊天室
    $("#username").blur(() => {                // 用户名输入框失去焦点后触发的事件
      $.ajax({                                 // 使用Ajax向服务器发起请求
        type: 'GET',                           // 发起请求的方法是GET
        dataType: 'json',                      // 服务器返回的数据类型是json类型
        url: "/userFound",                     // 访问服务器的路由地址是“/userFound”
        data: {                                // 发送到服务器的数据
          username:$("#username").val(),       // 用户在用户名输入框中输入的值
          room:$("#room").val()                // 用户选择的房间
        },

        // 请求成功的事件触发函数，result是返回值
        success: function (result) {
          // result返回值是true表示用户名不可用，是false表示用户名可用
          if (result) {
            $("#errorInfo").html("用户名已被占用");
            $("#errorInfo").css({"color":"red","display":"inline"})
            flag=true                // 用户名重名，不允许加入聊天室
          } else {
            $("#errorInfo").html("用户名可以使用");
            $("#errorInfo").css({"color":"green"})
            flag=false             // 用户名可用，允许加入聊天室
          }
        }
      });
```

```
    })

    // 用户表单提交事件
    $("form").submit(function(e){
      // 当用户名被占用时将阻止表单提交，即不允许加入聊天室
      if(flag) e.preventDefault(e);
    });
  })
</script>
```

在完成客户端和服务器端的程序代码之后，针对用户名可用和不可用的情况，浏览器中的显示结果如图10.12所示。

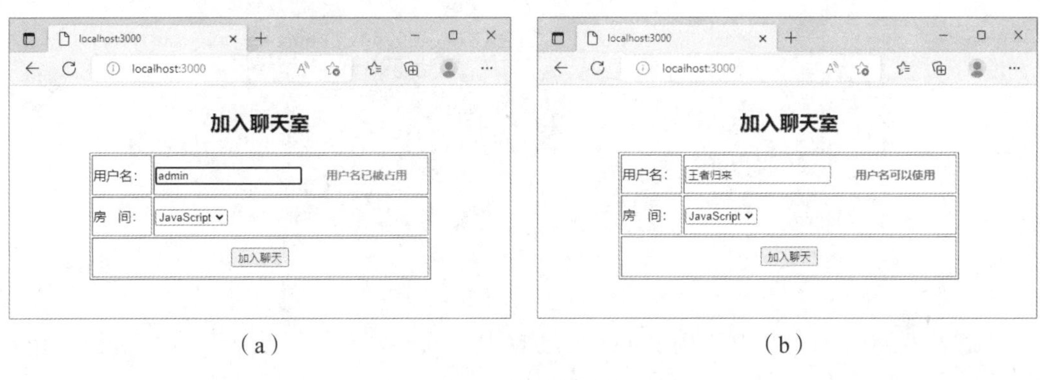

（a）　　（b）

图10.12　同一房间用户名是否可用

4. 引入qs.js库

为了从URL地址中获取用户名和房间名，需要引入qs.js库，在浏览器中打开官方网址并单击Copy Script Tag按钮（图10.13），复制需要引入的脚本标记。

在default.html文件中引入该脚本标记，其代码如下所示：

```
<script src="https://cdnjs.cloudflare.com/ajax/libs/qs/6.11.0/qs.min.js"
integrity="sha512-/l6vieC+YxaZywUhmqs++8uF9DeMvJE61ua5g+UK0TuHZ4TkTgB1Gm1n0NiA86u
EOM9JJ6JUwyR0hboKO0fCng==" crossorigin="anonymous" referrerpolicy="no-referrer">
</script>
```

通过用户名不重名验证之后，URL地址会带着用户名（如admintrator）和房间名（如JavaScript）跳转到聊天室页面public/default.html（图10.14），其URL地址如下所示：

```
http://localhost:3000/default.html?username=admintrator&room=JavaScript
```

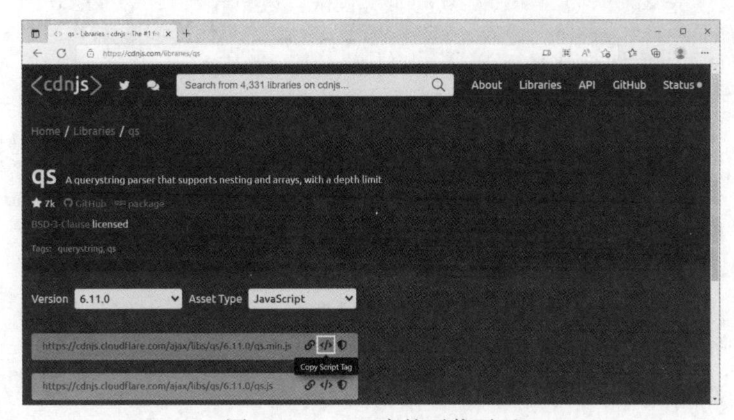

图10.13　qs.js库的下载页面

图 10.14　聊天信息

在客户端main.js文件中使用Qs.parse()方法从当前URL地址location.search解析出用户名username（本地址解析出admintrator）和房间名room（本地址解析出room），其代码如下所示：

```
const { username,room } = Qs.parse(location.search,{
  ignoreQueryPrefix:true                    // 自动过滤掉location.search前面的问号
})
```

5. 加入聊天室

解析出用户名和房间名之后，在public/js/main.js文件内加入如下语句实现发送消息给服务器，告诉服务器用户加入聊天室的用户名和房间名：

```
socket.emit('joinRoom',{ username,room})
```

在服务器端的server.js中改写connection事件，把用户加入指定的房间并把该信息广播给该房间的所有用户，其改写的代码如下所示：

```
// socket.IO事件定义方法
// 第一个参数是定义的事件名，本代码段定义的是connection事件
// 第二个参数是事件触发的回调函数，函数中的参数socket可以使用socket.IO的方法
io.on('connection', (socket) => {
  // 定义joinRoom事件，用来把用户加入指定房间并广播给该房间的所有用户
  socket.on('joinRoom', ({ username, room }) => {
    // 定义用户变量，包括用户的id、用户名(username)和房间名(room)
    const user = userJoin(socket.id, username, room)

    // 用户加入聊天室房间
    socket.join(user.room)

    // 当一个用户连接成功后，给发出请求的用户发送欢迎信息
    // formatMessage方法的3个参数：发送者、发送的信息、信息显示的颜色
     socket.emit('message', formatMessage(serverName, `欢迎用户${user.username}光临王
者聊天室`, serverColor))
```

```
    // 一个用户连接成功后被广播到房间中的所有用户
    // 其中broadcast是广播，to(user.room)是发送给指定的房间
    socket.broadcast.to(user.room).emit('message', formatMessage(serverName, `欢迎
用户${user.username}加入王者聊天室`), serverColor)
  })

  // 当一个用户断开连接时的disconnect事件
  socket.on('disconnect', () => {
    // 使用userLeave()方法在房间中删除指定用户
    const user = userLeave(socket.id)

    // 广播给被删除用户所在房间的所有用户，表示该用户离开聊天室
    if (user) {
      socket.broadcast.to(user.room).emit('message', formatMessage(serverName, `用户
${user.username}离开王者聊天室`))
  })

  // 监听用户发送的聊天信息，msg是聊天内容，chatColor是聊天内容显示的颜色
  socket.on('chatMessage', (msg, chatColor) => {
    // 获取发送聊天信息的用户
    const user = getCurrentUser(socket.id)

    // 发送信息给该用户所在房间的所有用户
    io.to(user.room).emit('message', formatMessage(user.username, msg, chatColor))
  })
});
```

6. 显示房间当前在线的用户列表

(1)服务器端。服务器端在收到客户连接聊天服务器或者关闭聊天室的请求信息后，除了需要广播给每个用户有人进入或者离开聊天室之外，还要广播当前聊天室的用户数组信息并在聊天室的右侧列出当前聊天室的用户信息，如图10.14所示。其广播信息的代码如下所示：

```
// 向某个聊天室的所有用户发送信息
// to(user.room)用来指定发送信息的聊天室
// emit()方法的第一个参数是事件名，会触发客户端中同事件名的事件
// emit()方法的第二个参数是发送的信息
io.to(user.room).emit('roomUsers', {
  room: user.room,                                  // 房间信息
  users: getRoomUsers(user.room)                    // 房间的用户数组
})
```

(2)客户端。客户端在收到服务器端广播发送的roomUsers信息后会触发对应的roomUsers事件触发函数，其代码如下所示：

```
// 定义roomUsers事件触发函数
// 第一个参数是事件名，第二个参数使用解析方法解析出房间名room和用户数组名users
socket.on('roomUsers', ({ room, users }) => {
  outputRoomName(room)            // 调用outputRoomName方法把房间名写到DOM中
  outputUsers(users)              // 调用outputUsers方法把用户名写到用户列表中
})

// outputRoomName方法把房间名写到DOM中
function outputRoomName(room) {
  roomName.innerText = room;
}
// outputUsers方法把用户名写到用户列表中
```

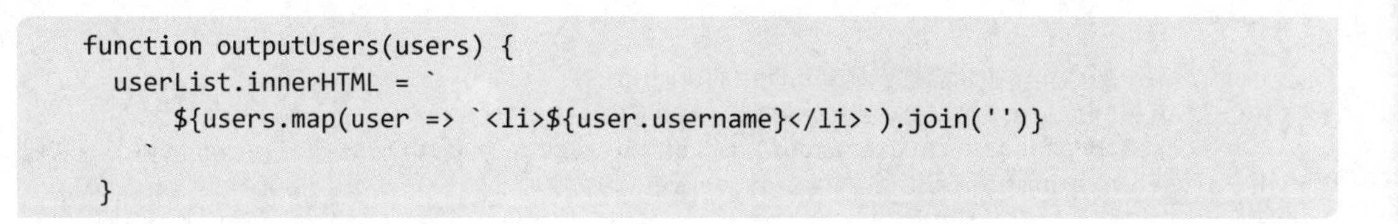

```
function outputUsers(users) {
  userList.innerHTML = `
    ${users.map(user => `<li>${user.username}</li>`).join('')}
  `
}
```

10.3 本章小结

本章主要讲解在线聊天室综合案例，重点是综合运用Node.js知识。该案例要求具有较高的JavaScript设计能力和对Node.js服务器端程序设计的控制能力。通过这个案例的实现，读者不仅可以更进一步、更深刻地理解前面章节学过的所有知识，而且能够体会到Node.js项目生成、项目初始化、Socket.IO中间件运用、前后端数据交换方式、数据信息的格式化等应用的实现。

10.4 实验　在线聊天室

一、实验目的

（1）掌握综合运用HTML、CSS、JavaScript的能力。

（2）掌握Node.js项目开发的过程。

（3）掌握Socket.IO中间件提供的各种方法的综合运用。

（4）掌握利用Socket.IO中间件实现前端、后端数据的交互方式。

二、实验要求

实现在线聊天室的前端和后端服务器程序，如图10.1和图10.2所示。要求具有以下主要功能：

（1）敏感词过滤功能。

（2）聊天表情的发送。

（3）用户发送聊天文字颜色设置。

（4）聊天用户列表的实现方法。

（5）新用户加入聊天室的欢迎与向其他用户广播新用户加入。

（6）用户关闭聊天室后向其他用户广播用户退出。

（7）在线用户列表。

第 11 章

综合案例——系统管理

学习目标

本章通过讲解用户和文章管理的制作过程，让读者对本书所学习的内容进行综合实训。另外，需要了解在完成一个 Node.js 项目时应该如何进行项目准备和分析。通过本章的学习，读者应该掌握以下内容：

- Node.js 项目的准备。
- Node.js 项目的数据库操作。
- 综合运用 Node.js 的基础知识。
- Node.js 中用户的权限级别访问控制。

11.1 案例准备

11.1.1 客户端验证工具

本项目将通过封装一个通用的方法对MongoDB数据库的用户和文章进行管理，包括增、删、改、查等基本操作，同时对用户访问某一个页面的权限进行控制。

Postman工具可以调试网络程序、跟踪网页请求。由于本书的篇幅所限，本章的案例项目并没有给出客户端程序代码的实现，而是使用Postman工具模拟客户端浏览器对服务器端程序的访问。图11.1是Postman工具向服务器端的数据库增加一个用户的客户端模拟。

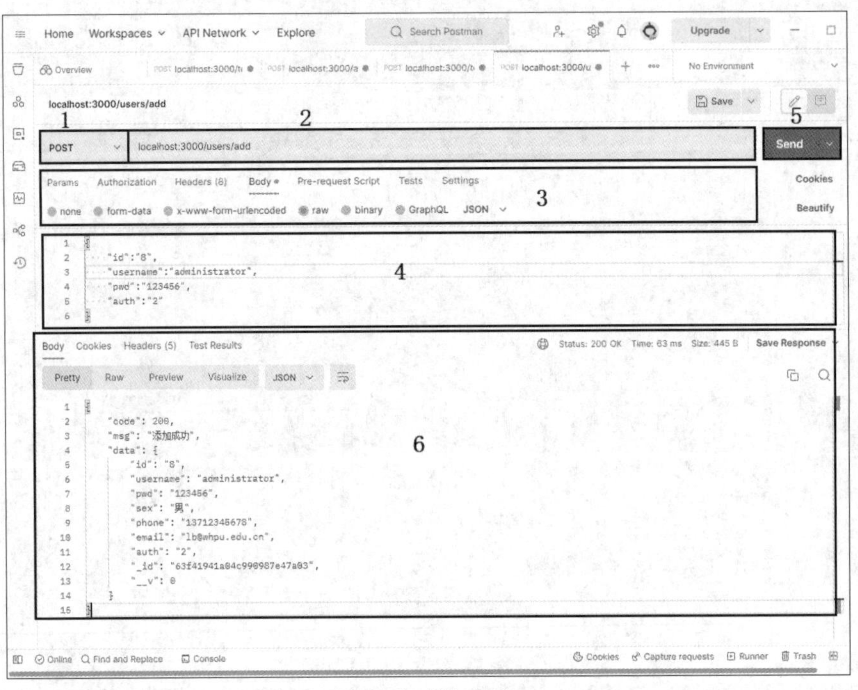

图 11.1　增加用户

Postman工具的操作过程如下：

（1）在图11.1的1号位置进行下拉菜单的选择，选择访问增加用户使用的数据传递方法，本页面使用的是POST方法。

（2）图11.1的2号位置则是用户需要输入访问服务器的URL地址，本页面增加用户的URL地址是localhost:3000/user/add。

（3）在图11.1的3号位置的选项卡中选择从客户端向服务器端传送数据的格式，本例分别选中Body（表示客户端页面请求体）选项卡中的raw单选按钮，再选择JSON数据格式。

（4）在图11.1的4号位置使用JSON格式编写要增加到数据库的关键数据，有些没有填写的数据将使用服务器端设置的默认数据。

（5）当用户要提交的数据填写完毕之后，单击图11.1的5号位置的Send按钮把数据提交到服务器端，服务器会根据用户请求的路由找到相应的路由处理程序，处理完成之后会给出相关的响应，在图11.1的6号位置给出了用户提交数据之后服务器给出的响应。

本章其他客户端访问页面都是使用Postman工具进行模拟的，不同的模拟页面将在涉及的程序后进行说明。

扫一扫，看视频

11.1.2 创建项目

在创建项目时，项目中文件夹的目录结构通常都是很清晰的，但是如果这些文件或者文件夹都需要手动创建就会相当麻烦，所以Koa框架提供了一个脚手架（在做项目的时候往往都要先把项目框架搭建出来再进行具体开发，这个项目框架就称为脚手架），能简单搭建出项目的结构，便于后面的开发。

1. 使用脚手架方式创建Koa2项目

（1）安装脚手架生成器。使用全局方式安装脚手架生成器，方便后续使用脚手架生成Koa2项目。其在控制台中的安装命令如下所示：

```
npm install -g koa-generator
```

在控制台中查看脚手架的版本号，使用如下命令进行：

```
koa2 --version
```

操作结果如图11.2所示。

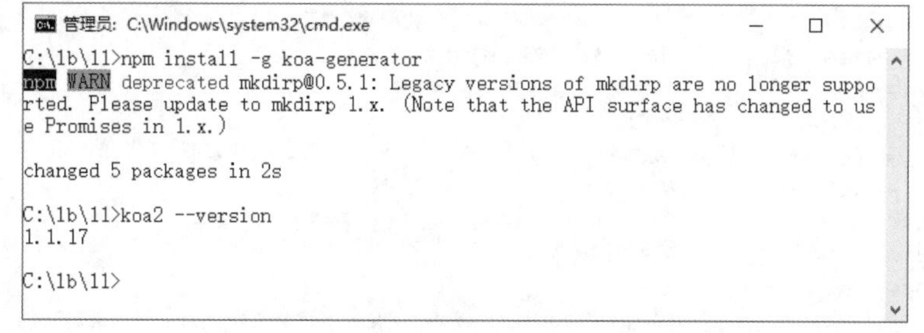

图 11.2　安装脚手架生成器

（2）创建脚手架项目。在控制台中创建一个存储服务器端项目的文件夹（本例使用C:\lb\11\koaServer）并进入该文件夹，然后使用koa2命令创建项目的脚手架，其在控制台中的命令如下所示：

```
koa2 -e project
```

其中，参数-e表示使用EJS模板，参数project表示项目名称。例如，本例使用的项目名称是usersManagerServer，则创建该项目的命令如下所示：

```
koa2 -e usersManagerServer
```

创建成功之后显示的结果如图11.3所示，其中脚手架的一些文件夹及文件的说明如图11.4所示。

（3）安装项目的脚手架依赖。在控制台中使用下面的cd命令进入项目的根目录，然后使用npm install命令安装项目脚手架依赖的中间件，本项目中使用的命令如下所示（安装成功之后控制台中的显示结果如图11.5所示）：

```
cd usersManagerServercd
npm install
```

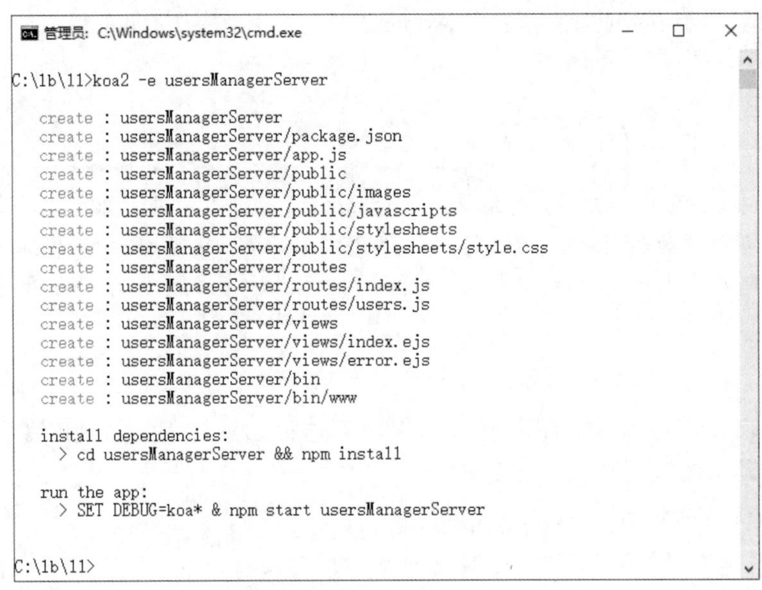

图 11.3　创建 Koa2 脚手架的目录及文件夹

```
+-- bin
|  +-- www                //项目启动必备文件，配置端口等服务信息
+-- node_modules          //项目依赖，安装的所有模块都会在这个文件夹下
+-- public                //存放静态文件，如样式、图片等
|  +-- images             //图片
|  +-- javascript         //JS文件
|  +-- stylesheets        //样式文件
+-- routers               //存放路由文件，如果前后端分离的话只用来书写API接口
|  +-- index.js
|  +-- user.js
+-- views                 //存放模板文件，就是前端页面，如果后台只是提供API的话，这个就是备用
|  +-- error.pug
|  +-- index.pug
|  +-- layout.pug
+-- app.js                //主入口文件
+-- package.json          //存储项目名、描述、作者、依赖等信息
+-- package-lock.json     //存储项目依赖的版本信息，确保项目内的每个人安装的版本一致
```

图 11.4　脚手架生成的项目结构

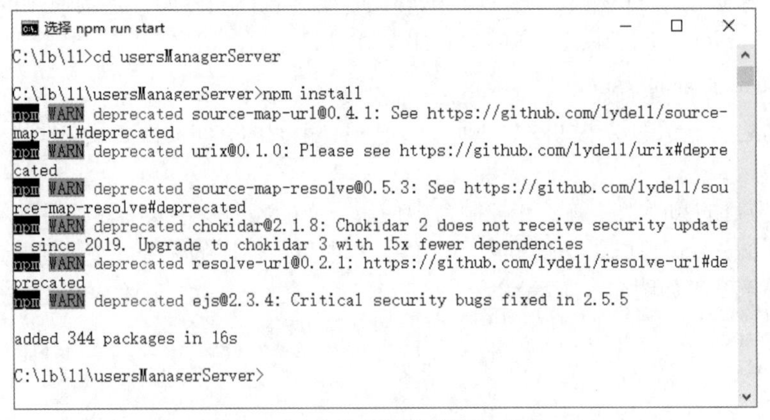

图 11.5　安装项目的脚手架依赖

（4）启动与停止项目。在控制台中进入项目的根目录，然后输入以下命令启动Node.js服务器项目：

```
npm start
```

在客户端浏览器中输入以下地址访问Web服务器（其显示结果如图11.6所示）：

```
http://localhost:3000/
```

当需要对服务器端的源程序进行修改时，首先使用Ctrl+C快捷键停止当前运行的服务器，然后修改源程序并保存，最后使用npm start命令重新启动服务器端项目。项目在控制台中启动与停止的过程如图11.7所示。

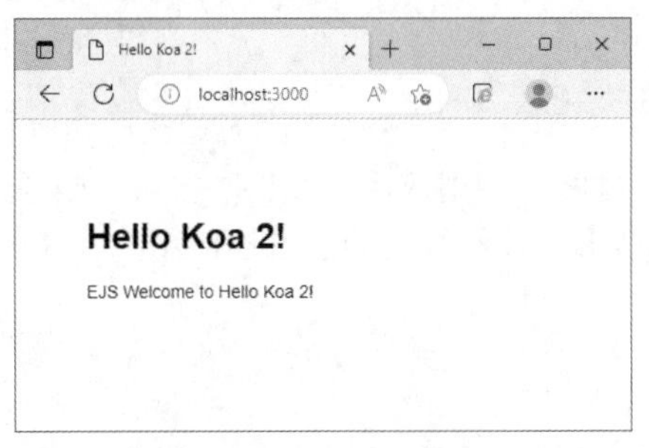

图 11.6　服务器项目的主页显示内容

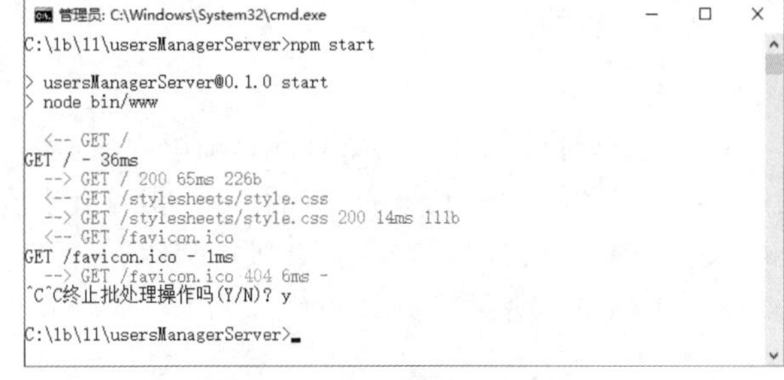

图 11.7　服务器端的启动与停止

2. 脚手架项目的执行过程

在服务器端使用npm start命令启动项目，其执行顺序如下：

（1）start是指package.json中的node bin/www，如下面package.json文件的阴影部分如下所示：

```
// package.json文件内容

{
  "name": "usersManagerServer",          // 项目/模块名称
  "version": "0.1.0",                    // 项目版本
  "private": true,                       // 是否私有，当设置为 true 时，npm 拒绝发布
  "scripts": {                           // 执行npm 脚本命令简写
    "start": "node bin/www",
    "dev": "nodemon bin/www",
    "prd": "pm2 start bin/www",
    "test": "echo \"Error: no test specified\" && exit 1"
  },
  "dependencies": {                      // 生产环境下项目运行需要依赖的中间件
    "debug": "^4.1.1",
    "ejs": "~2.3.3",
    "koa": "^2.7.0",
    "koa-bodyparser": "^4.2.1",
    "koa-convert": "^1.2.0",
    "koa-json": "^2.0.2",
    "koa-logger": "^3.2.0",
    "koa-onerror": "^4.1.0",
    "koa-router": "^7.4.0",
    "koa-static": "^5.0.0",
    "koa-views": "^6.2.0"
  },
  "devDependencies": {                   // 开发环境下项目运行需要依赖的中间件
```

```
    "nodemon": "^1.19.4"
  }
}
```

图11.5中安装的项目依赖仅是生产环境下需要的依赖，开发环境下的依赖需要单独手动进行安装，也就是在本例中要使用下面的命令安装nodemon中间件：

```
npm install nodemon --save
```

然后还要把执行npm 脚本命令dev的属性值改为nodemon bin/www，就可以使用以下命令启动服务器项目：

```
npm run dev
```

相当于运行的命令是：

```
nodemon bin/www
```

上述运行项目命令的最大好处就是当源程序发生变化时，在用户保存源程序之后，服务器会自动重新启动bin文件夹下的www程序，相当于把修改源程序添加的功能自动应用到服务中。

（2）bin/www的程序源码及其详细说明如下：

```
// bin/www的程序源码

// 模块依赖
var app = require('../app');
var debug = require('debug')('demo:server');
var http = require('http');

// 设置访问端口，从process.env.PORT和3000之间选择端口号
// 其中process.env.PORT读取当前目录下环境变量port的值
var port = normalizePort(process.env.PORT || '3000');

// 创建HTTP服务器
var server = http.createServer(app.callback());

// 监听前面设置的port端口和所有网络接口
server.listen(port);

// 设置error错误事件，设置响应的回调函数是onError
server.on('error', onError);

// 设置listening用于HTTP服务器启动的监听事件，设置响应的回调函数是onListening
server.on('listening', onListening);

// 测试端口的有效性
function normalizePort(val) {
  var port = parseInt(val, 10);
  if (isNaN(port)) {
    return val;
  }
  if (port >= 0) {
    return port;
  }
  return false;
}

// 监听HTTP服务器的错误事件
function onError(error) {
```

```
  if (error.syscall !== 'listen') {
    throw error;
  }

  var bind = typeof port === 'string'
    ? 'Pipe ' + port
    : 'Port ' + port;

  switch (error.code) {
    case 'EACCES':
      console.error(bind + ' requires elevated privileges');
      process.exit(1);
      break;
    case 'EADDRINUSE':
      console.error(bind + ' is already in use');
      process.exit(1);
      break;
    default:
      throw error;
  }
}

// HTTP服务器启动的监听事件
function onListening() {
  var addr = server.address();
  var bind = typeof addr === 'string'
    ? 'pipe ' + addr
    : 'port ' + addr.port;
  debug('Listening on ' + bind);
}
```

（3）bin/www会首先引入根目录下的app.js文件，该文件的内容如下所示：

```
// app.js文件的内容

// 导入各种所需要的中间件
const Koa = require('koa')
const app = new Koa()
const views = require('koa-views')
const json = require('koa-json')
const onerror = require('koa-onerror')
const bodyparser = require('koa-bodyparser')
const logger = require('koa-logger')

// 导入路由中间件
const index = require('./routes/index')
const users = require('./routes/users')

// 错误处理
onerror(app)

// koa-bodyparser中间件能够自动解析post参数
app.use(bodyparser({
  enableTypes:['json', 'form', 'text']
}))

// 注册中间件
```

```
app.use(json())
app.use(logger())

// 注册静态目录
app.use(require('koa-static')(__dirname + '/public'))

// 注册EJS模板引擎
app.use(views(__dirname + '/views', {
  extension: 'ejs'
}))

// 注册全局中间件，用于显示本次访问的使用方法、地址和时长
app.use(async (ctx, next) => {
  const start = new Date()
  await next()
  const ms = new Date() - start
  console.log(`${ctx.method} ${ctx.url} - ${ms}ms`)
})

// 注册路由
app.use(index.routes(), index.allowedMethods())
app.use(users.routes(), users.allowedMethods())

// 错误处理
app.on('error', (err, ctx) => {
  console.error('server error', err, ctx)
});

// 暴露app，以供外部访问
module.exports = app
```

（4）前面三步执行完毕之后服务器端会等待客户端访问。如果客户端访问的地址是http://localhost:3000，通过这个访问地址可以看出使用了默认路由index，app.js文件定义的默认根路由index的路由中间件是router/index.js，该文件的内容如下所示：

```
// router/index.js文件的内容

// 导入路由
const router = require('koa-router')()

// 设置GET方法的根路由，其地址是http://localhost:3000
// 让用户访问index.js文件并带参数title
router.get('/', async (ctx, next) => {
  await ctx.render('index', {
    title: 'Hello Koa 2!'
  })
})

// 设置GET方法的路由，其地址是http://localhost:3000/string
router.get('/string', async (ctx, next) => {
  ctx.body = 'koa2 string'
})

// 设置GET方法的路由，其地址是http://localhost:3000/json
router.get('/json', async (ctx, next) => {
  ctx.body = {
    title: 'koa2 json'
```

```
    }
})

module.exports = router
```

（5）从路由中间件router/index.js的内容可以看出根路由访问的文件是index.ejs，该文件的内容如下所示：

```
// views/index.js文件
<!DOCTYPE html>
<html>
  <head>
    <title><%= title %></title>
    <link rel='stylesheet' href='/stylesheets/style.css' />
  </head>
  <body>
    <h1><%= title %></h1>
    <p>EJS Welcome to <%= title %></p>
  </body>
</html>
```

该文件中的title的内容是从router/index.js文件中传递过来的“Hello Koa 2!”，最终在浏览器中的显示结果如图11.6所示。

11.2 数据库操作

扫一扫，看视频

11.2.1 MongoDB数据库的安装与连接

（1）参照6.2.2小节进行MongoDB数据库的安装。

（2）安装Mongoose中间件用于对MongoDB数据库的操作，其安装命令如下所示：

```
npm install mongoose --save
```

（3）在项目的根目录下创建db文件夹用于存储数据库的连接文件index.js，该文件的内容如下所示：

```
// db/index.js文件

// 导入mongoose模块
const mongoose=require('mongoose')

// 抛出函数，让其他模块可以使用此函数连接MongoDB数据库
module.exports=()=>{
  // 使用mongoose连接数据库blogDb，使用的协议是mongodb，访问的是本地主机localhost
  // MongoDB数据库服务器的默认端口号是27017
  // 通过将useNewUrlParser设置为true来避免“当前URL字符串解析器已弃用”警告
  mongoose.connect(
    'mongodb://localhost:27017/blogDb',
    {useNewUrlParser:true}
  )
  // mongoose.connect采用promise语法，返回promise对象，使用.then表示连接成功
  .then( ()=>{
    console.log('数据库连接成功')
```

```
  }).catch(err=>{
    console.error('数据库连接失败',err)
  })
}
```

（4）在app.js文件中引入数据库连接程序db/index.js，其代码如下所示：

```
const MongoConnect=require('./db')
MongoConnect()
```

运行服务器端程序后，控制台中的显示结果如图11.8所示。

```
管理员: C:\Windows\system32\cmd.exe
C:\1b\11\usersManagerServer\db>npm run dev

> usersManagerServer@0.1.0 dev
> nodemon bin/www

[nodemon] 1.19.4
[nodemon] to restart at any time, enter `rs`
[nodemon] watching dir(s): *.*
[nodemon] watching extensions: js,mjs,json
[nodemon] starting `node bin/www`
数据库连接成功
  <-- GET /
GET / - 26ms
  --> GET / 200 43ms 226b
  <-- GET /stylesheets/style.css
  --> GET /stylesheets/style.css 200 8ms 111b
```

图 11.8　数据库连接

11.2.2　创建模型对象

扫一扫，看视频

创建模型对象的结构应与数据库中的集合相对应，操作模型对象也就相当于操作数据库中的集合。

创建models文件夹用来存储本项目中的模型对象文件。由于本项目没有很多的模型对象，可以把所有的模型对象放到index.js文件进行统一管理。当后期项目比较庞大时，可以在models文件夹中创建多个模型对象，然后每个模型对象对应一个JavaScript文件。

在models文件夹中创建index.js模型对象文件的过程分为以下4个步骤：

（1）导入mongoose。

```
const mongoose=require('mongoose')
```

（2）通过mongoose.Schema()方法实例化一个对象，mongoose.Schema()方法中的参数是一个模型规则对象，每个规则对应的是数据表中的字段，字段有数据类型和相关配置。本例定义的用户对象的代码如下所示：

```
const userSchema=new mongoose.Schema({
  username:String,                          // 用户名
  pwd:String,                               // 密码
  sex:{                                     // 性别
    type:String,                            // 字符串类型
    default:'男'                            // 默认值是男
  },
  phone:String,                             // 电话
  email:String,                             // 邮箱
  auth:{
    // 定义用户访问权限，默认值是2（一般访问权限），可以设置管理员的访问权限是4
    type:String,
    default:2
  }
})
```

（3）创建model对象。

```
const User=mongoose.model('users',userSchema)
```

mongoose.model()方法中的第一个参数是模型对象的名称，对应数据库中的集合名称；第二个参数是模型对象的规则，即在第（2）步创建的规则。

（4）抛出模型对象。

```
module.exports={
  User
}
```

11.2.3　业务逻辑

扫一扫，看视频

创建控制层进行业务逻辑控制，其过程如下：

（1）在项目的根目录中创建controller文件夹用于存放业务逻辑文件。

（2）在controller文件夹中创建user.js文件用于存储用户的增、删、改、查方法，该文件的内容如下所示：

```
// controller/user.js文件

// 从model/index.js文件内析构出User
const { User } = require("../model")

// 对抽象出的各个集合通用的增、删、改、查文件controller/crudUtil/index.js进行导入
const crud = require("./crudUtil")

// 添加用户
const userAdd = async (ctx) => {
  // 获取客户端发送来的与用户注册相关的信息
   let {id, auth="2",sex,phone,email, username, pwd } = ctx.request.body;

  // 调用crud.add()方法增加用户，其参数包括schema对象、增加数据的对象、上下文对象ctx
  await crud.add(User, {id,username, pwd,sex,phone,email,auth }, ctx);
}

// 用户信息更新
const userUpdate = async (ctx) => {
  // 获取从客户端发送来的数据保存到变量params
  let params = ctx.request.body

  // 调用crud.update()方法更新用户
  // crud.update()方法的参数包括schema对象、更新的条件、更新的内容、上下文对象ctx
  await crud.update(
    User,
    { _id: params._id },
    {
      username: params.username,
      pwd: params.pwd
    }, ctx)
}

// 删除用户
const userDel = async (ctx) => {
  // 获取需要删除用户的_id
  let { _id } = ctx.request.body
```

```
    // 调用crud.del()方法删除用户
    // crud.del()方法的参数包括schema对象、删除的条件、上下文对象ctx
    await crud.del(User, { _id }, ctx)
  }

  // 查找所有用户
  const userFind = async (ctx) => {
    // crud.find()方法的参数包括schema对象、查询条件（null表示查询所有）、上下文对象ctx
    await crud.find(User, null, ctx)
  }

  // 根据_id查找某一个用户
  const userFindOne = async (ctx) => {
    // crud.find()方法的参数包括schema对象、查询条件、上下文对象ctx
    await crud.findOne(User, { _id: ctx.params.id }, ctx)
  }
  module.exports = {
    userAdd,
    userUpdate,
    userDel,
    userFind,
    userFindOne,
  }
```

11.2.4 使用 CRUD 封装冗余

扫一扫，看视频

在业务逻辑中调用CRUD[Create（增）、Read（查）、Update（改）、Delete（删）]处理模块。CRUD实现的是在controller文件夹中创建crudUtil文件夹，用于存储共用的数据库访问代码。这个数据库访问代码放在crudUtil文件夹下的index.js文件中，其代码如下所示：

```
  // controller/crudUtil/index.js程序代码文件

  /**
   * 用于添加数据的公共方法
   * @param {*} model  : 模型对象
   * @param {*} params: 添加的数据参数
   * @param {*} ctx    : 上下文对象
   * @returns
   */
  const add=(model,params,ctx)=>(
    // model.create()方法把数据存储到数据库中，该方法使用promise对象实现
    // 该方法的结果也是promise，需要使用.then和.catch获取结果或捕获错误
    model.create(params).then(rel => {
      // 如果rel参数包含值，则表示用户数据添加成功
      if(rel){
        ctx.body = {                        // 用户数据添加成功，返回一些参数
          code:200,                         // code值为200
          msg:'添加成功',                    // msg信息是“添加成功”
          data:rel                          // data值是添加数据的返回值
        }
      }else{                                // 添加数据失败
        ctx.body = {
          code:300,                         // code值为300
          msg:'添加失败',                    // msg信息是“添加失败”
        }
      }
    }).catch(err => {                       // 添加数据异常
```

```
    ctx.body = {
      code:500,                                 // code值为500
      msg:'添加出现异常'                     // msg信息是“添加出现异常”
    }
  })
)
/**
 * 更新指定条件文档的公共方法
 * @param {*} model : 模型对象
 * @param {*} where : 更新条件，null为查询所有对象
 * @param {*} params: 更新的数据
 * @param {*} ctx   : 上下文对象
 * @returns
 */
const update=(model,where,params,ctx)=>(
  // 使用model.updateOne()进行修改，第一个参数是修改的条件，第二个参数是修改的值
  model.updateOne(
    where,params
  ).then(rel=>{
    ctx.body = {
      result:rel
    }
  }).catch(err=>{
    ctx.body = {
      code:400,
      msg:'更新时出现异常'
    }
  })
)
/**
 * 删除指定条件文档的公共方法
 * @param {*} model : 模型对象
 * @param {*} where : 删除条件，null为删除所有对象
 * @param {*} ctx   : 上下文对象
 * @returns
 */
const del=(model,where,ctx)=>(
  model.findOneAndDelete(where).then(rel=>{
    // 删除成功，返回结果
    ctx.body = {
      result:rel
    }
  }).catch(err=>{
    ctx.body = {
      code:400,
      msg:'删除时出现异常'
    }
  })
)
/**
 * 查询所有数据文档的公共方法
 * @param {*} model : 模型对象
 * @param {*} where : 查询条件，null为查询所有对象
 * @param {*} ctx   : 上下文对象
 * @returns
 */
const find=(model,where,ctx)=>(
  model.find(where).then(rel=>{
    ctx.body = {
```

```
        result:rel
      }
    }).catch(err=>{
      ctx.body = {
        code:400,
        msg:'查询时出现异常'
      }
    })
  )
  /**
   * 查找一个文档
   * @param {*} model : 模型对象
   * @param {*} where : 查询条件，null为查询所有对象
   * @param {*} ctx   : 上下文对象
   * @returns
   */
  const findOne=(model,where,ctx)=>(
    model.findOne(where).then(rel=>{
      ctx.body = {
        result:rel
      }
    }).catch(err=>{
      ctx.body = {
        code:400,
        msg:'查询时出现异常'
      }
    })
  )

  // 把增、删、改、查方法暴露出去，以供其他模块使用
  module.exports={
    find,
    add,
    update,
    del,
    findOne
  }
```

11.2.5 优化路由

下面修改router/users.js文件，使业务逻辑和路由完全分开，让程序代码的层次结构和业务逻辑更加清晰。具体代码如下所示：

```
// router/users.js文件

// 导入路由中间件
const router = require('koa-router')()

// 导入业务逻辑处理代码
const userCtl=require('../controller/users')

// 定义网络访问前缀为/users
router.prefix('/users')

// 添加用户路由，http://localhost/users/add
router.post('/add', userCtl.userAdd)

// 修改用户路由，http://localhost/users/update
```

扫一扫，看视频

```
router.post('/update', userCtl.userUpdate)

// 删除用户路由，http://localhost/users/del
router.post('/del', userCtl.userDel)

// 查询所有用户路由，http://localhost/users/find
router.get('/find', userCtl.userFind)

// 查询某个用户路由，http://localhost/users/find/:id
router.get('/find/:id', userCtl.userFindOne)

module.exports = router
```

使用Postman工具作为客户端来验证服务器端的程序代码是否达到要求。图11.9就是在Postman工具的地址栏中输入localhost:3000/users/add，然后选择POST方法，再依次选择Body、raw和JSON，并在参数列表中输入以下需要增加的数据：

```
{
  "id":"9",
  "username":"admin",
  "pwd":"123456",
  "auth":"2"
}
```

用户的其他值使用服务器端设置的默认值，最后单击Send按钮发出客户端请求。当服务器运行时，就会给出响应，其响应结果如图11.9所示。读者对照controller/crudUtil/index.js文件中的add()函数的响应就可以明白其响应结果的含义。

图11.10是验证能否查询到数据库中的所有用户。使用的访问方法是GET，根据路由文件，其访问地址是http://localhost/users/find，单击图11.10中的Send按钮后，页面下方会显示服务器端的响应。可以看出在图11.9中添加的用户被显示出来了。

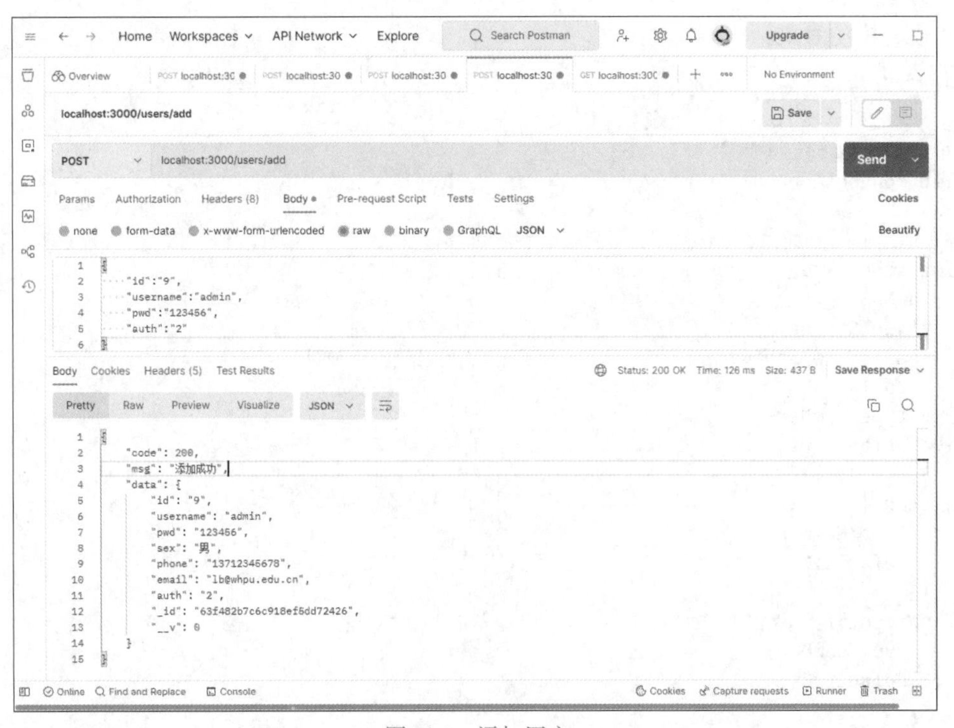

图 11.9　添加用户

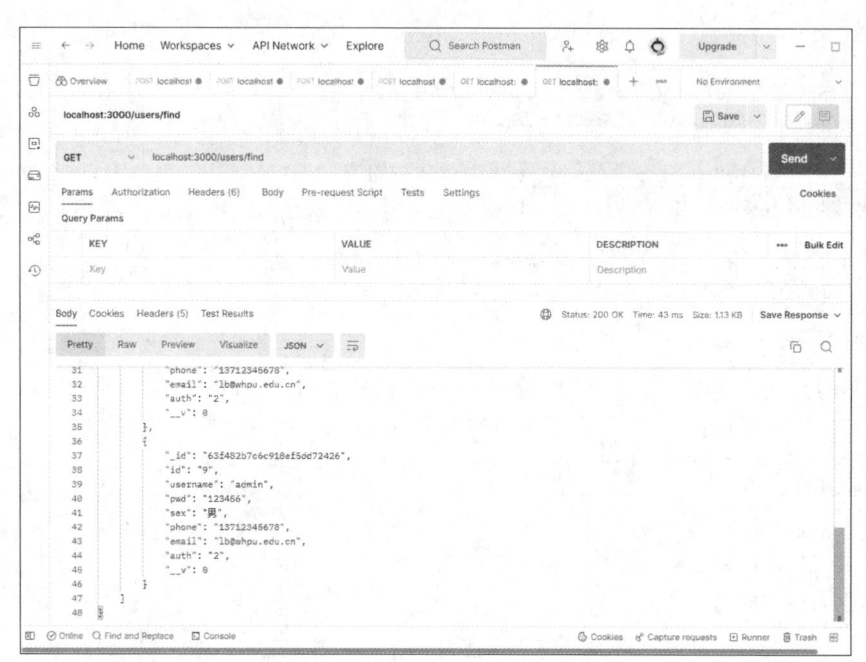

图 11.10　查询所有用户

11.2.6　增加其他数据库操作

扫一扫，看视频

因为用户操作是项目框架本身就具有的功能，所以路由等功能已直接注册完成。下面通过对文章进行增、删、改、查实现新的业务逻辑，其步骤及相关代码如下。

1. 创建模型对象

```
// model/article.js文件

// 导入Mongoose中间件
let mongoose=require('mongoose')

// 通过mongoose.Schema()方法实例化一个对象
let schema=new mongoose.Schema({
  id:Number,                          // id
  title:String,                       // 标题
  createTime:String,                  // 创建时间
  read:{                              // 阅读量
    type:Number,
    default:0
  },
  star:{                              // 点赞量
    type:Number,
    default:0
  },
  comment:{                           // 评论数
    type:Number,
    default:0
  },
  author:String                       // 作者
```

```
})

// 创建model对象
let Article=mongoose.model('articles',schema)

module.exports=Article
```

2. 业务逻辑处理

创建控制层业务逻辑控制，在项目的controller目录下创建article.js文件，用于存储文章的增、删、改、查方法。

```
// controller/user.js文件

// 从model/article.js文件内析构出User
let Article = require("../model/article");

// 发布文章
const add = async (ctx) => {
  let article = ctx.request.body;
  await Article.create(article)
  .then((rel) => {
    if (rel) {
      ctx.body = {
        code: 200,
        msg: "文章发布成功",
      };
    } else {
      ctx.body = {
        code: 300,
        msg: "文章发布失败",
      };
    }
  })
  .catch((err) => {
    ctx.body = {
      code: 500,
      msg: "文章发布异常",
      err,
    };
  });
};

// 修改文章
const update = async (ctx) => {
  let article = ctx.request.body;
  await Article.updateOne(
    { id: article.id },
    {
      title: article.title,
      read: article.read,
      star:article.star,
      comment: article.comment
    }
  )
  .then((rel) => {
    if (rel.modifiedCount > 0) {
```

```
        ctx.body = {
          code: 200,
          msg: "文章已更新",
        };
      } else {
        ctx.body = {
          code: 300,
          msg: "文章更新失败",
        };
      }
    })
    .catch((err) => {
      ctx.body = {
        code: 500,
        msg: "文章更新异常",
      };
    });
};

// 删除文章
const del = async (ctx) => {
  let { id } = ctx.request.body;
  await Article.findOneAndDelete({ id })
  .then((rel) => {
    if (rel) {
      ctx.body = {
        code: 200,
        msg: "文章已删除",
      };
    } else {
      ctx.body = {
        code: 300,
        msg: "文章删除失败",
      };
    }
  })
  .catch((err) => {
    ctx.body = {
      code: 500,
      msg: "文章删除异常",
    };
  });
};

// 按页码查询文章
const findAll = async (ctx) => {
  let { page, author } = ctx.request.body;

  // 判断从客户端发送来的页码是否为数字以及是否存在
  if (!page || isNaN(Number(page))) {
    page = 1;                          // 如果页码不存在或者不是数字，则设置页面默认值为1
  }
  else {
    page = Number(page);               // 输入页面符合要求，直接返回页面
  }
  let pageSize = 10;                   // 设置每页返回的文档条数
```

```
  // 下面代码用于计算集合在每页pageSize条数情况下的总页数
  let count = 0;                       // 初始化计数器
  await Article.find({ author })       // 查询指定作者的文章
  .count()                             // 统计文章的个数
  .then((rel) => {
    count = rel;
  });
  let totalPage = 0;                   // 初始总页数变量totalPage
  if (count > 0) {                     // 计算总页数
    totalPage = Math.ceil(count / pageSize);
  }

  // 判断当前页码的范围
  if (totalPage > 0 && page > totalPage) {
    page = totalPage;
  } else if (page < 1) {
    page = 1;
  }
  // 计算数据首页的起始位置
  let start = (page - 1) * pageSize;

  // 分段查询函数，条件是指定作者
  // skip()方法用于指定查询的起始下标，limit()方法用于查询有多少个集合文档
  await Article.find({ author })
  .skip(start)
  .limit(pageSize)
  .then((rel) => {
    if (rel && rel.length > 0) {
      ctx.body = {
        code: 200,
        msg: "文章查询成功",
        result: rel,
        page,                          // 当前页面
        pageSize,                      // 每页显示条数
        count,                         // 总页码
      };
    } else {
      ctx.body = {
        code: 300,
        msg: "没有查询到文章",
      };
    }
  })
  .catch((err) => {
    ctx.body = {
      code: 500,
      msg: "文章查询时出现异常",
      err,
    };
  });
};

// 查询单个文章
const findOne = async (ctx) => {
  let { id } = ctx.query;
  console.log(id);
  await Article.findOne({ id })
```

```
    .then((rel) => {
      if (rel) {
        ctx.body = {
          code: 200,
          msg: "文章查询成功",
          result: rel,
        };
      } else {
       ctx.body = {
         code: 300,
         msg: "没有查询到文章",
       };
      }
    })
    .catch((err) => {
      ctx.body = {
        code: 500,
        msg: "文章查询时出现异常",
        err,
      };
    });
};
module.exports = {
  add,
  findAll,
  findOne,
  update,
  del,
};
```

3. 生成路由(router/article.js)

```
let {
    add,findAll,findOne,update,del
} =require("../controller/article")

const router=require("koa-router")()

// 设置路由前缀
router.prefix("/article")

// 发布文章
router.post("/add",add)

// 查询所有文章
router.post("/findAll",findAll)

// 查询单个文章
router.get("/findOne",findOne)

// 删除指定文章
router.post("/del",del)

// 修改指定文章
router.post("/update",update)

module.exports=router
```

4. 注册路由

在app.js文件中加入以下两句代码以注册文章增、删、改、查操作的路由。

```
const article=require("./routes/article")
app.use(article.routes(), article.allowedMethods())
```

5. Postman验证

在图11.11中使用Postman工具验证服务器端发布文章模块是否正确。在图11.12中查询新发布的文章以验证服务器端查询文章模块是否正确。

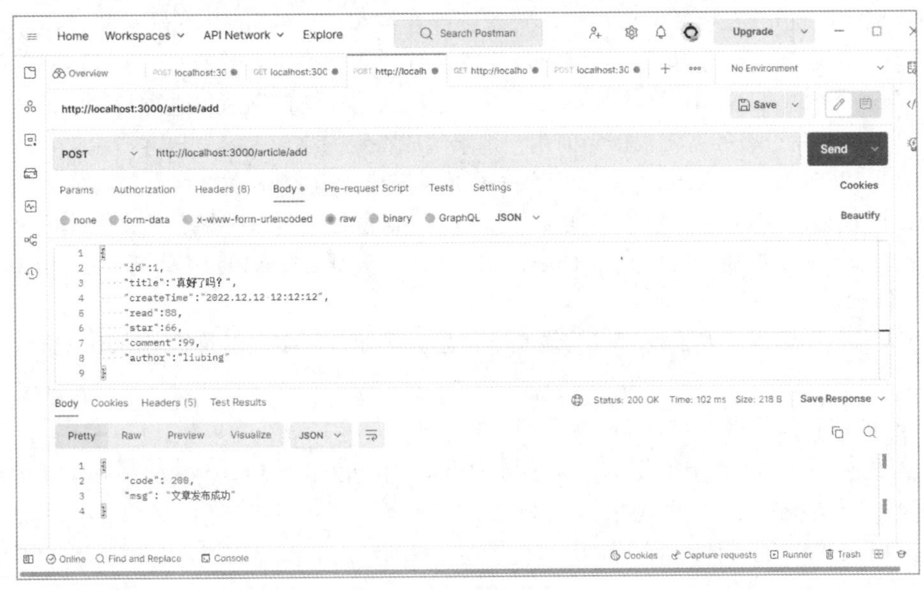

图 11.11　发布文章

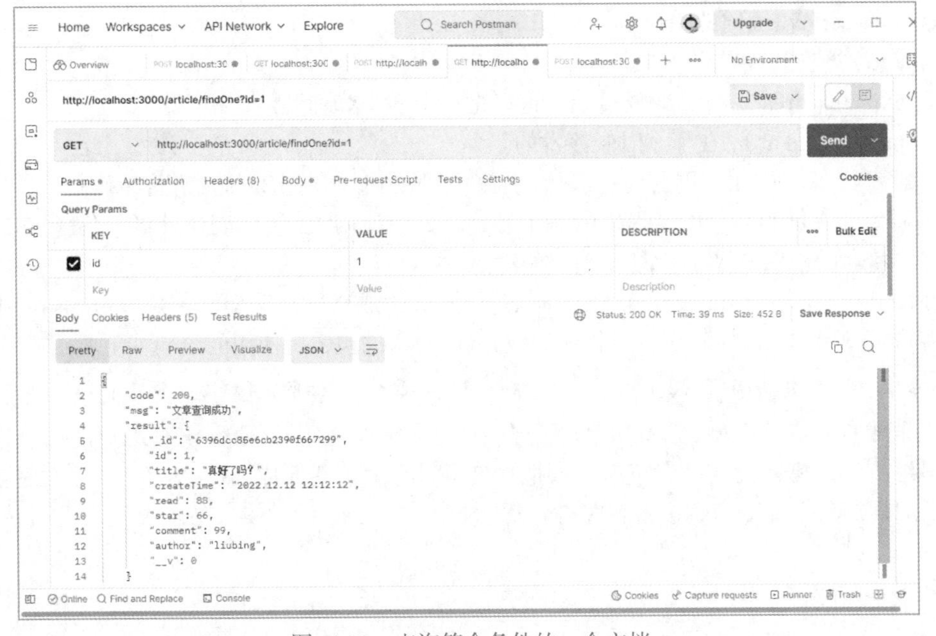

图 11.12　查询符合条件的一个文档

11.3 权限级别访问的控制

 11.3.1 JWT

客户端提交用户名和密码给服务器，服务器收到后进行确认以验证用户名和密码的正确性，当服务器端验证通过后，服务器会将用户信息加密并生成token字符串。服务器进行第一次响应，将生成的token字符串传送给客户端并保存在客户页的local storage或session storage中。当客户端发送需要验证用户名和密码的请求时，需要在请求头的Authorization字段写入token字符串发给服务器，服务器将token字符串还原为用户的信息对象进行身份验证，当用户身份验证成功之后，服务器将根据当前用户请求生成特定的响应内容发送客户端。

JWT（JSON Web Token）是一个开放的标准，它定义了一个紧凑且自包含的方式，用于在各方之间作为JSON对象安全地传输信息。由于此信息是经过数字签名的，因此可以被验证和信任。一个JWT实际上是一个字符串，由header（头部）、payload（载荷）与signature（签名）3个部分组成，每部分说明如下：

（1）头部：用于描述关于该JWT的最基本信息。例如，其类型以及签名所用的算法等，通常如下所示：

```
{ "alg": "HS256", "typ": "JWT"}
```

其中，alg属性表示签名使用的算法，默认为HMAC SHA256（简写为HS256）;typ属性表示令牌的类型，JWT令牌统一写为JWT。

（2）载荷：JWT的主体内容部分，里面存放一些有效信息。JWT标准中定义了以下 5 个字段：

- Iss：该JWT的签发者。
- sub：该JWT面向的用户。
- aud：接收该JWT的一方。
- exp（expires）：什么时候过期，这里是一个UNIX时间戳。
- iat（issued at）：在什么时候签发的。

（3）签名：JWT中比较重要的一部分，前面两部分都是使用Base64进行编码的。签名需要使用编码后的头部和载荷以及提供的一个密钥，然后使用头部中指定的签名算法（HS256）进行签名，签名的作用是保证 JWT 没有被篡改过。

在Node.js中使用jsonwebtoken中间件进行解析生成JWT字符串，使用express-jwt中间件导入客户端发送的JWT字符串，解析还原成JSON对象的包，其使用的语句如下所示：

```
app.use(expressJWT({ secret: secretKey }).unless({ path: [/^\/api\//] }))
```

当生成JWT字符串（服务器端第一次响应）时，需要使用secret密钥对用户的信息进行加密，最终得到加密好的JWT字符串。当把JWT字符串解析还原成JSON对象（第二次服务器响应）时，需要使用secret密钥进行解密得出JSON对象。

11.3.2 用户认证

扫一扫，看视频

1. 注册用户认证路由

在项目根目录的app.js中增加认证路由，其代码如下所示：

```
// 导入路由文件
const token=require("./routes/token")

// 注册路由
app.use(token.routes(), token.allowedMethods())
```

2. 创建用户认证路由

在router路由目录中创建token.js文件进行用户认证，其代码如下所示：

```
// router/token.js程序代码

// 导入路由中间件
const router = require('koa-router')()

// 导入用户认证控制程序
const Token=require('../controller/token')

// 定义路由前缀名
router.prefix('/token')

// 定义根路由，用于检测用户名、密码的正确性并生成token令牌
router.post('/', Token.userToken)

// 定义verify路由，用于检测token令牌的有效性
router.post('/verify', Token.isToken)

module.exports = router
```

3. 验证用户名和密码

在controller/token.js文件中使用userToken ()方法先获取用户发送的用户名和密码，查找数据集合中是否有该用户名和密码的用户，如果有，则生成token并返回给客户端，否则给出错误提示。其代码如下所示：

```
// controller/token.js程序代码

// 从core/utilToken.js文件中解析出生成token的generateToken()方法
const { generateToken } = require("./core/utilToken");

// 从model目录中解析出用户数据集合的模型User
const { User } = require("../model");

// 导入middleware/auth.js文件，用于验证token的合法性等
const Auth = require("../middleware/auth");

// 定义tokenValue变量的初始值，用于存储新生成的token
let tokenValue=""

// 生成token的方法
```

```
const userToken = async (ctx) => {
  // 获取客户端发送的用户名和密码
  let { username = "", pwd = "" } = ctx.request.body;

  // 在数据集合中查找是否有通过验证的用户
  await User.findOne({ username, pwd })
    .then((rel) => {
      if (rel) {
        // 如果找到用户，则通过用户的id和权限auth生成token
        tokenValue = generateToken(rel.id, rel.auth);

        // 把生成的token返回给客户端
        ctx.body = {
          tokenValue
        }
      } else {
        // 当用户名和密码出错时，给出提示信息
        ctx.body = {
          errCode:10001,
          msg:"用户名和密码不正确",
          request:`${ctx.method} ${ctx.path} `
        }
      }
    })
    .catch((err) => {
     // 查找数据库出错，给出相关提示
     ctx.body = {
       code: 400,
       msg: "查询时出现异常",
     };
    });
};

// 验证客户端发送到服务器的token是否合法
const isToken = async (ctx) => {
  // 获取从客户端发送的authorization字符串并删除其中的说明部分后就是token
  const token=ctx.request.header.authorization.substr(7)

  // 调用Auth类的verifyToken()方法检测token的有效性
  const isValid = Auth.verifyToken(token);

  // 在控制台输出token的有效性
  console.log(isValid);

  // 向客户端返回token的有效性
  ctx.body = {
    isValid,
  };
};

module.exports = {
  userToken,
  isToken,
};
```

4. 定义生成token的方法

在core/utilToken.js文件中定义生成token的方法，其代码如下所示：

```
// core/utilToken.js程序代码，用于生成token

// 导入jsonwebtoken中间件
const jwt =require("jsonwebtoken")

// 从config/config.js文件中解析出密钥和token的过期时间
const {secretKey,expiresIn}=require('../config/config')

// 生成token的方法
function generateToken(uid,scope){
  // jwt.sign()方法的第一个参数是token中含有的数据,此处是{uid,scope}
  // 第二个参数是密钥，第三个参数是过期时间
  const token=jwt.sign(
    {uid,scope},
    secretKey,
    {expiresIn}
  )

  // 返回生成的token
  return token
}

// 暴露生成的token，以供其他模块使用
module.exports={
  generateToken
}
```

5. 定义配置

在config/config.js文件中定义密钥和token的过期时间，其代码如下所示：

```
// config/config.js程序代码

// 向外暴露指定数据，以供其他模块使用
module.exports={
  // 定义密钥
  secretKey:'Liubing123',

  // 定义token的过期时间，即24小时
  expiresIn:24*60*60
}
```

6. 生成token

在middleware/auth.js文件中定义一个类Auth，在该类中定义权限、定义验证token是否合法的middleware()方法，其代码如下所示：

```
// middleware/auth.js程序代码

// 导入jsonwebtoken中间件
const jwt=require('jsonwebtoken')

// 从controller/config/config.js文件中获取密钥secretKey
const {secretKey}=require("../controller/config/config")
```

```
// 定义身份验证和权限的类
class Auth {
  // level是访问权限的大小。实例化时传入level
  constructor(level){
    this.level=level
  }

  // 验证token是否合法
  get middleware(){
    return  async (ctx,next)=>{
      // 从客户端传送的头部信息中获取token
      const token=ctx.request.header.authorization.substr(7)

      // 定义token出错的提示变量
      let errMsg='token不合法'

      // 如果客户端传送的信息中没有token，则给出相关出错的提示
      if(!token||token.name==='null'){
        ctx.body={
          errCode:10005,
          msg:errMsg,
          request:`${ctx.method} ${ctx.path}`
        }
        return
      }
      try {
        // 使用jwt.verify()方法解析token，参数1是token，参数2是密钥
        var decoded= jwt.verify(token.name,secretKey)

      } catch (error) {
        // 如果token不合法或者token合法但已过期，则给出相关出错提示
        if(error.name==="tokenExpiredError"){
          errMsg="token已过期"
        }
        ctx.body={
          errCode:10005,
          msg:errMsg,
          request:`${ctx.method} ${ctx.path}`
        }
        return
      }
      // 解析token中scope的值是否有用户访问的级别，如果没有，则给出相关提示
      if(decoded.scope <this.level){
        ctx.body={
          errCode:10005,
          msg:"权限不足",
          request:`${ctx.method} ${ctx.path}`
        }
        return
      }
      // 权限够级别，继续执行下一个中间件
      await next()
    }
```

```
    }
    // 验证token的合法性
    static verifyToken(token){
      try {
        // 使用jwt.verify()方法检测token的合法性，参数1是token ，参数2是密钥
        jwt.verify(token,secretKey)

        // 合法，返回true
        return true
      } catch (error) {
        // 不合法，返回false
        return false
      }
    }
  }

  // 暴露Auth类，以供其他模块使用
  module.exports=Auth
```

7. 客户端验证

（1）测试用户名和密码的正确性。本例使用Postman工具进行验证。Postman工具如图11.13所示，在传送方法的下拉列表框中选择POST方法，在其后的地址栏中输入需要访问的网络资源地址http://localhost:3000/token，然后依次选择Body、raw、JSON用于定义向服务器传递参数所采用的数据方式，最后在输入参数的文本框中输入以下用户名和密码：

```
  {
    "name":"admin",
    "pwd":"123456"
  }
```

最后单击Send按钮把地址和相关的数据发送给服务器，服务器接收数据之后就开始验证用户名和密码的正确性。如果验证成功，就返回加密的token令牌（图11.13），如果验证失败，就会返回相关错误提示（图11.14）。

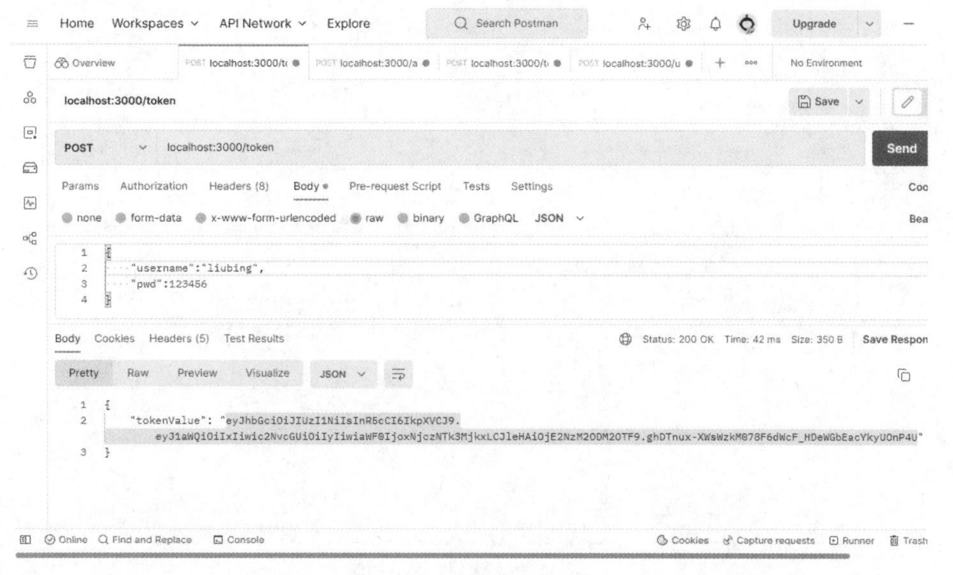

图 11.13　Postman 工具

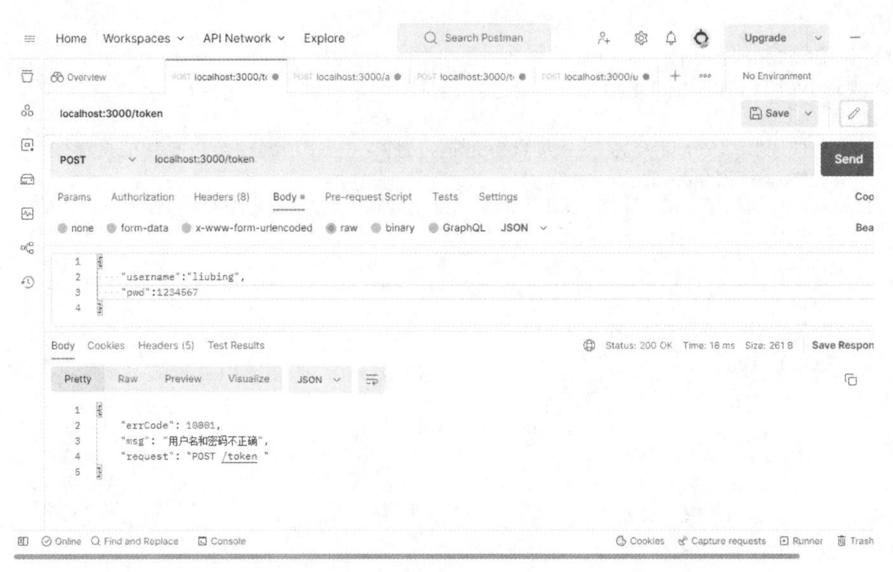

图 11.14　用户名和密码验证失败

（2）权限路由验证。有些页面需要定义权限，也就是说，用户必须要有足够的权限才能访问，在定义路由时给出访问路过程中需要的权限值，在本项目中一般将用户的权限值设置为2，管理员的权限值设置为4。

例如，查询所有文章的路由权限值为3，在routes/article.js的路由文件中修改定义路由的语句如下所示：

```
router.post("/findAll",new Auth(3).middleware,findAll)
```

在Postman工具中，一般用户访问该路由将提示用户没有足够的权限访问。首先访问地址http://localhost:3000/token获取token（也就是复制图11.13中的token值），然后添加一个访问页面并在该页面中选择POST方法，以访问地址http://localhost:3000/article/findAll查询所有文章，再在该页面中选择Authorization选项卡，在Type下拉列表中选择Bearer Token，然后在右侧把复制的token值粘贴上去，再选择Body选项卡，如图11.15所示。

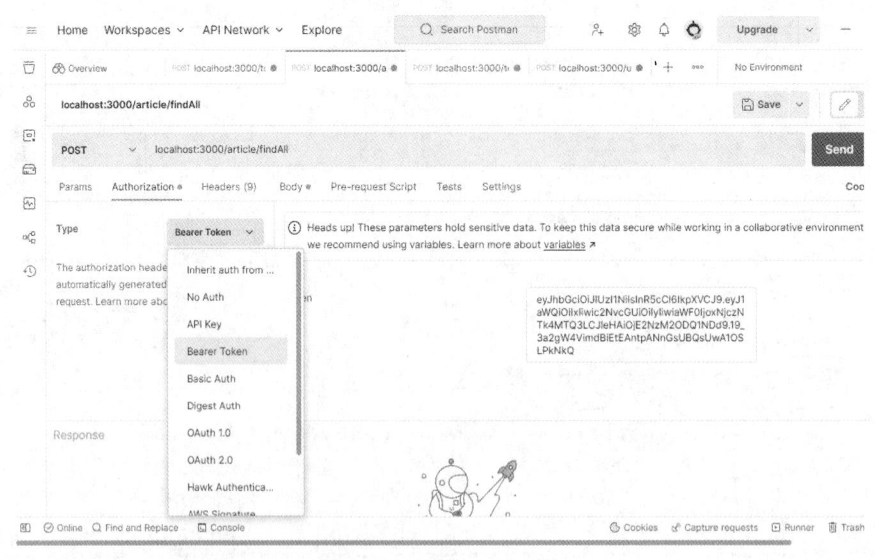

图 11.15　粘贴 token 值

在图11.16中依次选择Body、raw、JSON选项卡，然后在JSON数据的输入框中输入查询需要的请求数据，如下所示：

```
{
    "page":1,                               // 查询所有文章的页码
    "author":"liubing"                      // 查询文章的作者
}
```

请求数据输入完成后，单击Send按钮把请求头和请求的数据发送给服务器，服务器将验证请求头中的token值的有效性和访问地址的权限性。本例由于用户是一般用户，因此在图11.16的下面会显示权限不足。如果使用超级用户，就可以直接访问地址并查询所有文章。

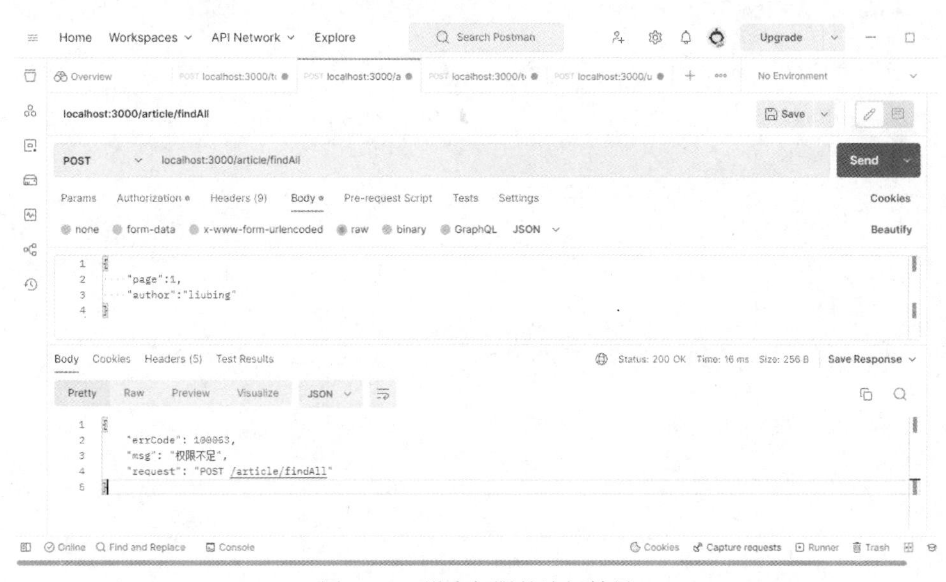

图 11.16　没有权限的访问结果

11.4 本章小结

本章主要讲解系统管理综合案例，重点是运用Node.js实现对数据库系统的管理。本案例是基于Koa框架建立的Web应用项目，读者应该重点体会案例中对数据库操作的封装，该封装用到3个参数，即模型对象、数据参数和上下文对象，这个封装可以直接应用到Web应用项目中，以简化程序设计的重复性。另外，JWT作为一种简单的安全令牌格式被广泛使用和部署在众多协议和应用中，无论是在数字身份领域还是在其他应用领域，利用JWT实现用户权限控制是今后Web项目应用不可或缺的基本功能。

11.5 实验　系统管理

一、实验目的

（1）掌握Koa框架中各种中间件的使用方法。

（2）掌握Koa框架中数据库的增、删、改、查方法。

（3）掌握权限访问控制的方法。

二、实验要求

实现用户管理和文章管理两个模块，另外还可以进行用户权限访问控制。具体要求如下：

（1）用户管理：包括用户的增、删、改、查。

（2）文章管理：包括文章的增、删、改、查。

（3）不同路由的权限控制。

参 考 文 献

[1]刘兵．轻松学Vue.js 3.0从入门到实战[M]．北京：中国水利水电出版社，2021.
[2]朴灵．深入浅出Node.js[M]．北京：人民邮电出版社，2013.
[3][英]亚历克斯·杨，[美]布拉德利·马克，[美]麦克·坎特伦，等.Node.js实战[M].吴海星，译.2版.北京：人民邮电出版社，2018.